职业教育“十四五”规划土建类专业系列教材

建筑识图与制图

主　编　黄玉洁　侯永华　牛新玉
副主编　姜雅男　郭亚男　李　杨　朱　琳　金亮亮

華中科技大學出版社
http://press.hust.edu.cn
中国·武汉

图书在版编目(CIP)数据

建筑识图与制图 / 黄玉洁，侯永华，牛新玉主编. -- 武汉 ：华中科技大学出版社，2024. 11.
ISBN 978-7-5772-1347-7

Ⅰ. TU204

中国国家版本馆 CIP 数据核字第 20244EY558 号

建筑识图与制图
Jianzhu Shitu yu Zhitu

黄玉洁　侯永华　牛新玉　主编

策划编辑：江　畅
责任编辑：段亚萍
封面设计：孢　子
责任监印：朱　玢
出版发行：华中科技大学出版社（中国・武汉）　　电话：(027)81321913
　　　　　武汉市东湖新技术开发区华工科技园　　邮编：430223
录　　排：华中科技大学惠友文印中心
印　　刷：武汉科源印刷设计有限公司
开　　本：787mm×1092mm　1/16
印　　张：11.25
字　　数：295 千字
版　　次：2024 年 11 月第 1 版第 1 次印刷
定　　价：59.00 元

目录 MULU

制图篇

绪　　论

本课程的地位、性质及任务

在现代化建设中，无论是建造房屋还是修建道路、桥梁、水利设施、电站等，都离不开工程图样。根据投影原理、标准或有关规定，表示工程对象建造内容并有必要的技术说明的图，称为工程图样。工程图样是表达设计意图、交流技术思想和指导工程施工的重要工具。作为建筑工程方面的技术人员，必须具备绘制和阅读本专业的工程图样的能力，才能更好地从事工程技术工作。

建筑识图与制图是土木工程相关专业的一门主干技术基础课程。它研究绘制和阅读工程图样的理论和方法，培养学生的识图能力和制图能力，同时，又是学生学习后续课程不可缺少的基础。

本课程的主要内容

本课程分识图与制图两部分。其中识图部分包括投影基本知识、轴测图与组合体投影图、建筑制图基本知识、图样画法、建筑工程施工图；制图部分包括建筑 CAD 基础、CAD 基础命令、建筑平面图绘制。

学习方法和要求

学习识图部分时，要求充分理解基本概念，掌握基本理论，养成空间思维的习惯；要善于针对具体问题具体分析，掌握基本理论的灵活运用；多看、多想、多画，自觉培养空间想象能力。

学习制图部分时，要养成正确使用绘图工具软件的习惯，严格遵守国家颁布的建筑制图标准和技术制图标准，会查阅国家有关的制图标准，培养自学能力和图形表达能力。

学习工程施工图时，要结合教材例子和工程实例，掌握工程施工图的图示方法和图示内容，灵活运用识图与制图知识，逐步掌握绘制与阅读工程施工图的基本方法和基本技能。

识图篇

项目 1　投影基本知识

学习目标

了解投影的形成；
熟悉投影的分类；
认识工程实践中常用的投影图。

素质目标

学习投影的基础知识，提升知识水平，养成良好的学习习惯；
把学习的过程变成自我提高的过程，不断开阔眼界，提高自身的审美能力。

1.1　投影概念

1.1.1　投影的形成

当光线照射在物体上时会在墙面或地面上产生影子，而且随着光线照射角度或距离的改变，影子的位置和大小也会改变，从这些自然现象中，人们经过长期的探索总结出了物体的投影规律。

我们知道，物体的影子仅仅是物体边缘的轮廓，不能反映物体所有的轮廓线。假设光线能够透过物体，将物体上所有轮廓线都反映在落影平面上，这些轮廓线的“影”组成的图形称为投影图(简称投影)。

如图 1-1 所示，在投影理论中，把光线称为投射线，把光源 S 称为投射中心，把落影平面 H 称为投影面，把产生的“影子”称为投影图，把物体抽象称为形体(只考虑物体在空间的形状、大小、位置而不考虑其他)，把空间的点、线、面称为几何元素。

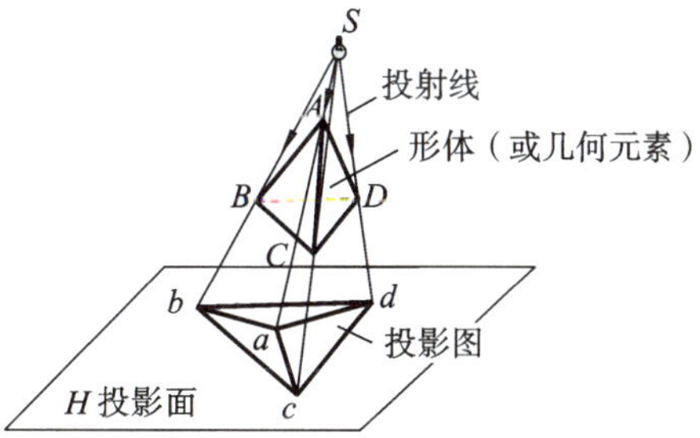

图 1-1　投影的形成

产生投影必须具备下面三个条件——投射线、投影面和形体(或几何元素)，三者缺一不可，称为投影三要素。

1.1.2　投影的分类

根据投射中心与投影面的位置不同，投影分为两大类：中心投影和平行投影，如图 1-2 所示。

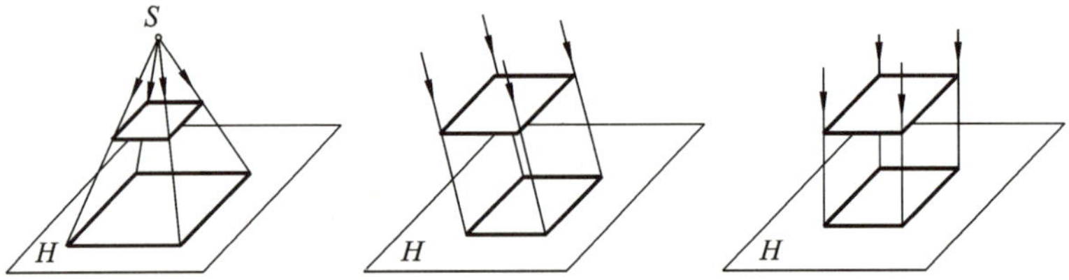

(a) 中心投影　　(b) 平行斜投影　　(c) 平行正投影

图 1-2　投影的分类

1. 中心投影

当投射中心距离投影面为有限远时，所有的投射线都交汇于投射中心 S，这种投影方法称为中心投影法。

2. 平行投影（平行斜投影、平行正投影）

当投射中心距离投影面为无限远时，所有的投射线成为平行线，这种投影方法称为平行投影法，由此得到的投影图称为平行投影图，简称平行投影。

平行投影依据投射线与投影面夹角的不同，可以分为两种：平行斜投影和平行正投影。

(1)平行斜投影：投射线倾斜于投影面所得到的平行投影称为平行斜投影，简称斜投影。

(2)平行正投影：投射线垂直于投影面所得到的平行投影称为平行正投影，简称正投影。

1.1.3　工程实践中常用的投影图

在工程实践中常用的投影图有图 1-3 所示几种。

(a) 透视图　　(b) 轴测图　　(c) 正投影图　　(d) 标高投影图

图 1-3　常用的投影图

1. 透视投影图

透视投影图（透视图）是用中心投影法绘制的单面投影图，一般称为效果图。该图有很强的立体感，但作图方法复杂，度量性差，一般用作工程图的辅助图样。

2. 轴测投影图

轴测投影图（轴测图）为单面平行投影图。该图同样具有较强的立体感，作图方法较复杂，度量性差，只能作为工程图的辅助图样。

3. 正投影图

正投影图通常采用多面正投影。首先在空间建立一个投影体系，然后画出形体在各个投影面上的正投影图，称为多面正投影图。正投影图为平面图样，直观性差，没有立体感，但作图方法简单，能很好地反映形体的形状和大小，度量性好，是工程图的主要图示方法。

4. 标高投影图

标高投影图是一种带有高程数字标记的水平正投影，为单面投影图，主要用于表达地面的形状，绘制地形图。

由于正投影图是工程图的主要图示方法，所以在学习投影理论时以学习正投影为主。(在以后的叙述中如不特别指明，所述投影均为正投影。)

1.2 正投影特性

1.2.1 点、直线、平面的正投影特性

点、直线、平面是最基本的几何元素，学习投影方法应该从了解点、直线、平面的正投影特性开始。点、直线、平面的正投影图有如下特性。

1. 类似性

点的正投影仍然是点，直线的正投影一般仍然是直线，平面的正投影仍然保留其空间几何形状，这种性质称为正投影的类似性。

如图 1-4(a)所示，通过空间点 A 向投影面 H(H 表示该投影面为水平面)引一条铅垂线，该铅垂线(即正投影中的投射线)与投影面 H 相交于一点 a，a 就是空间点 A 在 H 面上的正投影，显然点的正投影仍然是一个点。在图 1-4(b)中空间直线段 AB 与投影面 H 倾斜，AB 在 H 面上的正投影是 ab，ab 仍然是直线，但投影长度小于直线原长。在图 1-4(c)中空间四边形平面 $ABCD$ 与投影面 H 倾斜，平面在 H 面上的正投影为 $abcd$，显然四边形平面的正投影仍然为四边形平面，但投影图形的面积小于空间平面的面积。

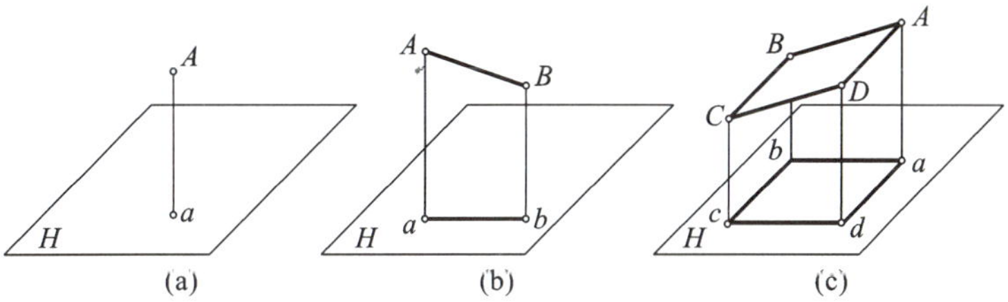

图 1-4 正投影的类似性

2. 全等性

空间直线、平面平行于投影面时，其正投影分别反映实长和实形，这种性质称为正投影的全等性。

从图 1-5 可看出：直线 AB 平行于 H 面，其正投影 $ab=AB$，直线投影反映实长；平面 $ABCD$ 平行于 H 面，其正投影 $abcd=ABCD$，即平面的投影形状、大小不变，反映平面的实形。

3. 积聚性

空间直线、平面垂直于投影面时，在该投影面上的正投影分别成为一个点和一条直线，这种性质称为正投影的积聚性，如图 1-6 所示。

4. 重合性

两个或两个以上的点、线、面具有同一投影时，成为重影[看不见的投影用带括号的字母表示，如 $a(b,c)$]，这种投影性质称为正投影的重合性，如图 1-7 所示。

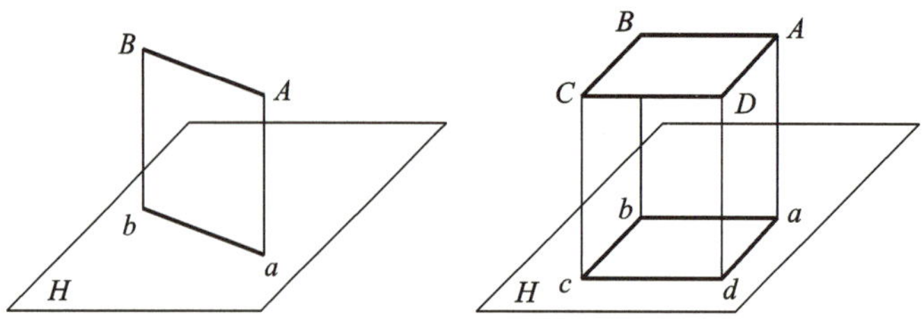

图 1-5　正投影的全等性

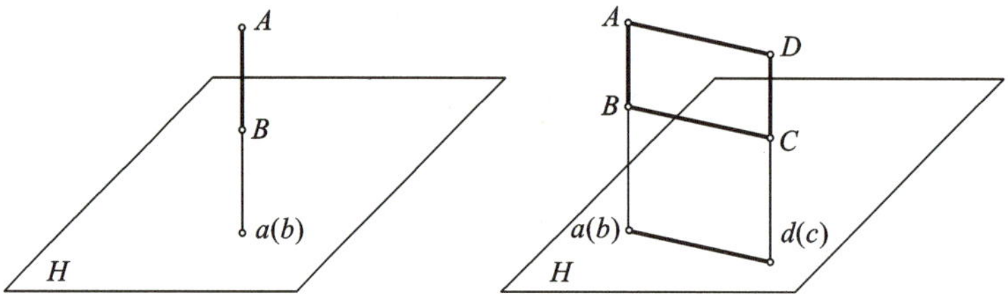

图 1-6　正投影的积聚性

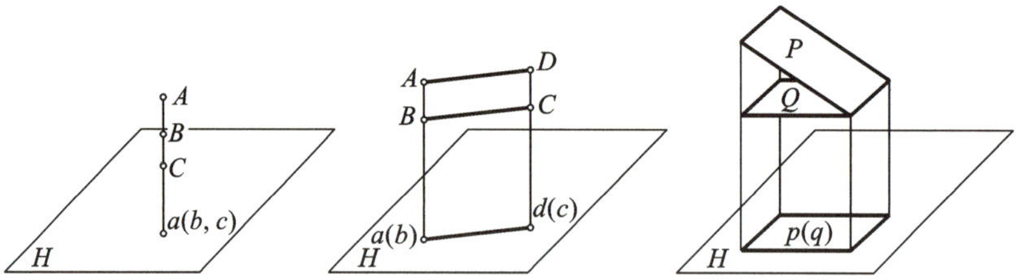

图 1-7　正投影的重合性

1.2.2　三面正投影图

空间形体是具有长度、宽度、高度的三维形体，用一个正投影图显然不能确定其空间形状。一般来说，需要建立一个由互相垂直的三个投影面组成的投影面体系，并作出形体在该投影面体系中的三个正投影图才能充分表达出这个形体原有的空间形状。

1. 三面正投影图的形成

首先建立一个三投影面体系。如图 1-8 所示，给出三个互相垂直的投影面 H、V、W。其中 H 面为水平面，称为水平投影面；V 面为正立面，称为正立投影面；W 面为侧立面，称为侧立投影面。H、V、W 三个投影面两两相交，其交线称为投影轴，分别是 OX、OY、OZ 投影轴。三条投影轴相交于一点 O，O 点称为原点。

把一个形体放置在三投影面体系中，如图 1-8(a)所示，放置形体时尽量让形体的各个表面或部分表面与投影面平行或垂直。然后用三组平行投射线分别从三个方向进行投射，作出形体在三个投影面上的三个正投影图，这三个正投影图称为三面正投影图。其中，投射方向由上到下得到的在 H 面上的正投影图称为水平投影图（简称 H 投影）；投射方向由前到后得到的在 V 面上的正投影图称为正面投影图（简称 V 投影）；投射方向由左到右得到的在 W 面上的正投影图称为侧面投影图(简称 W 投影)。

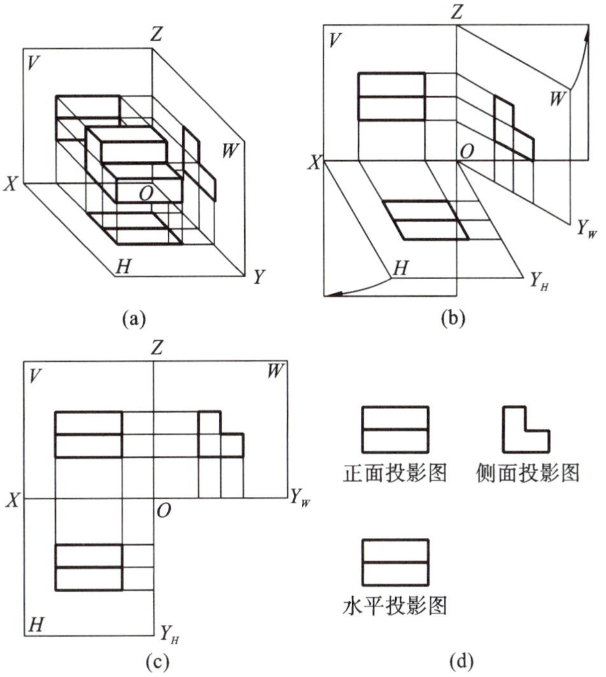

图 1-8 三面正投影图的形成

2. 三个投影面的展开

为了作图方便,将互相垂直的三个投影面展开在一个平面上。展开的方法是:让 V 面不动,H 面绕 OX 轴向下转动 90°,如图 1-8(b)、图 1-8(c)所示。这时 OY 轴分成了两条,位于 H 面上的 OY 轴称为 OY_H,位于 W 面上的 OY 轴称为 OY_W。实际作图时,投影面的边框线和投影轴不必画出,如图 1-8(d)所示。为了方便对应,本图暂时保留投影轴,如图 1-9 所示。

3. 三面正投影图的投影规律

(1)三面正投影图中的方位关系。

形体在空间有左右、前后、上下六个方位,在三面正投影图中每个投影只能反映六个方位中的四个方位。水平投影图可以反映左右、前后关系,不能反映上下关系;正面投影图可以反映左右、上下关系,不能反映前后关系;侧面投影图只能反映前后、上下关系,不能反映左右关系,如图 1-9 所示。

(2)三面正投影图的“三等”关系。

对同一个形体而言,三面正投影图中各个投影图相互之间是有联系的。如图 1-8、图 1-9 中,正面投影图和水平投影图左右对正、长度相等,侧面投影图和正面投影图上下对齐、高度相等,水平投影图与侧面投影图前后对应、宽度相等。这一投影规律称为“三等”关系,即“长对正,高平齐,宽相等”。

(3)三面正投影图画法。

绘制三面正投影图,首先要把空间形体在三个投影面中的位置弄清楚,仔细分析形体表面的正投影特性,按照“三等”关系和正确的投射方向,依次画出三个正投影图。在图 1-9 中,投影图之间用细实线相连表示投影关系,为了反映出水平投影和侧面投影宽度相等的关系,分别采用了 45°斜线法、45°分角线法和圆弧法三种画法,作图时可选用其中的任何一种方法来画图。

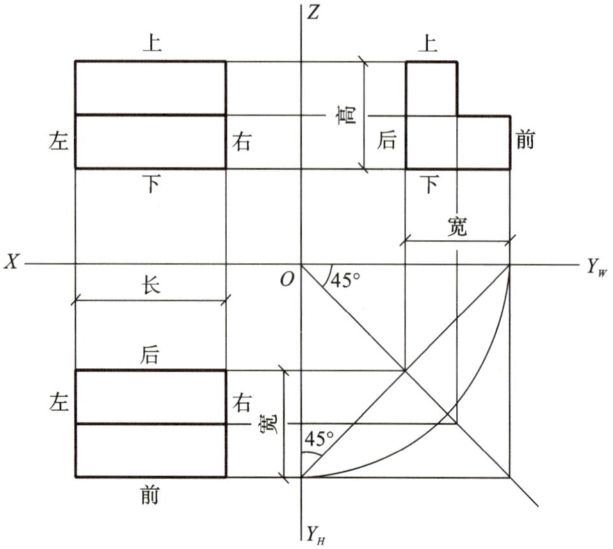

图 1-9　三面正投影图的方位与长宽高对应关系

例 1-1　画出形体[见图 1-10(a)]的三面正投影图。

解: 按照图 1-10(a)中所指明的 V 投影的投射方向,可以知道形体的正面平行于 V 面,形体的顶面平行于 H 面,形体的侧面平行于 W 面。通过对形体表面的正投影特性的分析,按照“三等”关系作出其三面正投影图。在投影图中可见轮廓线画成粗实线,不可见轮廓线画成中粗虚线,投影轴和投影连线用细实线画出。作图如图 1-10(b)所示。

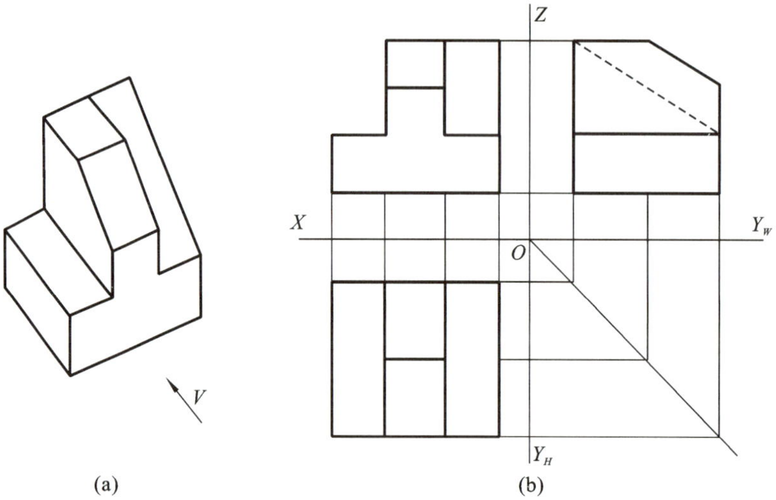

图 1-10　形体的三面正投影图的画法

项目小结

本项目主要介绍了投影概念、正投影特性、三面正投影图的形成、三面正投影图的投影规律、三面正投影图的绘制。完成本项目的学习应重点掌握以下内容:

★投影的分类:根据投射中心与投影面的位置不同,投影分为两大类——中心投影和平行投影。

★工程实践中常用的投影图：透视投影图、轴测投影图、正投影图、标高投影图。

★三面正投影图的投影规律：三面正投影图中的方位关系、三面正投影图的“三等”关系、三面正投影图画法。

★三面正投影图的绘制。

项目实训

简答题：

1. 工程实践中常用的投影图有哪几种？
2. 三面正投影图的“三等”关系是什么？

综合题：

1. 绘制图 1-11 的三面正投影图。

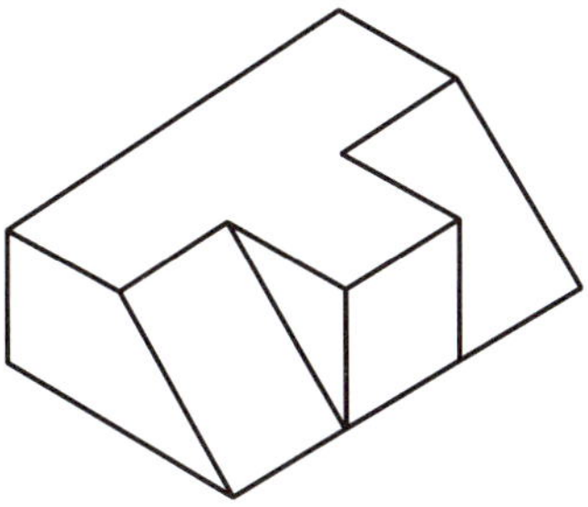

图 1-11 空间形体

素质课堂

教育是国之大计、党之大计。2021 年 4 月 29 日，十三届全国人大常委会第二十八次会议表决通过对教育法进行修改的决定。修改后的教育法提出，教育必须为社会主义现代化建设服务，为人民服务，必须与生产劳动和社会实践相结合，培养德智体美劳全面发展的社会主义建设者和接班人。

要响应国家号召，增强学生综合素质，使学生全面发展，就要引导学生，培养学生的综合能力和创新思维。对于建筑设计人员亦是如此，要想设计出好的效果图，就必须在学习软件操作的同时提高自身的基础能力，提高手绘基础和人文素养，做到技能和素养同步提高。

项目 2 轴测图与组合体投影图

学习目标

了解轴测图的基本知识；
熟悉正等轴测图、斜轴测图的画法；
掌握组合体投影图的画法；
掌握组合体投影图的尺寸标注；
掌握组合体投影图的阅读。

素质目标

学习轴测图的基础知识，提升知识水平，养成良好的学习习惯；

学习正等轴测图、斜轴测图、组合体投影图的画法，提升手绘技能，养成良好的绘图习惯；

学习组合体投影图的尺寸标注，养成检查、修改、整理底稿，认真校对的良好习惯；

把学习的过程变成自我提高的过程，不断开阔眼界，提高自身学习能力。

2.1 轴测图的基本知识

如图 2-1 所示为一物体的轴测图和三面正投影图。多面正投影图能够准确而完整地表达物体的形状，而且度量性好，作图方便，所以是工程上应用最广泛的图样。它的缺点是缺乏立体感。而轴测图能同时反映物体正面、顶面和侧面的形状，因此富有立体感，形象直观，但度量性差，大多数平面都不反映实形，而且被遮住的部位不容易表达清晰、完整。因此，在工程图样中，轴测图一般作为辅助图样，用于需要表达物体直观形象的场合。

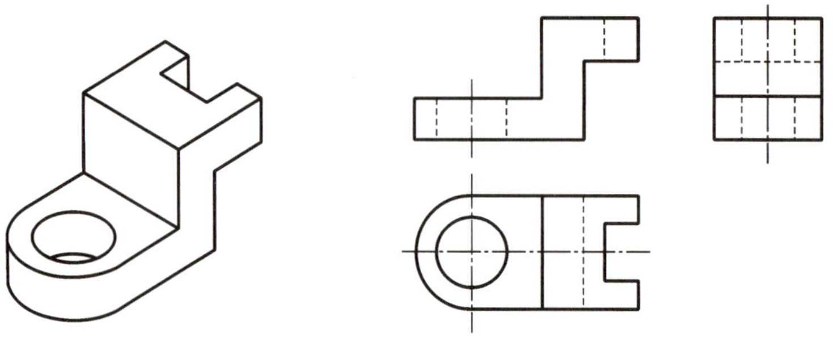

(a) 轴测图　　(b) 正投影图

图 2-1　物体的轴测图和三面正投影图

2.1.1 轴测图的形成

如图 2-2 所示，用平行投影法将物体连同确定该物体的坐标系一起沿不平行于任一坐标面的方向 S 投射到一个投影面 P 上，所得到的具有立体感的图形，称为轴测投影图，简称轴测图，俗称立体图。投影面 P 称为轴测投影面，坐标轴 OX、OY、OZ 的轴测投影 O_1X_1、O_1Y_1、O_1Z_1 称为轴测轴，两轴测轴之间的夹角 $\angle X_1O_1Y_1$、$\angle Y_1O_1Z_1$、$\angle X_1O_1Z_1$ 称为轴间角。

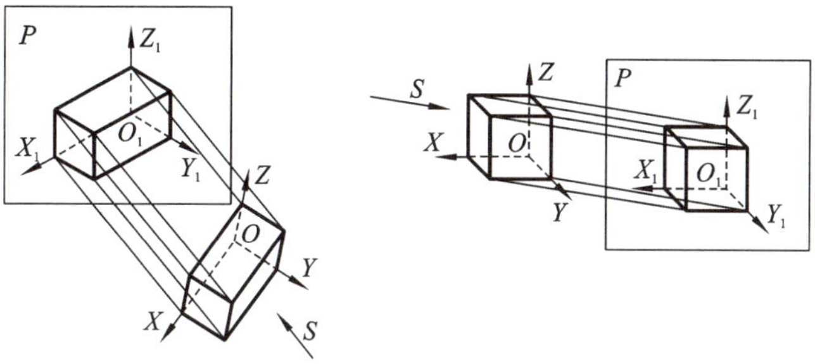

(a) 正轴测图的形成　　(b) 斜轴测图的形成

图 2-2　轴测图的形成

轴测轴上的单位长度与相应坐标轴上的单位长度的比值称为轴向伸缩系数。

OX 轴向伸缩系数 $p=O_1X_1/OX$；

OY 轴向伸缩系数 $q=O_1Y_1/OY$；

OZ 轴向伸缩系数 $r=O_1Z_1/OZ$；

2.1.2 轴测投影的特性

由于轴测投影采用的是平行投影法，因此它具有平行投影的特性：

(1) 相互平行的直线的轴测投影仍相互平行。因此，平行于坐标轴的直线，其轴测投影必然平行于相应的轴测轴。

(2) 两平行直线或同一直线上的两线段的长度之比值，轴测投影后保持不变。

(3) 平行于坐标轴的线段的轴测投影长度与该线段的实长之比值，等于相应的轴向伸缩系数。故画轴测图时，应根据轴向伸缩系数度量平行于轴向的线段长度，这也是轴测图名称的由来。

轴测投影的特性和轴间角及轴向伸缩系数是画轴测图的主要依据。

2.1.3 轴测图的种类

根据投射方向 S 与轴测投影面 P 的相对关系，轴测图可分为两大类：

正轴测图：投射方向 S 垂直于轴测投影面 P，如图 2-2(a) 所示。三个坐标面都不平行于轴测投影面。

斜轴测图：投射方向 S 倾斜于轴测投影面 P，如图 2-2(b) 所示。通常有一个坐标面平行于轴测投影面，当 XOZ 面平行于轴测投影面（正立面）时形成正面斜轴测图，当 XOY 面平行于轴测投影面（水平面）时可形成水平斜轴测图。

根据三个轴向伸缩系数是否相等，正轴测图又可分为正等轴测图（简称正等测）、正二等轴测图（简称正二测）、正三等轴测图（简称正三测，不常用）。

同样，斜轴测图也可分为斜等轴测图（简称斜等测）、斜二等轴测图（简称斜二测）、斜三等轴测图（简称斜三测，不常用）。

考虑作图方便和效果，常用的是正等测、斜二测，管道工程图中还常用斜等测。

2.2 正等轴测图

2.2.1 轴间角和轴向伸缩系数

正等测的轴间角$\angle X_1O_1Y_1$、$\angle Y_1O_1Z_1$、$\angle X_1O_1Z_1$均为120°，三个轴向伸缩系数均为0.82。为了作图简便，采用轴向简化系数，$p=q=r=1$，于是平行于轴向的所有线段都按原长度量，这样画出来的轴测图沿轴向分别放大了1/0.82≈1.22倍，但形状不变。作图时，O_1Z_1轴一般画成铅垂线，O_1X_1、O_1Y_1轴与水平成30°角，如图2-3所示。

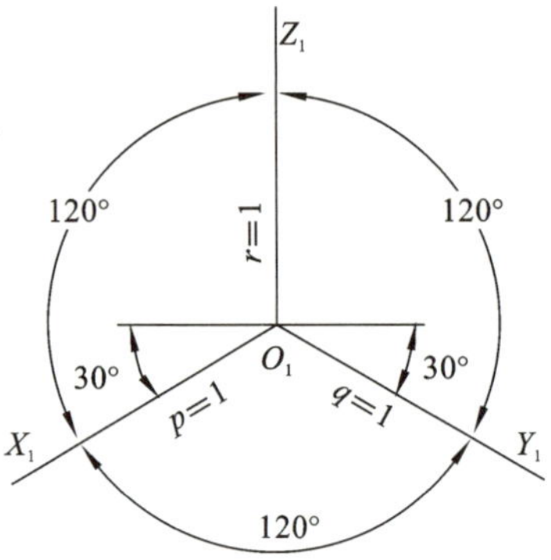

图2-3 正等测的轴间角

2.2.2 正等测的画法

画轴测图的基本方法是坐标法，即按坐标关系画出物体上的诸点、线的轴测投影，然后连成物体的轴测图。但在实际作图中，还应该根据物体的形状特点不同而灵活采用其他不同的作图方法，如切割法、叠加法等。

此外，为了使图形清晰，在轴测图中一般不画不可见的轮廓线（虚线）。因此，画图时为了减少不必要的作图线，在方便的情况下，一般可先从可见部分开始作图，如先画出物体的前面、顶面或左面等。

画轴测图时还应注意，只有平行于轴向的线段才能直接量取尺寸作图；不平行于轴向的线段，可由该线段的两端点的位置来确定。

1. 平面立体的正等测画法

例2-1 根据正六棱柱的两面投影图[见图2-4(a)]，画出它的正等测。

解：正六棱柱的顶面和底面均为水平的正六边形。在轴测图中，顶面可见，底面不可见，宜从顶面画起，各顶点可用坐标法确定。

作图步骤如图2-4(b)至图2-4(e)所示。

①定出坐标轴[见图2-4(a)]，把坐标原点取在正六棱柱顶面中心处。

②画出轴测轴O_1X_1、O_1Y_1，并在其上量得$O_1A=Oa$、$O_1D=Od$、$O_1M=Om$、$O_1N=On$，得A、D、M、N四点[见图2-4(b)]。

③过点M、N作O_1X_1轴的平行线，在其上量得B、C、E、F四点，连接各点得顶面[见图2-4(c)]。

④由点A、B、C、F向下作铅垂线，并在其上截取正六棱柱的高度H，得底面上的可见点[见图2-4(d)]。

⑤依次连接底面上的点，擦去多余线条，加深，完成全图[见图2-4(e)]。

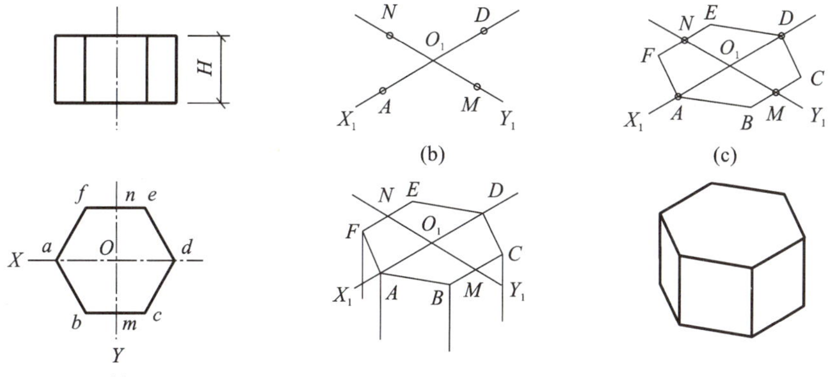

(a)　(b)　(c)　(d)　(e)

图 2-4　用坐标法作正六棱柱的正等测

例 2-2　作出图 2-5(a)所示物体的正等测。

解: 该物体可看作是一个长方体被切去三部分而形成的,先被正垂面切去左上角,再被水平面和正平面切掉前上角,最后被铅垂面切去左前角。可采用切割法作出它的正等测。

作图步骤见图 2-5(b)至图 2-5(e)。

轴测轴 O_1X_1、O_1Y_1、O_1Z_1 仅供画 O_1X_1、O_1Y_1、O_1Z_1 方向的平行线时参考,熟练之后可不必画出。

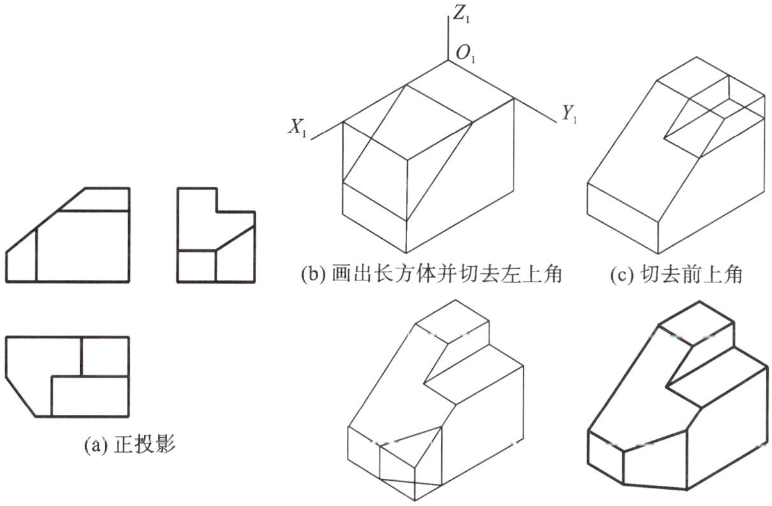

(a) 正投影　(b) 画出长方体并切去左上角　(c) 切去前上角　(d) 切去左前角　(e) 整理，加深

图 2-5　用切割法作物体的正等测

例 2-3　作出台阶[见图 2-6(a)]的正等测。

解: 由三面正投影图可知,该台阶由长方体 1、长方体 2 和斜面体 3 三部分叠加而成。可采用叠加法作出它的正等测。

作图步骤见图 2-6(b)至图 2-6(e)。

2. 平行于坐标面的圆的正等测画法

在正等轴测投影中,平行于坐标面的圆与轴测投影面都不平行,所以它们的正等测都是椭圆。圆的正等测(椭圆)可采用近似画法——四心圆法画出,即为了简化作图,用四段圆弧连成近似椭圆。

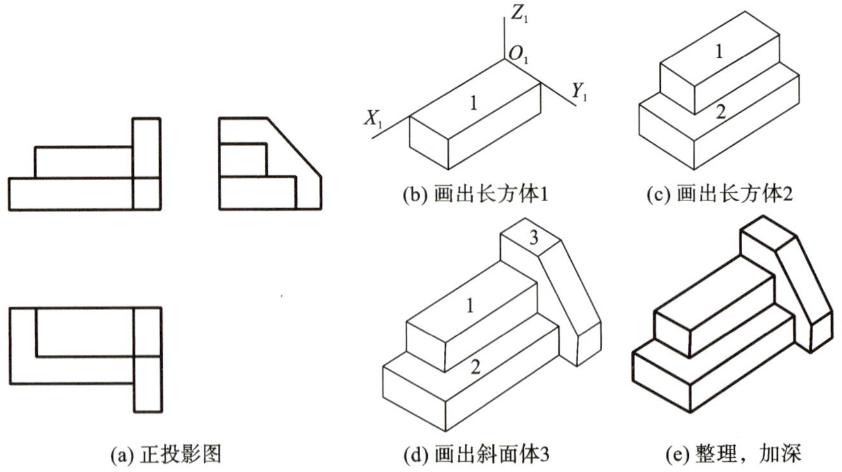

图 2-6　用叠加法作台阶的正等测

现以平行于 XOY 坐标面的圆［即水平圆，半径为 R，见图 2-7(a)］为例，其正等测近似椭圆的作法如下：

①在正投影图中，定出圆周上 a、b、c、d 点［见图 2-7(a)］。

②作出圆的两条中心线和圆周上对应 4 点的正等测($AC=BD=2R$)［见图 2-7(b)］。

③以 R 为半径，分别以 A、B、C、D 点为圆心画弧相交得 O_1、O_2；连接 O_1、D 和 O_2、A 相交得 O_3，连接 O_1、C 和 O_2、B 相交得 O_4［见图 2-7(c)］。

④分别以 O_1、O_2 为圆心，O_1C 为半径，画弧 CD、AB；分别以 O_3、O_4 为圆心，O_3A 为半径，画弧 AD、BC，4 段弧光滑连接而成正等测近似椭圆［见图 2-7(d)］。

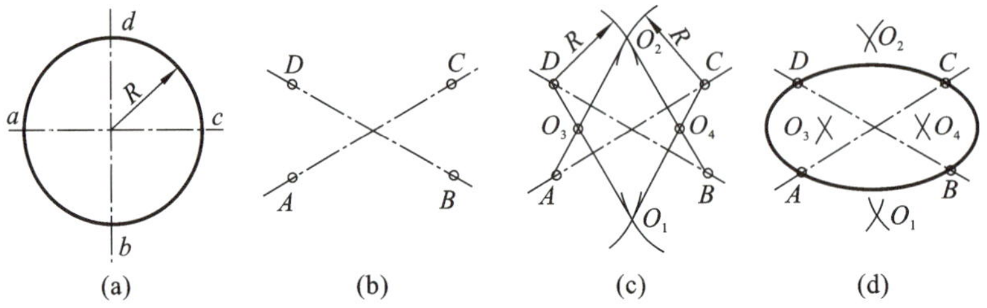

图 2-7　用四心圆法作水平圆的正等测近似椭圆

平行于 YOZ、XOZ 坐标面的圆的正等测椭圆的作法与平行于 XOY 坐标面的圆的正等测椭圆作法相同，只是三个方向的椭圆的长短轴方向不同。图 2-8 所示为一正方体表面上三个内切圆的正等测椭圆。

图 2-9 所示是三个方向的圆柱的正等测，它们的顶圆的正等测椭圆形状大小相同，但长短轴方向不相同。

3. 曲面立体的正等测画法

例 2-4　作出带缺口的圆柱［见图 2-10(a)］的正等测。

解：由两面正投影图可知，该圆柱轴线铅垂，顶部被两个对称的侧平面和一个水平面切割出一个缺口。作图时可先画出完整圆柱，再画出缺口。

作图步骤如图 2-10(b)至图 2-10(e)所示。

①用四心圆法画出顶面椭圆，如图 2-10(b)所示。

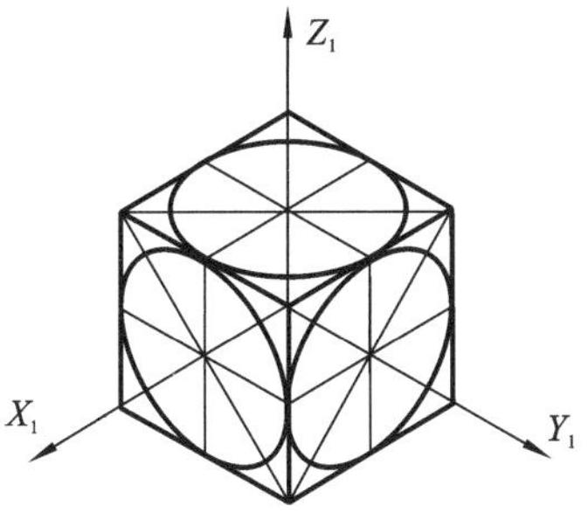

图 2-8　平行于三个坐标面的圆的正等测

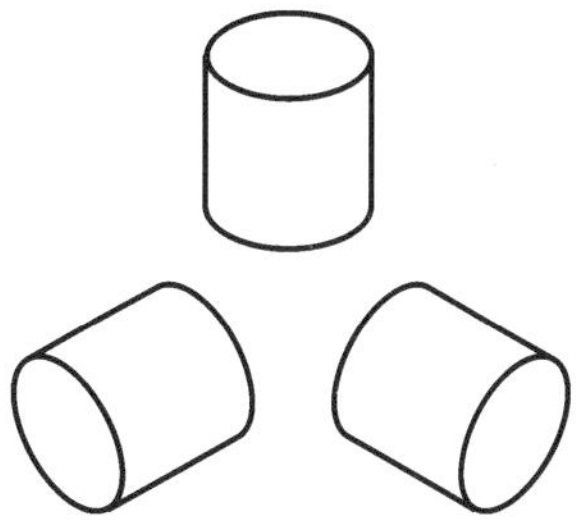

图 2-9　三个方向的圆柱的正等测

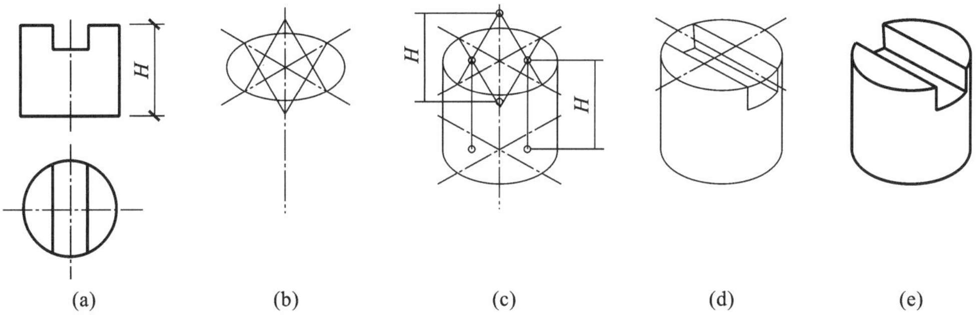

图 2-10　作缺口圆柱的正等测

②将组成顶面椭圆的各段圆弧的圆心和切点下移圆柱高度 H，作出底面椭圆的可见部分(此法称为移心法)，并作两椭圆的公切线，此切线即为圆柱轴测投影的轮廓线，如图 2-10(c)所示。

③画缺口，缺口上的圆弧可用移心法或素线法(即在圆柱面上缺口所在位置作一系列素线，并截取缺口高度)求得，如图 2-10(d)所示。

④擦掉多余的线条，加深，完成全图，如图 2-10(e)所示。

注意：为了清晰起见，轴测图最后结果可不保留轴线和中心线。

例 2-5　作带圆角的长方板[见图 2-11(a)]的正等测。

解：圆角是圆的四分之一，在轴测图上为椭圆的一部分，可用四心圆法中的一段弧来近似画出。

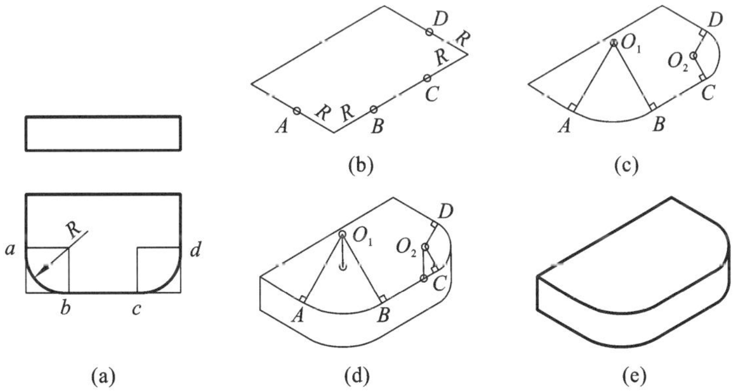

图 2-11　作圆角长方板的正等测

作图步骤如图 2-11(b)至图 2-11(e)所示。

①在水平投影图中标出切点 a、b、c、d，如图 2-11(a)所示。

②作出长方板的顶面长方形的正等测，并从顶面的顶点向两边量取圆角半径 R 长度得 A、B、C、D 点，如图 2-11(b)所示。

③过 A、B、C、D 点作所在边的垂线，两垂线的交点 O_1、O_2，即为正等测圆角的圆心；以 O_1A 为半径画弧 AB，以 O_2C 为半径画弧 CD，如图 2-11(c)所示。

④用移心法(将顶面圆心、切点都平行下移板厚的距离)画出底面圆角，并作公切线和棱线，如图 2-11(d)所示。

⑤擦去辅助线，加深，完成全图，如图 2-11(e)所示。

例 2-6 作出曲面组合体[见图 2-12(a)]的正等测。

解：从正投影图[见图 2-12(a)]中可看出，该曲面组合体是由带圆角和圆孔的底板、带半圆和圆孔的竖板两部分叠加而成的。画这个曲面组合体的正等测时，可采用叠加法，圆(半圆)和圆角可采用前面介绍的方法画出。

作图步骤如图 2-12(b)至图 2-12(e)所示。

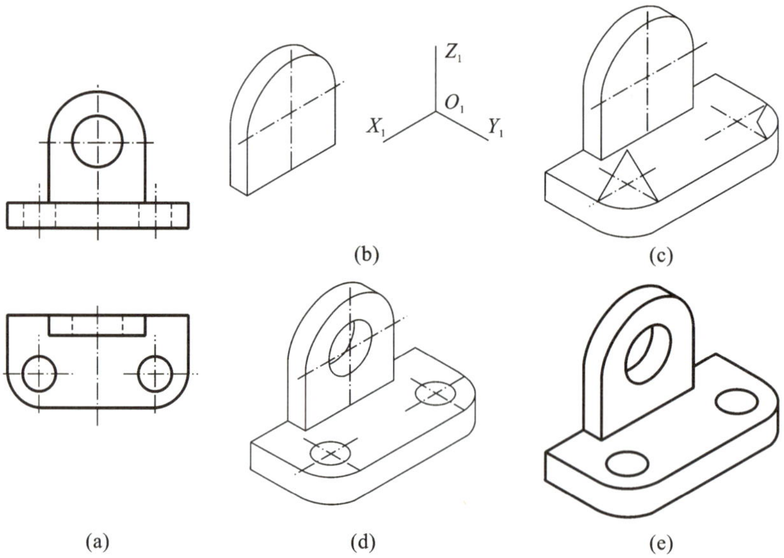

图 2-12 作曲面组合体的正等测

2.3 斜轴测图

2.3.1 正面斜轴测图的轴间角和轴向伸缩系数

如前述的图 2-2(b)所示，当 Z 轴铅垂放置，坐标面 XOZ 平行于轴测投影面 P(正平面)，投射方向 S 倾斜于轴测投影面时，所得到的轴测图即为斜轴测图。在这种情况下，轴测轴 O_1X_1 和 O_1Z_1 仍分别为水平方向和铅垂方向；轴向伸缩系数 $p=r=1$，轴间角 $\angle X_1O_1Z_1=90°$；而 O_1Y_1 轴的方向和轴向伸缩系数 q 可随投射方向的改变而变化。一般取 O_1Y_1 轴与水平线的夹角为 45°，取 $q=0.5$ 或 1，当 $q=0.5$ 时，形成斜二等轴测图，简称斜二测；当 $q=1$ 时，形成斜等轴测图，简称斜等测。

O_1Y_1 轴的方向可根据表达的需要选择如图 2-13 所示的形式。

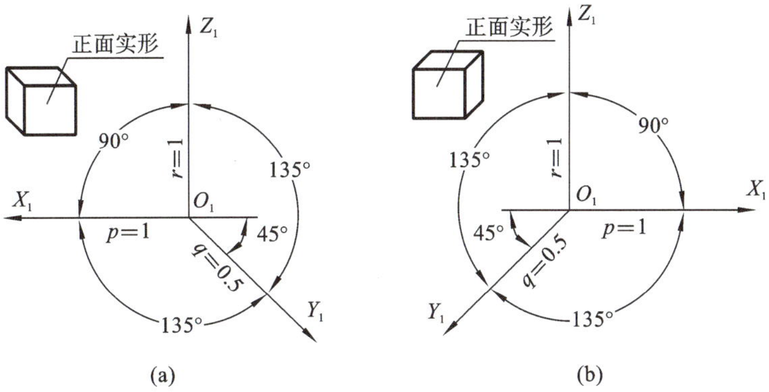

图 2-13　斜二测的轴间角和轴向伸缩系数

由于 XOZ 坐标面平行于轴测投影面，所以物体平行于 XOZ 坐标面的平面，在斜轴测图中反映实形。因此，作轴测图时，在物体上具有较多的平行于 XOZ 坐标面的圆或曲线的情况下，选用斜轴测图，作图比较方便。

2.3.2　斜二测的画法

1. 平行于坐标面的圆的斜二测

图 2-14 所示是正方体表面上三个内切圆的斜二测，平行于 XOZ 坐标面的圆的斜二测仍是大小相同的圆，平行于 XOY 和 YOZ 坐标面的圆的斜二测是椭圆。

画正等测近似椭圆的四心圆法，不适用于画斜二测椭圆。画斜二测椭圆时，可采用坐标法，如图 2-15 所示。具体作法是：在圆上作一系列平行于 OX 轴的平行线，在轴测图中对应地画出这些平行线(注意 O_1Y_1 轴的轴向伸缩系数为 0.5)，在这些平行线上对应地量取圆周上各点的 X 坐标得 A_1、B_1…各点，再由 Y 坐标定出 2_1、4_1 点，光滑连接各点，即得该圆的斜二测椭圆。

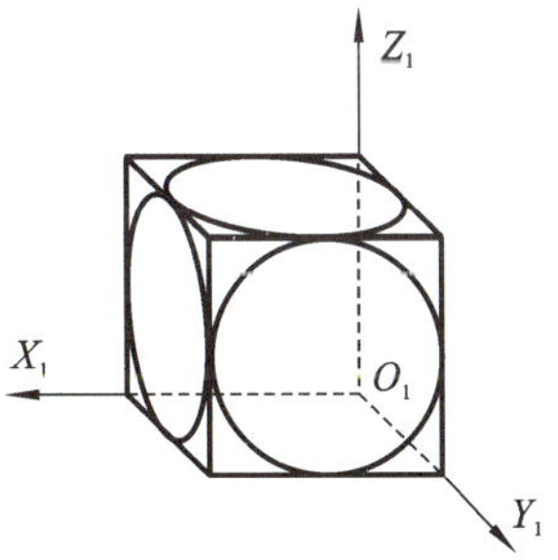

图 2-14　平行于坐标面的圆的斜二测

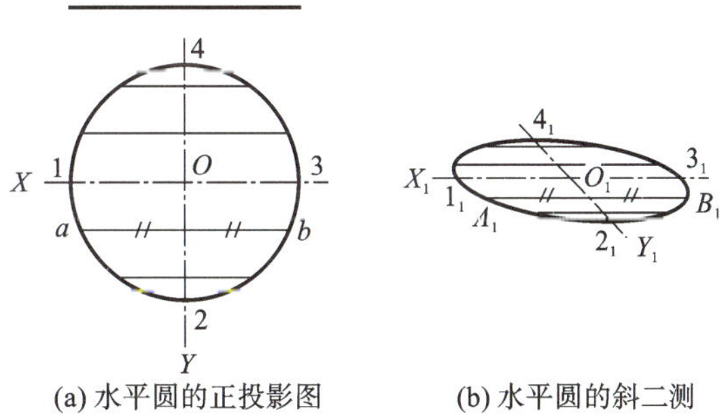

图 2-15　用坐标法作水平圆的斜二测

对于其他轴测椭圆和曲线也可用坐标法作图。

2. 画法举例

例 2-7　画出台阶[见图 2-16(a)]的斜二测。

解：台阶上平行于 XOZ 坐标面的平面，在斜二测中反映实形，可采用直接画法，即按实形画出台阶的前面，再沿 O_1Y_1 方向向后加宽($q=0.5$)，画出中间和后面的可见轮廓线。

作图步骤如图 2-16(b)至图 2-16(e)所示。

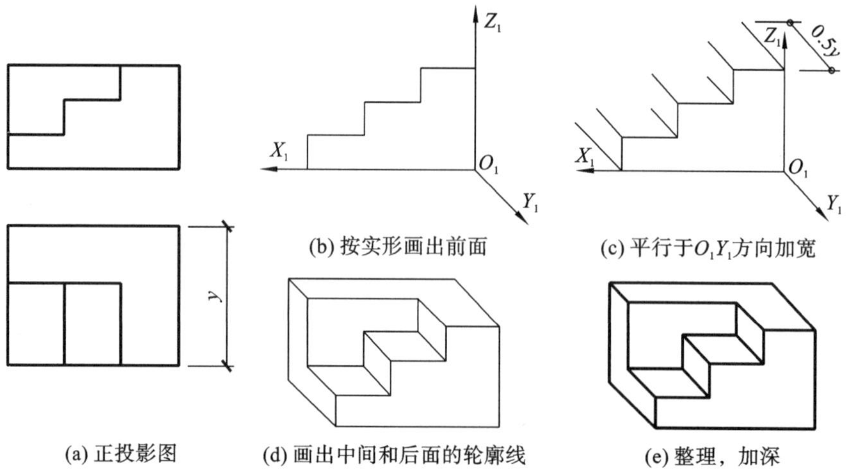

图 2-16　用直接画法画出台阶的斜二测

例 2-8　画出图 2-17(a)所示物体的斜二测。

解：该物体可看作是半圆拱门，由墙体（大长方体）、平台（小长方体）和半圆门洞三部分组合而成。半圆拱门平行于 *XOZ* 坐标面，在斜二测中反映实形，半圆可直接画出。

作图步骤如图 2-17(b)至图 2-17(e)所示。

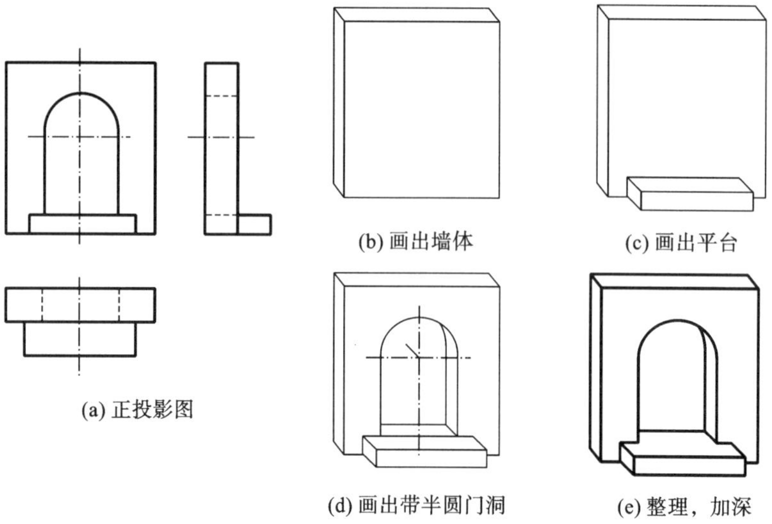

图 2-17　用叠加法和直接画法画出半圆拱门的斜二测

①画出墙体[大长方体，正面反映实形，见图 2-17(b)]。

②用叠加法画出平台[小长方体，正面反映实形，见图 2-17(c)]。

③画出带半圆的门洞，注意定位，前半圆按实形直接画出，后半圆可见部分用移心法画出[见图 2-17(d)]。

④整理，加深[见图 2-17(e)，要注意擦去多余的线条]。

例 2-9　画出图 2-18(a)所示物体的仰视斜二测。

解：该物体由一块矩形板和下面左右对称的两块六边形支撑板组成。俯视时两块支撑板被矩形板遮住不可见，而用仰视画出该物体的轴测图，则可看到该物体的正面、底面和左面，直观效果较好。

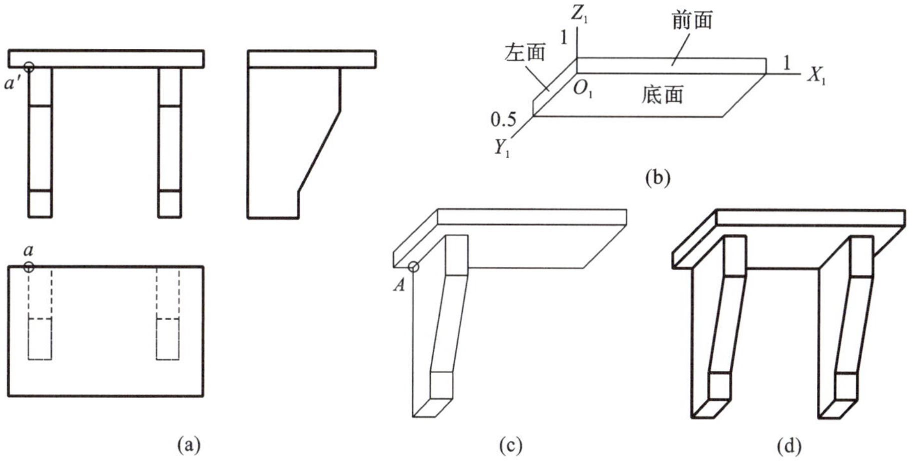

图 2-18 画出物体的仰视斜二测

作图步骤如下：

①选择图 2-18(b)所示的轴测轴（O_1Y_1 轴向后，$q=0.5$），画出矩形板。

②确定 A 点的位置，画出左边支撑板的左面（六边形），再根据板的厚度画出平行于 O_1X_1 轴方向的棱线和右边的棱线[见图 2-18(c)]。

③用同样的方法画出右边支撑板，整理加深，完成全图[见图 2-18(d)]。

2.3.3 水平斜轴测图的画法

1. 水平斜轴测图的轴间角和轴向伸缩系数

当 XOY 面（水平面）平行于轴测投影面时，可形成水平斜轴测图。由于水平面平行于轴测投影面，所以水平面在水平斜轴测图中反映实形。轴间角$\angle X_1O_1Y_1=90°$。一般取 O_1Z_1 轴为铅垂方向，O_1X_1 和 O_1Y_1 轴与水平线的夹角为 45°[见图 2-19(a)]，或 30°和 60°[见图 2-19(b)]。轴向伸缩系数 $p=q=r=1$。

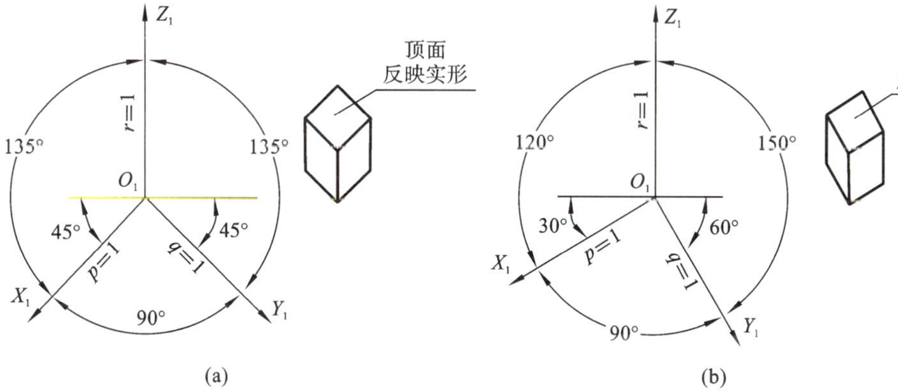

图 2-19 水平斜轴测图的轴间角和轴向伸缩系数

2. 水平斜轴测图的画法示例

水平斜轴测图通常用于直观表达建筑物的水平剖切和建筑小区俯瞰情况，一般将平面图旋转 30°后画出。

例 2-10 根据房屋的平面图和立面图[见图 2-20(a)]，画出带水平截面的水平斜轴测图。

解：本例的意思是假想用水平剖切面，沿门窗洞口处将房屋切成两截后，画出下半截房屋的水平斜轴测图。因为截断面处于同一高度，且反映实形，所以根据平面图（旋转 30°）先画出截断面，然后再根据立面图往下画高度线和其他轮廓线，即可完成。

作图步骤如图 2-20(b)至图 2-20(d)所示。

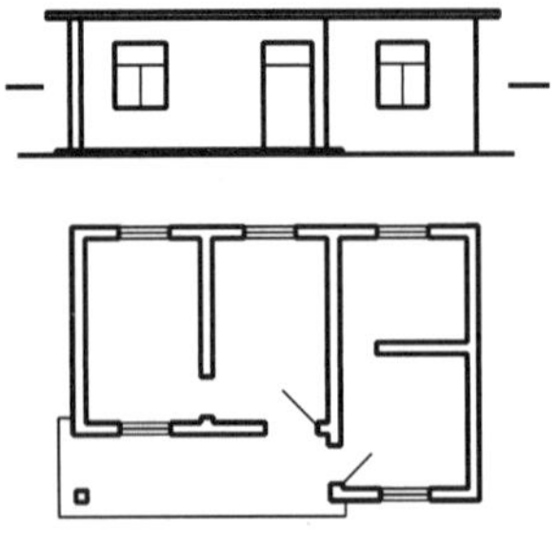

(a) 房屋平面图和立面图

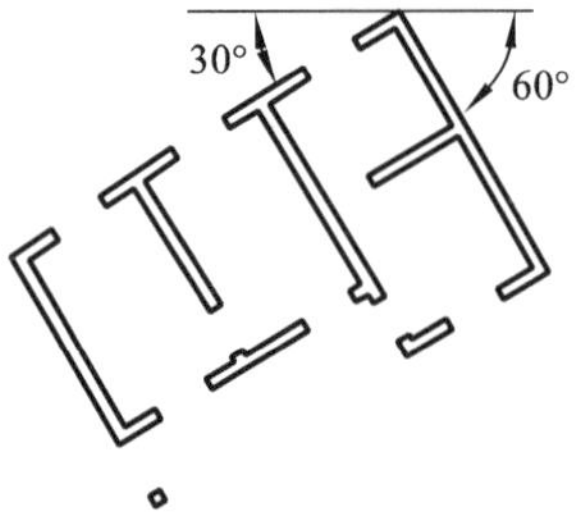

(b) 将平面图旋转30° 画出断面实形

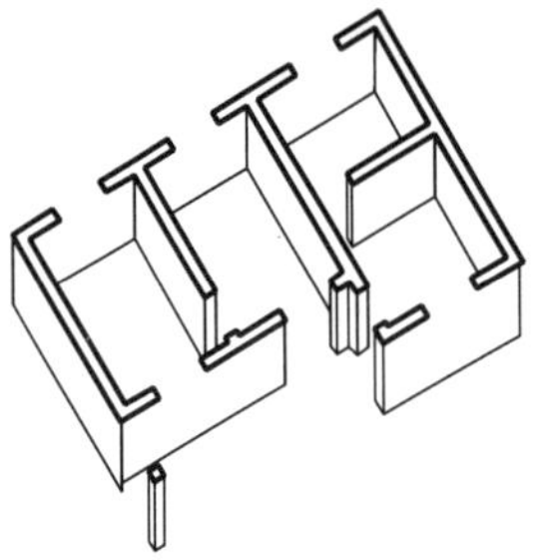

(c) 画出内外墙高、柱高和墙角线

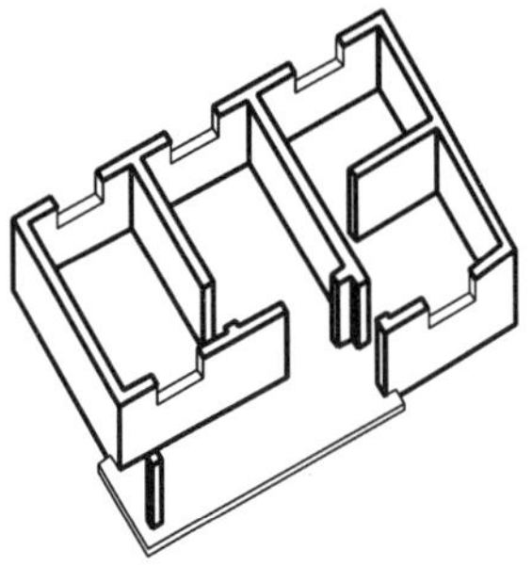

(d) 画门窗洞口、平台，整理，加深

图 2-20　房屋的水平斜轴测图

这里附带说明：图 2-20(a)中的立面图（V 投影）两侧的粗短水平线，表示平面图（H 投影）的剖切位置线；关于剖切的画法与房屋平面图和立面图的表达方法，将在后章中详细介绍。

例 2-11　根据建筑小区的平面图和立面图［见图 2-21(a)］，画出水平斜轴测图。

解： 由于各房屋高度不一，而房屋底面都处于同一水平面上，所以可先将平面图旋转 30°，画出底面和道路，然后再根据 V 投影所示的高度往上画高度线和屋顶轮廓线，并擦去被遮住的线条，即可完成，如图 2-21(b)所示。

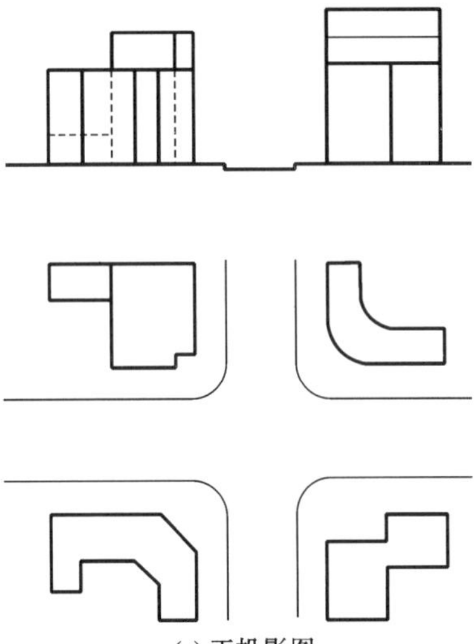

(a) 正投影图

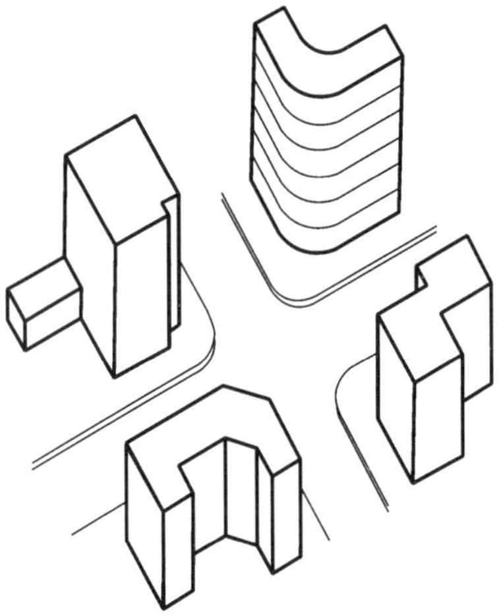

(b) 水平斜轴测图

图 2-21　建筑小区的水平斜轴测图

2.4 组合体的投影图

由基本几何体按一定的方式组合而形成的形体称为组合体。建筑物不管简单还是复杂，都可以看作是组合体。

2.4.1 组合体的分类

根据组合体的组成方式不同，组合体大致可以分成以下三类。

1. 叠加型组合体

由若干个基本形体叠加而成的组合体，称为叠加型组合体。如图 2-22(a)所示，该组合体可以看成由一个长方体(四棱柱)与一个三棱柱、一个五棱柱叠加而成。

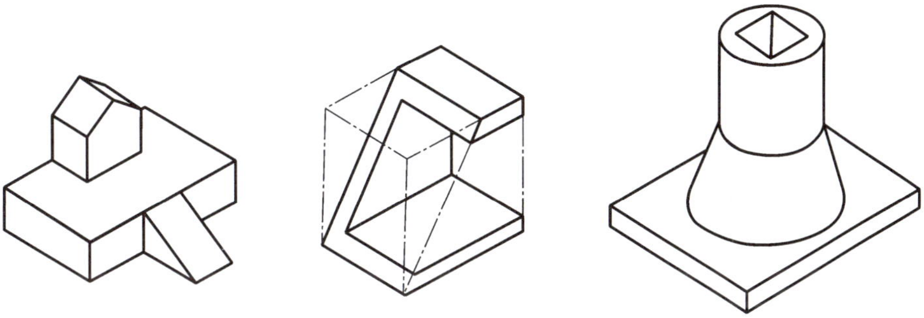

(a) 叠加型　(b) 切割型　(c) 综合型

图 2-22　组合体的组合方式

2. 切割型组合体

由一个基本形体被一些不同位置的截面切割而形成的组合体，称为切割型组合体。如图 2-22(b)所示，该组合体可以看成由一个长方体经两次切割而形成。先在长方体的中前部挖去一个小长方体，形成一个槽形体，然后再将槽形体用一正垂面切掉一块。

3. 综合型组合体

由基本形体叠加和被切割而成的组合体，称为综合型组合体。如图 2-22(c)所示，该组合体可以看成由一个长方体(底板)、一个圆台和一个圆柱叠加后，再挖去一个四棱柱而形成。

2.4.2 组合体的投影图

三面正投影图简称三视图，如图 2-23 所示。形体在 V 面上的视图在建筑工程上称为正立面图。形体在 H 面上的视图称为平面图。形体在 W 面上的视图称为侧立面图。

为了便于阐述，使表达与理解达到一致，形成共同语言，制图和识图都遵循以下约定：

(1)前后左右的约定。工程图中形体的前后左右，是根据形体表面与投影面(坐标面)的关系来确定的，以投影面为准，形体上距 V 面远的面称为前面，距 V 面近的面称为后面；距 W 面远的面为形体的左面，距 W 面近者为形体的右面，如图 2-23(a)所示。

(2)长宽高的约定，如图 2-23(b)所示。

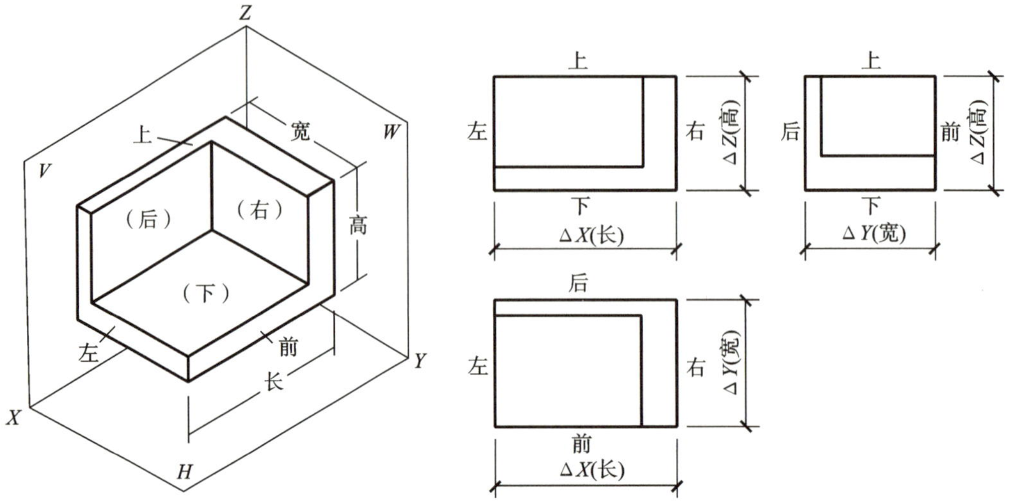

(a) 立体图　　(b) 投影图

图 2-23　组合体的前后左右上下关系及长宽高对应关系

2.4.3　组合体投影图的对应关系

(1)因为在三视图中,三个面上的投影图共同反映同一个形体,所以它们必然符合长对正、高平齐、宽相等的关系,这种关系通常称为“三等”关系,如图 2-24 所示。

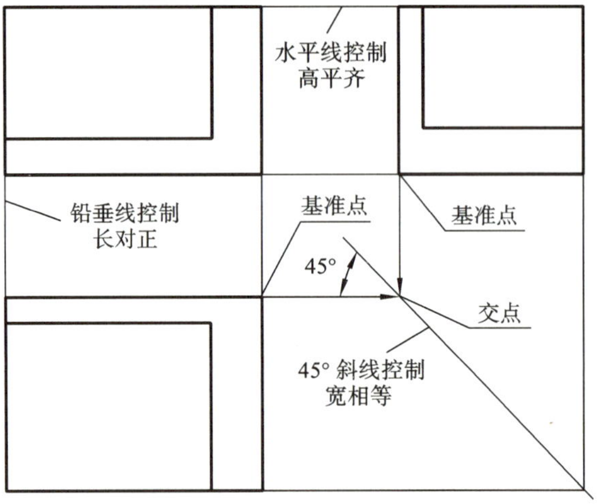

图 2-24　三视图的三等关系

(2)因为形体是三维空间的立体,投影图是二维平面的图形,所以在投影图中必然是:正立面图反映形体的上下左右关系和正面形状,不反映形体的前后关系;平面图反映形体的前后左右关系和顶面形状,不反映形体的上下关系;侧立面图反映形体的上下前后关系和左面形状,不反映形体的左右关系。

2.4.4　组合体表面连接关系及画法

组成组合体的形体之间的表面连接关系一般可分为共面、不共面、相交、相切四种情况。

①组合体中两形体表面共面处不画线(见图 2-25)。

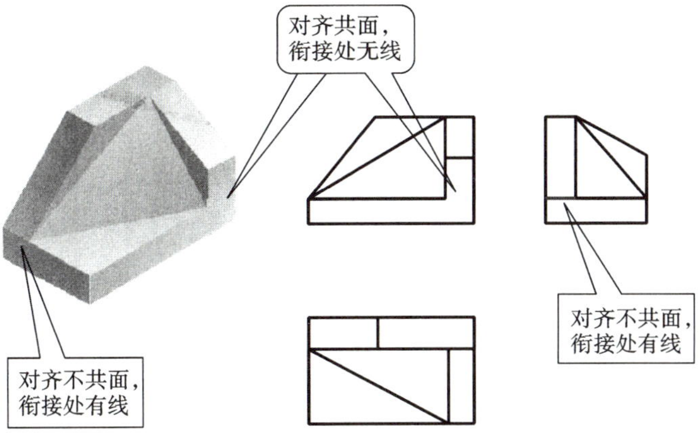

图 2-25 组合体表面共面与不共面的画法

②组合体中两形体表面不共面处应画线(见图 2-25)。

③组合体中两形体表面相交处应画线[见图 2-26(a)]。

④组合体中两形体表面相切(光滑过渡)处不画线[见图 2-26(b)]。

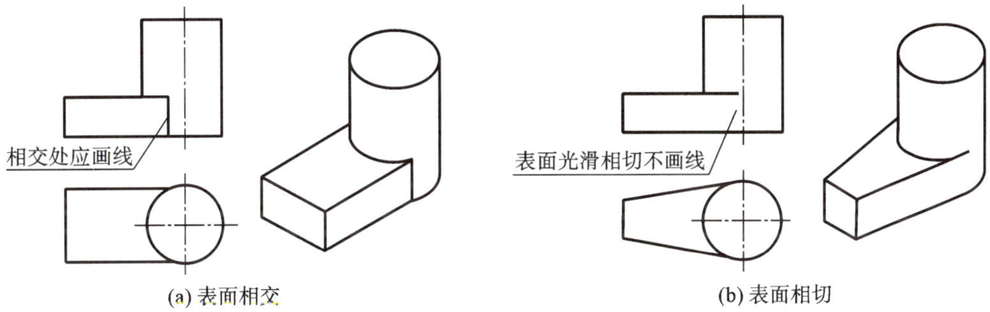

图 2-26 组合体表面相交与相切的画法

2.5 组合体投影图的画法

绘制组合体投影图实质就是将较为复杂的形体或立体图画成三视图。要正确画出形体的三视图，需要用到前面所学的基本知识，主要有：

①各种位置直线、平面的投影规律；

②各种基本形体的投影特征；

③截交线、相贯线等的画法。

2.5.1 组合体投影图的作图步骤

组合体投影图的作图步骤一般是：形体分析；选择正立面图的投射方向；选比例，定图幅，进行图面布置；画投影图；标注尺寸。

1. 形体分析

形体分析的目的是确定组合体由哪些基本形体组成，看清楚它们之间的相对位置关系。如图 2-27 所示，可以把形体分为Ⅰ、Ⅱ两个平放着的五棱柱和带缺口的四棱柱Ⅲ、三棱锥Ⅳ

这样四个基本形体。形体Ⅲ在形体Ⅰ的上边，形体Ⅱ在形体Ⅰ的前面，形体Ⅳ在形体Ⅰ和Ⅱ的相交处。

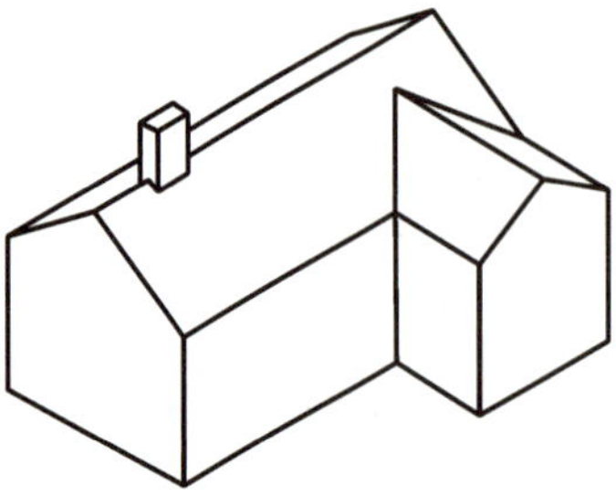
(a) 立体图

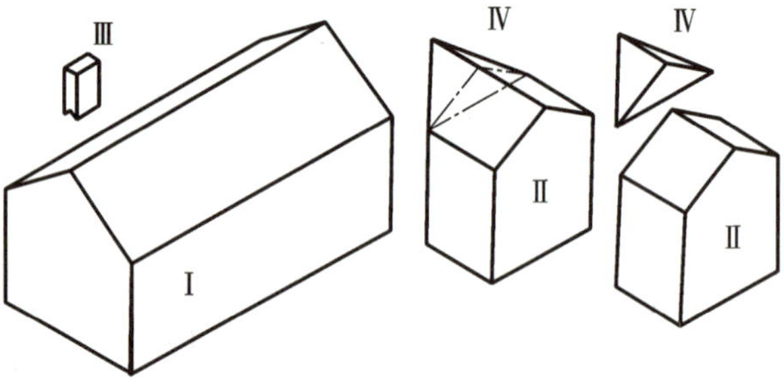

(b) 形体分析图

图 2-27　组合体的形体分析

2. 选择投射方向

选择投射方向主要考虑以下三个基本条件：

(1)使正立面图最能反映形体的特征。

(2)符合工程形体的正常工作位置。比如梁和柱，梁的工作位置是横置，画图时必须横放；柱的工作位置是竖置，画图时必须竖放。

(3)使形体上处于投影面平行面的表面最多，投影图上的虚线最少。

根据以上选择投射方向的条件，选择正立面图的投射方向，如图 2-28 中箭头所指的从前向后投射的方向。平面图从上向下投射，侧立面图从左向右投射。

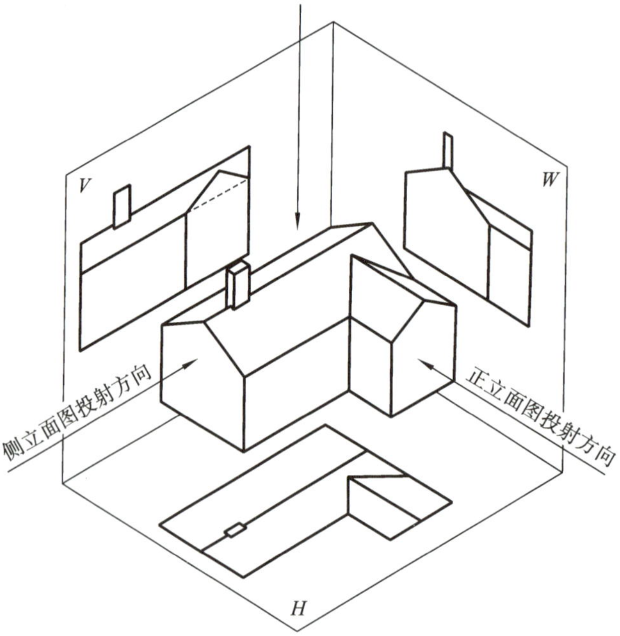

图 2-28　选择投射方向

3. 选比例，定图幅，进行图面布置

这一步一般采用两种方法：一是先选比例，根据比例确定图形的大小，根据几个投影图所

需要的面积，选择合适的图幅；二是先定图幅，根据图纸幅面来调整绘图比例。在实际工作中，常常将两种方法兼顾考虑。在进行这一步工作时要注意：

(1)图形大小适当，不能使一个形体的图形在这一幅图中显得过大或过小；

(2)各视图与图框线的距离以及各视图之间的间隔大致相等，同时应考虑标注尺寸、图名等所需要的位置。

4. 画三视图

作图的一般步骤如下：

(1)图面布置。经过以上三步分析后，确定各个图形在图纸上的位置，画出定位线或基准线。

(2)画底稿线。根据形体的特征及其分析的结果，用较硬的 2H 或 3H 铅笔轻画。画图时可采用先画一个基本形体的三面投影后再画第二个基本形体的方法，也可以采用先画完组合体的一个投影后再画第二个投影的方法。

(3)检查与修改。在工程施工图中力求图形正确无误，避免因图纸的错误造成工程上的损失。当底稿线画好之后，必须对所画的图样进行认真检查，改正错误之处，保证所画图样正确无误。

(4)加深图线。检查无误后，再将图线加粗加深。可见线为粗实线，一般采用偏软的 B 铅笔完成，线条要求黑而均匀，宽窄一致；不可见线画成细虚线，用中性 HB 铅笔完成，要求虚线线段长度一致，在可能的情况下，线段长度控制在 3～4 mm 之间，间隔在 1 mm 左右。

5. 标注尺寸

标注尺寸的方法见 2.6 节组合体投影图的尺寸标注。

2.5.2 作图举例

例 2-12 如图 2-29(a)所示，按基本形体叠加方法作组合体的投影图。

解：(1)形体分析。

该组合体可以看成是房屋模型，由四个基本形体组成。形体Ⅰ为放平的五棱柱(房屋主体)，形体Ⅱ为带缺口的四棱柱(烟囱)，形体Ⅲ为四棱柱，形体Ⅳ为一斜切半圆柱叠加在形体Ⅰ和Ⅲ上，如图 2-29(b)所示。

(2)选择投射方向。

根据选择投射方向的三个基本条件，选择正立面图的投射方向，如图 2-29(a)中箭头上注有“正立面”字样的方向为正立面图的投射方向。正立面图的投射方向选定后，平面图和侧立面图的投射方向也就随之确定，如图 2-29(a)所示。

(3)选比例，定图幅。

作业中一般采用 A2 或 A3 图幅，建筑的体积比较大，一般采用缩小比例绘制，此例采用 1∶1的比例，并采用 A3 幅面绘制。

(4)画投影图。

①图面布置。一般情况下把正立面图画在图纸的左上方；平面图放在正立面图的正下方，左右对正；侧立面图放在正立面图的右边，上下齐平，并且与平面图的宽度方向对应。各图之间留有一定的间隔，用以标注尺寸和注写图名。以上问题考虑好后，画出基准线，如图 2-29(c)所示。

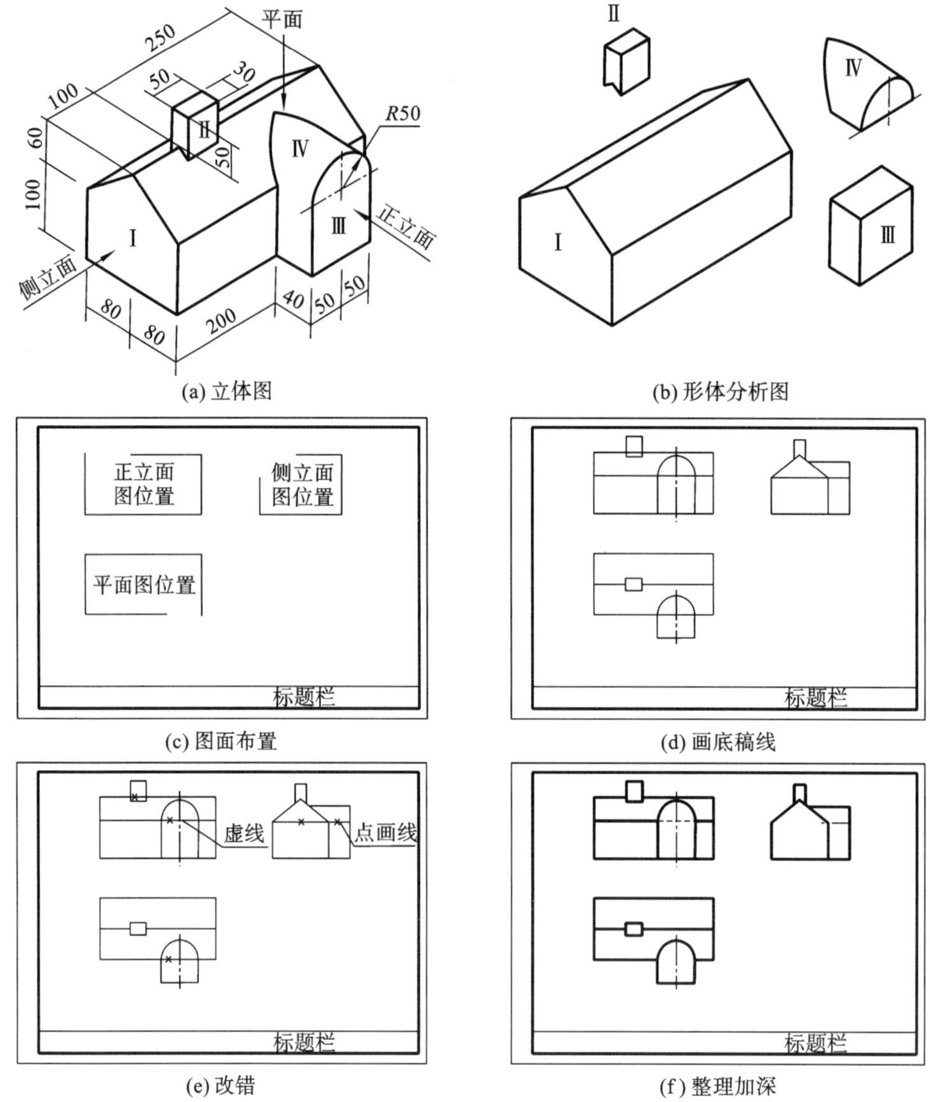

图 2-29　组合体三视图的画法步骤

②画底稿线。用较硬的 2H 铅笔轻画底稿线，先画大的形体，再画比较小的形体，画图时要注意它们之间的相互位置关系，如图 2-29(d)所示。

叠加法的画法如下：

第一步，画形体Ⅰ的三视图；

第二步，按给定的尺寸及位置叠加形体Ⅱ的三视图；

第三步，按给定的尺寸及位置叠加形体Ⅲ的三视图；

第四步，画斜切半圆柱Ⅳ的三视图。

③检查。工程中的图纸具有严肃性，不能出差错，要保证所画图样正确无误，所以每一个绘图者都必须养成自我检查的良好习惯。确认图线正确无误后，方可加深、加粗。如此例中常见的错误画法有 5 处，即图 2-29(e)中打“×”处：平面图中半圆柱下不应画交线；正立面图中在四棱柱位置五棱柱上边一条线(屋脊线)不能画通，半圆中心线应该为虚线(后棱线的投影)；侧立面图中三角形与矩形共面无交线，圆柱与墙面相切，此处无交线，应改画为半圆柱轴

线(细单点长画线)。

④加深图线,完成组合体的三视图。根据经验,加深时,细线用中性 HB 铅笔画;粗线用偏软的 B 铅笔画,并来回两次,这样画出的线条质量较好,如图 2-29(f)所示。

例 2-13 如图 2-30(a)所示,求组合体的投影图。

解:(1)形体分析。

图 2-30(a)所示的组合体为切割型组合体。该切割型组合体可以看成是由长方体先截掉四棱柱Ⅰ[见图 2-30(b)],再挖掉斜切四棱柱Ⅱ[见图 2-30 (c)]形成。

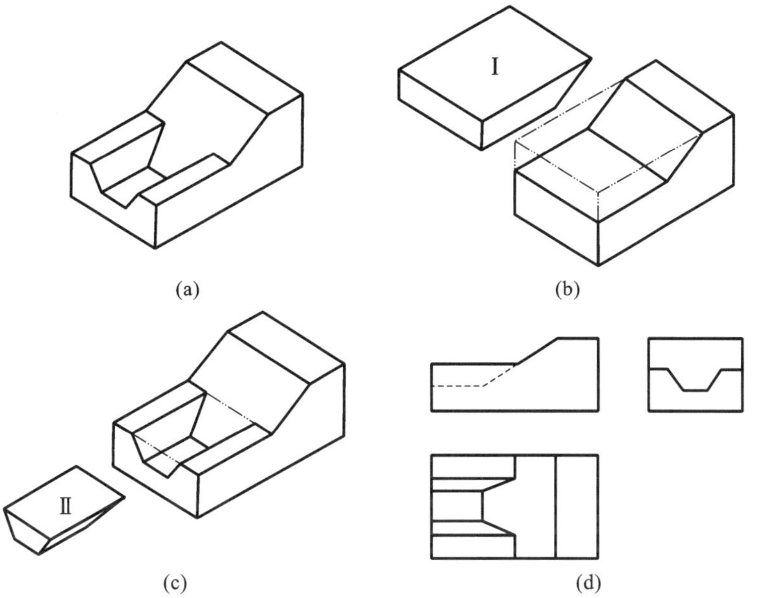

图 2-30 切割型组合体的分析过程及作图结果

(2)选择投射方向。

图 2-30(a)所示的形体视图的投射方向除了考虑前述三个基本条件外,还应考虑将形体长的方向与 OX 轴平行,这样用横式幅面既与形体本身长、宽、高一致,又便于进行图面布置。

(3)选比例,定图幅。

该例采用 1∶1 的比例,选用合适代号的图幅。

(4)画投影图。

切割型组合体宜一个投影一个投影地完成。可先画正立面图,再画平面图,最后画侧立面图。检查,加深图线,完成后的三视图如图 2-30(d)所示。

画好投影图之后,还应对所画图样进行全面检查。叠加型组合体宜采用形体分析法,切割型组合体宜结合形体分析法和线面分析法进行检查。首先分析形体是怎样切割的,切割后用线面分析法分析图中的几何元素线、面的投影。线、面的投影必须符合"三等"关系,否则,图形一定有错。下面对图 2-30(d)进行线面分析,介绍线面分析法的应用。

如图 2-31 所示,图中八边形平面 P 的三个投影是 p、p'、p'',因为它们符合长对正、高平齐、宽相等的"三等"关系,又符合正垂面的投影特性,所以 P 面的三个投影是正确的。同理,可以校核其他各面的投影。又如图中的交线 AB 的三个投影 ab、$(a')b'$、$a''b''$符合"三等"关系。同理,可以复核其他线面的投影。凡符合"三等"关系和线面投影特性的投影都是正确的。

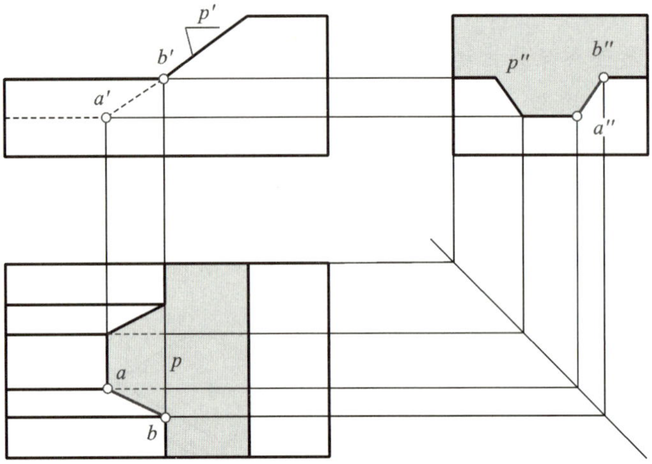

图 2-31　线面分析

2.6　组合体投影图的尺寸标注

形体的形状用投影图表示，而形体的大小则用尺寸确定，二者缺一不可。图 2-32 是三棱柱的投影，但是这个三棱柱多大？不清楚。为此，必须正确地标注尺寸。

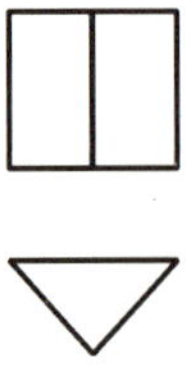
图 2-32　三棱柱的投影图

2.6.1　基本形体的尺寸标注

基本形体一般都要标注出长、宽、高三个方向的尺寸，以确定基本形体的大小，如图 2-33 所示，其中：

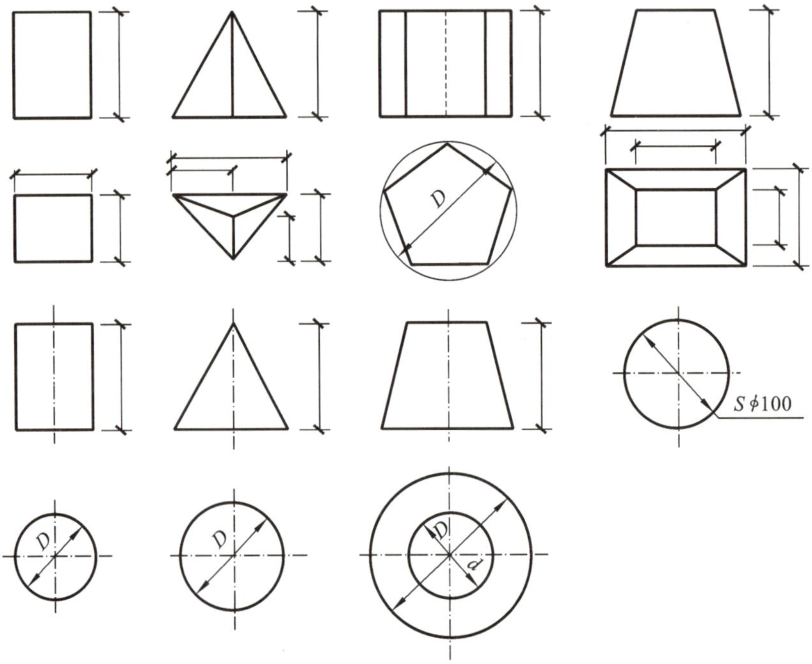

图 2-33　基本形体的尺寸标注

(1)棱柱、正棱锥标注出长、宽、高尺寸；

(2)棱台标注出上底、下底的长和宽及高度尺寸；

(3)圆柱、圆锥标注出直径和高度尺寸；

(4)圆台标注出上底、下底的直径和高度尺寸；

(5)球标注代号“*S*”及直径尺寸。

基本形体一般作两面视图就可以表示清楚了，但是两个视图中必须有一个反映基本形体特征的视图，例如柱、棱台必须有一个与轴线垂直的投影面的视图。球可以作一个视图，但是必须注明球的代号，如 $S\phi100$ 表示直径为 100 mm 的球，而 $SR100$ 则表示半径为 100 mm 的球。

2.6.2 基本形体截口的尺寸标注

带截口的基本形体除了标注形体本身的长、宽、高三个方向的尺寸外，还应标注出截口的定位尺寸，但是不标注截口的大小，如图 2-34 所示。

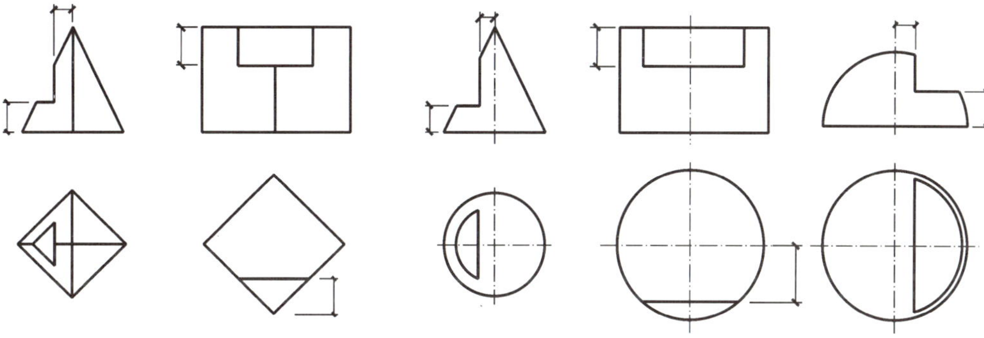

图 2-34 截口尺寸的标注

2.6.3 组合体的尺寸标注

学习组合体投影的尺寸标注是为建筑工程施工图的尺寸标注打基础。尺寸标注要求完整、清晰、正确和相对集中，并符合国家相关制图标准中尺寸标注的规定。

1. 尺寸的分类

组合体的尺寸分为定形尺寸、定位尺寸、总尺寸三种。

(1)定形尺寸：确定组合体各组成部分的形状大小的尺寸。

(2)定位尺寸：确定组合体各组成部分的相对位置关系的尺寸。

(3)总尺寸：确定组合体(建筑物)的总长、总宽、总高的尺寸。

以上三种尺寸有时没有明显的区别，可以相互取代。因为组合体(建筑物)是由各个组成部分组合而成的整体，所以有些尺寸既可以是定形尺寸，也可以是定位尺寸，或者是总尺寸。

2. 尺寸标注的方法

在尺寸标注过程中，除满足总的尺寸标注要求外，还必须注意以下两点：

(1)除特殊情况外，尺寸一般标注在投影图的外面，与投影图相距 10～20 mm，保持投影图的清晰。(建议阅读《房屋建筑制图统一标准》GB/T 50001—2017 中“尺寸标注”和《建筑制图标准》GB/T 50104—2010 中“尺寸标注”部分有关内容。)

(2)书写的文字、数字和符号等，应做到笔画清晰、字体端正、排列整齐，标点符号应清楚正确。(建议阅读《房屋建筑制图统一标准》GB/T 50001—2017 中“字体”部分有关内容。)

下面以图 2-29(f)为例，介绍组合体的尺寸标注。

当画好投影图之后，如图 2-29(f)所示，根据尺寸的分类和标注尺寸的方法，完成尺寸标注工作，如图 2-35 所示。

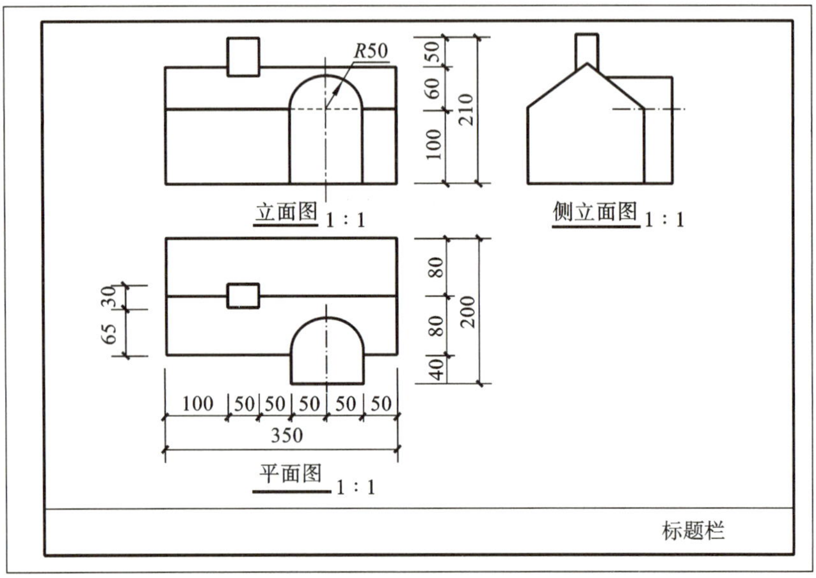

图 2-35　组合体的尺寸标注

在建筑施工图中，平面图是最重要的图纸之一，为了使标注的尺寸相对集中，一般都将长度和宽度方向的尺寸标注在平面图上。如图 2-35 中的平面图，长度方向标注了两道尺寸，靠里边一道尺寸为定形尺寸和定位尺寸，假如把坡屋顶上的四棱柱看成是建筑物中的烟囱，平面图上对应的数值 50 为烟囱的定形尺寸，左边数值 100 为烟囱的定位尺寸。第二道尺寸数值 350 为组合体的总长尺寸，同时也是五棱柱(房屋主体)长度方向的定形尺寸。宽度和高度方向的尺寸标注方法类同，不再赘述。建筑物上的圆弧曲线标注时要标注清楚圆心的位置和直径或半径的大小，如立面图中的“$R50$”。

在组合体投影图中，除标注尺寸外，还要在图的正下方写上图名，图名下画一道与图名同长的粗实线，一般可以理解成图名线。在图名的右侧，比图名的字高小 1 号或 2 号注写比例，比例的底线与图名线取平，如写成“平面图 1∶1”。

2.7　组合体投影图的阅读

根据组合体的视图想象出它们的空间形状，称为读图，或称看图或识图。画图是将具有三维空间的形体画成二维平面的视图的过程，读图则是把二维平面的视图合起来想象成三维空间的立体形状。读图的目的是培养和发展读者的空间想象力和读懂视图的能力。因此，每个读者都必须掌握读图的基本方法，通过多读多练，真正掌握阅读组合体投影图的能力，为阅读工程施工图打下良好基础。

2.7.1 读图应具备的基本知识

1. 熟练地运用“三等”关系

在三视图中，形体的三个视图之间，不论是整体还是局部都具有长对正、高平齐、宽相等的“三等”关系。用好这“三等”关系是读图的关键。

2. 灵活运用方位关系

掌握形体前后、左右、上下六个方向在三视图中的相对位置，可以帮助我们理解组合体中的基本形体在组合体中的部位。例如平面图只反映形体前后、左右的关系和形体顶面的形状，不反映上下关系；正立面图只反映形体上下、左右的关系和形体正面的形状，不反映前后的关系；侧立面图只反映形体前后、上下关系和形体左侧面的形状，不反映左右关系。

3. 掌握基本形体的投影特征

掌握基本形体的投影特征，是阅读组合体投影图必不可少的基础，例如三棱柱、四棱柱、四棱台等的投影特征和圆柱、圆台的投影特征。掌握这些基本形体的投影特征，便于用形体分析法来阅读组合体的投影图。

4. 掌握各种位置直线、平面的投影特征

各种位置直线包括一般位置线和特殊位置线，特殊位置线包括投影面的平行线和投影面的垂直线。各种位置平面包括一般位置平面和特殊位置平面，特殊位置平面又包括投影面的平行面和投影面的垂直面。掌握各种位置直线和各种位置平面的投影特征，便于用线面分析法来帮助阅读组合体的投影图。

5. 明确视图中线条、线框的含义

投影图中的线条不仅仅是形体上棱线、轮廓线的投影，投影图中的线框也不仅仅表示一个平面的投影，如图 2-36 所示。

线条的含义可能是下面三种情况之一：

①表示形体上两个面的交线(棱线)的投影，如 L_1'。

②表示形体上平面的积聚投影，如 S_2'。

③表示曲面体的转向轮廓线的投影，如 L_2'。

分析线条的含义的目的在于弄清投影图中的线条是形体上的棱线、曲面轮廓线的投影还是平面积聚投影。

线框的含义可能是下面三种情况之一：

①一个封闭的线框表示一个面，包括平面和曲面，如 S_4、S_5'。

②一个封闭的线框表示两个或两个以上的面的重影，如 S_3'、(S_6')。

③一个封闭的线框还可以表示一个通孔的投影，如 P'。相邻两个线框则是两个面相交，如 S_1'、S_3'；或是两个面相互错开，如 S_1'、(S_6')。

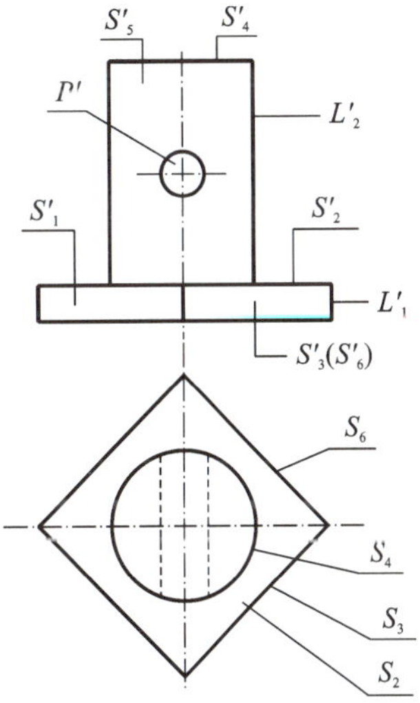

图 2-36 线条、线框的含义

分析线框的含义的目的在于弄清投影图中的线框是代表一个面的投影，还是两个或两个以上面的投影重合或通孔的投影，以及线框所代表的面在组合体上的相对位置。

6. 分析和利用尺寸标注帮助读图

根据图中的尺寸标注，从相同的尺寸和相对应的位置，我们可以理解图意，弄清各基本形体在组合体中的相对位置。

2.7.2 读图的基本方法与步骤

1. 基本方法

在阅读组合体的投影图时，主要运用的方法有形体分析法和线面分析法。一般做法是将两种方法结合起来运用，以形体分析法为主，以线面分析法为辅。

(1)形体分析法。根据投影图的对应部分，先将组合体假设分解成若干个基本形体(棱柱、棱锥、棱台、圆柱、圆锥、圆台和球等)，并想象出各基本形体的形状，再按各基本形体的相对位置，想象出组合体的形状，补出组合体投影图中缺的线，或根据组合体的两个视图，补画第三个视图，达到读懂组合体投影图的目的。此法多用于叠加型组合体。

(2)线面分析法。根据各种位置直线和平面的投影特征，分析出形体的细部空间形状，即某一条线、某一个面所处的空间位置，从而想象出组合体的总体形状。此法一般用来帮助读懂不规则的组合体和切割型组合体的投影图，或检查已画好的投影图是否正确。

以上两种方法是相互联系、互为补充的，读图时应结合起来，灵活运用。

2. 步骤

总的读图步骤可归纳为“四先四后”，即先粗看后细看，先用形体分析法后用线面分析法，先外部(实线)后内部(虚线)，先整体后局部。

例 2-14 补全图 2-37(a)所示投影图中缺的线。

解：从图 2-37(a)所示的三个投影，可以看出该组合体是房屋建筑中的一个台阶。台阶中间由三个阶梯组成，左右两边为挡板。三个阶梯可以看成三个长方体，两边的挡板可以看成是两个相同的长方体切掉一个相同的三棱柱而成，如图 2-37(b)所示。

通过以上对形体进行分析后，再来分析 2-37(a)中所缺的图线。

(1)W 投影正确。

(2)V 投影中三个阶梯的投影正确，左右两个挡板向 V 面投射时，应该看到两个面，而图中只有一个线框。为此，对应 W 投影(高平齐)补画左右各一段线条，如图 2-37(c)所示。

(3)H 投影中间的三个阶梯应该看到三个面，而图中只有一个线框，为此对应 W 投影(宽相等)补画两段线条，而得到三个踏面。左右两个挡板能看到两个面，对应 W 投影补绘左右挡板各一段线条，如图 2-37(c)所示。

在利用 W 投影补绘 H 投影或利用 H 投影补绘 W 投影时，宽相等的处理方法有两种：

①45°斜线法。从 H、W 投影图中的某一对应点分别作 OX、OY 的平行线，交于 m 点，过 m 点作右下斜 45°线，利用该斜线达到宽相等的目的，如图 2-37(c)所示。

②直接度量法。以投影图中的某一对应点为准，分别量取对应尺寸 y_1、y_2…，用来达到宽相等的目的，如图 2-37(d)所示(注：做作业时，只需按此法量取尺寸，不必标注 y_1、y_2…)。

例 2-15 如图 2-38(a)所示，根据组合体的 V、H 投影，想象形体的形状，补绘 W 投影，并画出正等轴测图。

解：根据形体的 V、H 投影及“三等”关系、方位关系分析，可知该组合体是由一个长方体Ⅰ、一个三棱柱Ⅱ和一个五棱柱Ⅲ组成的。解题步骤如下：

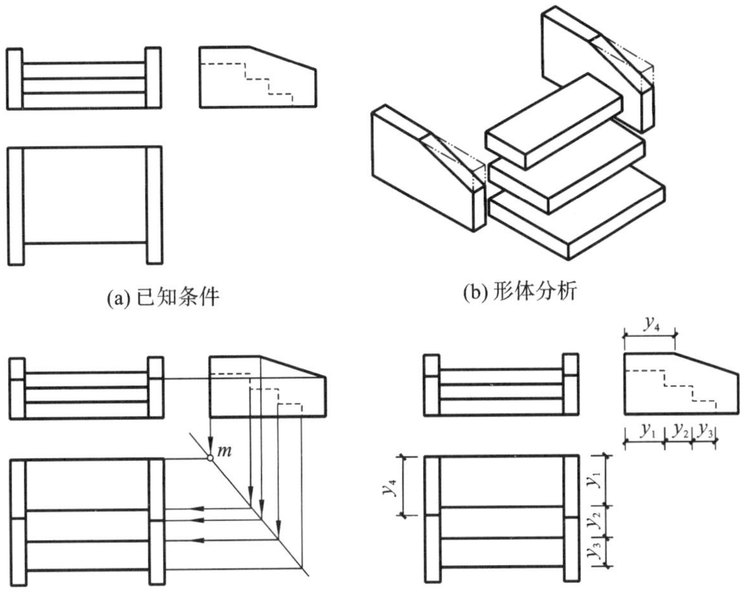

(a) 已知条件　　(b) 形体分析

(c) 补线结果及H、W面投影对应方法一　　(d) H、W面投影对应方法二

图 2-37 完成台阶的 H、V 投影

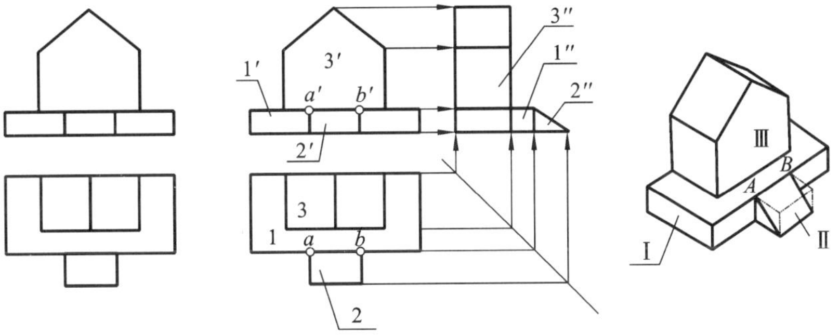

(a) 已知条件　　(b) 补绘W投影　　(c) 组合体正等轴测图

图 2-38 补画叠加型形体的 W 投影和轴测图

(1)补长方体Ⅰ的 W 投影为一矩形线框。

(2)补三棱柱Ⅱ的 W 投影为三角形线框。

(3)补五棱柱Ⅲ的 W 投影为上下两个矩形线框。上面的矩形线框为正垂面的投影，下面的矩形线框为侧平面的投影，其结果如图 2-38(b)所示。

(4)画出组合体的正等轴测图，如图 2-38(c)所示。

注意：解题第(2)步为什么把对应部分看成是三棱柱而不看成长方体？看成长方体行不行？因为 H 投影中有 ab 线段，说明形体Ⅰ与形体Ⅱ两者在此处不共面，产生了交线 AB，所以形体Ⅱ在建筑形体中理解成三棱柱而不能理解成长方体。如果图 2-38(c)中的三棱柱变成双点画线，表示虚拟部分为长方体，则 H 投影中就不可能有交线 ab。

例 2-16 如图 2-39(a)所示，根据形体的 V、W 投影，补绘 H 投影。

解：该形体可以看作切割型组合体，不容易想象出由几个基本形体组成。凡遇到这类形体，我们可以把它看作是一个长方体经过几次切割后形成的切割型组合体。分析时，第一步，把它看成长方体。第二步，利用侧垂面 P 切掉一个三棱柱，如图 2-39(b)所示。第三步，再用正垂面 Q 左右各切掉一个三棱锥，如图 2-39(c)所示。第四步，从 W 投影的虚线位置 r'' 对应

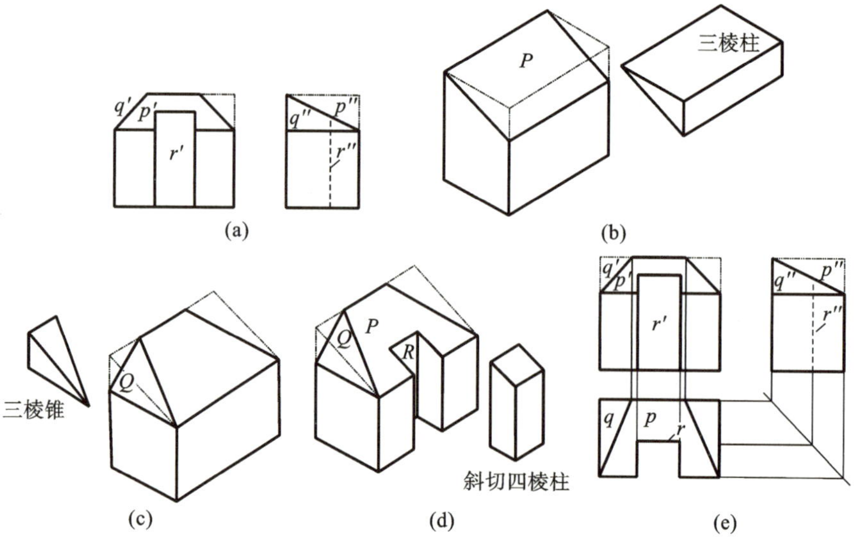

图 2-39　补画切割型形体的 H 投影

V 投影 r'，r' 为矩形，故可以理解成正平面。为此，可以视为一个正平面和两个侧平面挖去一个斜切四棱柱，如图 2-39(d)所示。

(1)根据“三等”关系在 H 投影的位置补一矩形线框。

(2)因为 V 投影中 p' 对应 W 投影 p''，p'' 为一斜直线，该面的空间位置为侧垂面，在 H 投影中应补一个与 p' 类似的 p 面。

(3)因为 V 投影中 q' 与 W 投影中的 q'' 对应，V 投影中 q' 为斜直线，该面的空间位置应为正垂面，根据正垂面的投影特征，在 H 投影中应补一个与 q'' 类似的三角形。同理，在 V 投影中，与 q' 对应的右边部分，也与 W 投影中 q'' 对应，也应该补一个类似的三角形。

(4)从 r'、r'' 的投影特征，可以判断 R 是一个正平面，在 H 投影中应补一直线，前后位置应与 r'' 对应，左右位置与 r' 对应。

补出的投影如图 2-39(e)中的 H 投影所示。

项目小结

本项目主要介绍了轴测图的形成、特性，轴测图的种类，以及正等轴测图、斜轴测图的画法；学习的重点内容为组合体的投影图知识，包括组合体投影图的画法、组合体投影图的尺寸标注，以及阅读组合体投影图应具备的基本知识、方法与步骤。完成本项目的学习应重点掌握以下内容：

★轴测图的基本知识：正等轴测图、斜轴测图。

★组合体的投影图：组合体的分类、组合体投影图的画法、组合体投影图的尺寸标注。

★组合体投影图的阅读：读图应具备的基本知识、读图的基本方法与步骤。

项目实训

简答题：

1. 轴测投影如何分类？分哪几类？

2. 简述轴测图的基本作图步骤。

3. 简述作轴测图时叠加法、切割法的适用范围。
4. 常见的轴测投影有哪些？其轴间角和轴向伸缩系数分别是多少？
综合题：
1. 如图 2-40 所示，已知形体的三面正投影，请绘制形体的正等轴测图。

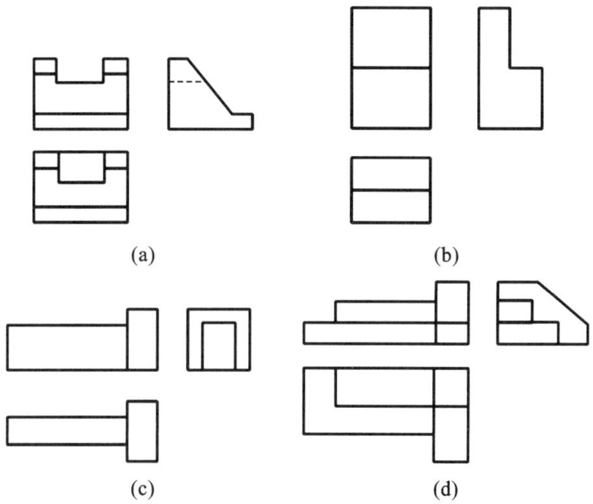

图 2-40　根据三面正投影绘制正等轴测图

2. 如图 2-41 所示，已知形体的两面正投影，请绘制形体的正等轴测图。

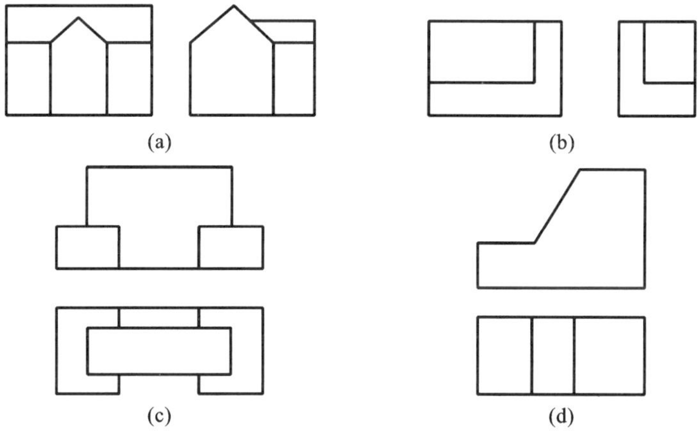

图 2-41　根据两面正投影绘制正等轴测图

3. 如图 2-42 所示，已知形体的三面正投影图，请绘制该形体的正等轴测图。

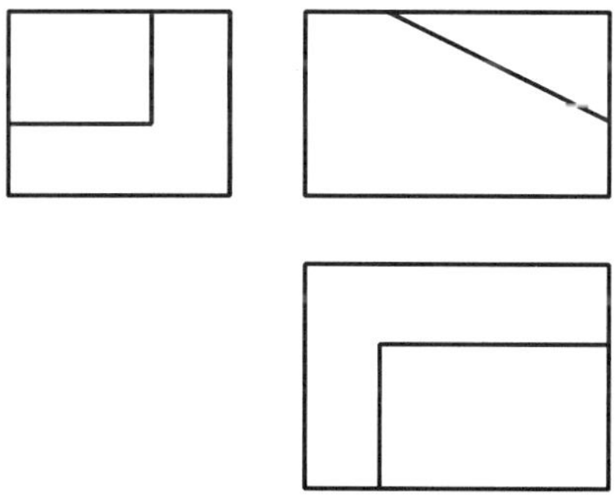

图 2-42　根据三面正投影绘制正等轴测图

素质课堂

成功并不像你想象的那么难

并不是因为事情难我们不敢做，而是因为我们不敢做事情才难的。

1965年，一位韩国学生到剑桥大学主修心理学。在喝下午茶的时候，他常到学校的咖啡厅或茶座听一些成功人士聊天。这些成功人士包括诺贝尔奖获得者、某一些领域的学术权威和一些创造了经济神话的人，这些人幽默风趣，举重若轻，把自我的成功都看得十分自然和顺理成章。时间长了，他发现，在国内时，他被一些成功人士欺骗了。那些人为了让正在创业的人知难而退，普遍把自我的创业艰辛夸大了，也就是说，他们在用自我的成功经历吓唬那些还没有取得成功的人。作为心理系的学生，他认为很有必要对韩国成功人士的心态加以研究。

1970年，他把《成功并不像你想象的那么难》作为毕业论文，提交给现代经济心理学的创始人威尔·布雷登教授。布雷登教授读后，大为惊喜，他认为这是个新发现，这种现象虽然在东方甚至在世界各地普遍存在，但此前还没有一个人大胆地提出来并加以研究。

之后这本书果然伴随着韩国的经济“起飞”了。这本书鼓舞了许多人，因为它从一个新的角度告诉人们，成功与“劳其筋骨，饿其体肤”“三更灯火五更鸡”“头悬梁，锥刺股”没有必然的联系。只要你对某一事业感兴趣，长久地坚持下去就会成功，因为上帝赋予你的时光和智慧够你圆满做完一件事情。之后，这位青年也获得了成功，他成了韩国泛亚汽车公司的总裁。

温馨提示：人生中的许多事，只要想做，都能做到，该克服的困难，也都能克服，用不着什么钢铁般的意志，更用不着什么技巧或谋略。只要一个人还在朴实而饶有兴趣地生活着，他终究会发现，造物主对世事的安排，都是水到渠成的。

项目 3 建筑制图基本知识

学习目标

了解建筑制图标准；

熟悉图纸幅面、标题栏与会签栏的制图标准；

掌握比例、字体、图线、尺寸的绘制标准。

素质目标

学习建筑制图标准的基本知识，提升知识水平，养成按国家标准制图绘图的良好习惯；

理解并遵循国家制图标准的有关规定；

初步掌握建筑制图的基本技能；

把学习的过程变成自我提高的过程，不断开阔眼界，提高搜集查找资料的能力，端正按国家建筑制图标准绘图的严谨的职业态度。

3.1 图纸幅面

图纸幅面是指图纸本身的大小规格。

为了便于图纸的装订、管理和保存，图纸的大小规格应整齐统一。建筑工程图纸的幅面及图框尺寸应符合表 3-1 的规定。

表 3-1 幅面及图框尺寸

单位：mm

尺寸代号	幅面				
	A0	A1	A2	A3	A4
$b \times l$	841×1189	594×841	420×594	297×420	210×297
c	10			5	
a	25				

注：b 代表短边尺寸，l 代表长边尺寸，c 为图框线与图幅线之间的宽度，a 为图框线与装订边之间的宽度。

不知大家是否发现这样一个事情？A0 号图幅对折后变成 A1 号图幅，A1 号图幅对折后变成 A2 号图幅，依此类推，上一号图幅的短边，即是下一号图幅的长边。

图幅分横式和立式两种：

(1)以短边作为垂直边的图纸称为横式(见图 3-1)；

(2)以短边作为水平边的图纸称为立式(见图 3-2)。

图纸的 4 个边均应附有对中标志，对中标志应画在图纸各边长的中点处，线宽应为 0.35 mm，伸入框内应为 5 mm，如图 3-1 和图 3-2 所示。

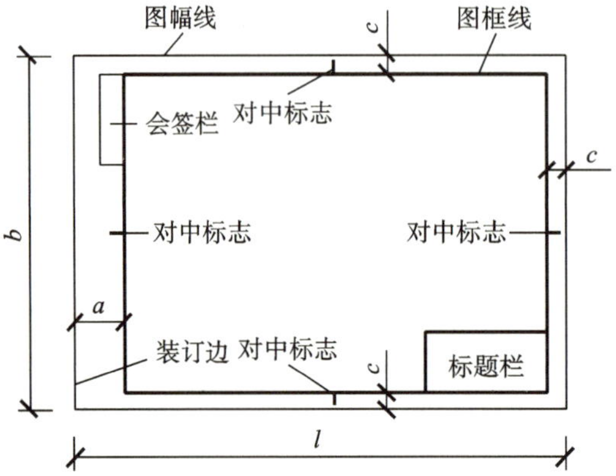

图 3-1　横式

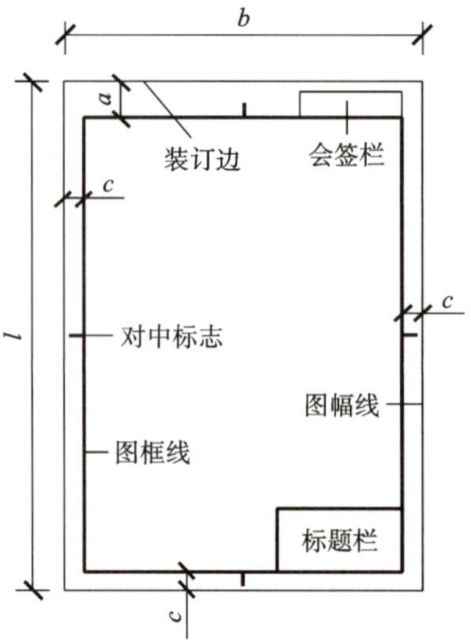

图 3-2　立式

同一工程图纸应整齐统一，选用的图幅宜以一种规格为主，尽量避免大小图幅掺杂使用，一般不宜多于两种幅面，目录及表格除外。

3.2　标题栏与会签栏

图纸的标题栏、会签栏及装订边的位置应按图 3-1 和图 3-2 所示布置。

标题栏的大小及格式如图 3-3 所示。

图 3-3　标题栏

会签栏应按图 3-4 所示格式绘制，栏内应填写会签人员所代表的专业、姓名、签名、日期。

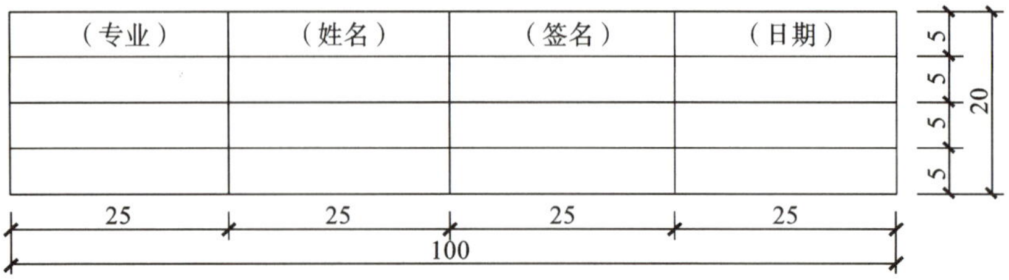

图 3-4　会签栏

3.3 比例(摘自 GB/T 14690—1993)

比例指图中图形与其实物相应要素的线性尺寸之比。

规定所选用的比例如表 3-2 所示。

表 3-2 比例

种类	比例
原值比例	1∶1
放大比例	5∶1　2∶1　5×10^n∶1　2×10^n∶1　1×10^n∶1 必要时,也允许选用:4∶1　2.5∶1　4×10^n∶1　2.5×10^n∶1
缩小比例	1∶2　1∶5　1∶10　1∶2×10^n　1∶5×10^n　1∶1×10^n 必要时,也允许选用:1∶1.5　1∶2.5　1∶3　1∶4　1∶6 1∶1.5×10^n　1∶2.5×10^n　1∶3×10^n　1∶4×10^n　1∶6×10^n

注:n 为正整数。

不管选用何种比例,所注尺寸必须是实际尺寸,如图 3-5 所示。

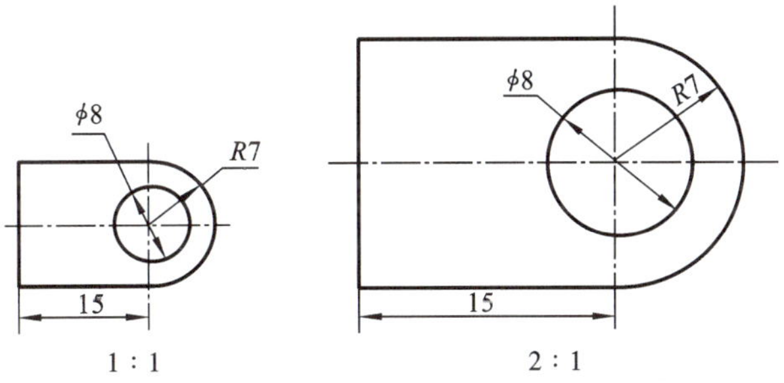

图 3-5 比例与尺寸标注

一般情况下,同一张图比例应一致,填在标题栏内。

3.4 字体(摘自 GB/T 14691—1993)

在我们所画的图样中,除了图形外,还会有汉字、数字、字母。在书写这些字体时必须做到字体工整、笔画清楚、间隔均匀、排列整齐。字体的大小我们用字体的号数来表示,也就是字体的高度,系列为 1.8、2.5、3.5、5、7、10、14、20 号八种。如 5 号字即字高为 5 mm。若要书写更大的字,其字高应按 $\sqrt{2}$ 的比率递增。

(1)汉字应写成长仿宋体,并采用国家正式公布的简化字,其字宽一般为 $h/\sqrt{2}$(约为字高的 2/3)。汉字高度不应小于 3.5 号,以避免字迹不清。

(2)写汉字的 16 字要领:横平竖直、注意起落、结构匀称、填满方格。

(3)数字和字母可写成斜体或直体。斜体字的字头向右倾斜,与水平基准线成 75°角。

字体示例如图 3-6 所示。

现代工程制图

AMRS23589 *BbHhGf1234567890*

图 3-6　字体示例

3.5　图线(摘自 GB/T 17450—1998、GB/T 4457.4—2002)

图样中为了表示不同内容，并能分清主次，必须使用不同线型、线宽的图线。

图线按线宽分为粗线和细线，粗线线宽 d(0.13～2 mm)按图的大小和复杂程度选择；细线的宽度为 $d/2$。

粗线要先画后描，加深时要用力均匀，一次完成，不要停顿。

图线宽度的推荐系列为 0.13、0.18、0.25、0.35、0.5、0.7、1、1.4、2，按$\sqrt{2}$的比率递增。

图线按线型分为实线、虚线、点画线、波浪线等。

工程图样中，不同的图线有着不同的含义，如表 3-3 所示。

表 3-3　图线

图线名称	图线形式	图线宽度	应用举例
粗实线		d	可见轮廓线 可见棱边线
虚线		$0.5d$	不可见轮廓线 不可见棱边线
细实线		$0.5d$	尺寸线及尺寸界线 剖面线、引出线 重合断面的轮廓线 螺纹的牙底线及齿轮的齿根线 分界线及范围线
波浪线		$0.5d$	断裂处的边界线 视图和剖视图的分界线
细点画线		$0.5d$	轴线、对称中心线 轨迹线、节圆及节线
双折线		$0.5d$	断裂处的边界线 视图和剖视图的分界线
双点画线		$0.5d$	相邻辅助零件的轮廓线 可动零件的极限位置的轮廓线
粗点画线		d	有特殊要求的线或表面的表示线

画线时注意事项如下：

(1)同一张图样中，同类图线的宽度应基本一致。虚线、点画线和双点画线的线段长短和间隔应各自大致相等。

(2)绘制圆的对称中心线时,圆心应为线段的交点,首尾两端应是线段而不是短画或点,且应超出图形轮廓线 2～5 mm。

(3)在较小的图形上绘制细点画线和细双点画线有困难时,可用细实线代替。

(4)各类图线相交时,必须是线段相交。当虚线、点画线或双点画线是粗实线的延长线时,连接处应空开。

(5)当各种线条重合时,应按粗实线、虚线、点画线的优先顺序画出。

(6)图线不得与文字、数字或符号重叠、混淆。不可避免时,应首先保证文字、数字或符号清晰。

(7)除非另有规定,两条平行线之间的间隙不得小于 0.7 mm。

图线画法举例见图 3-7。

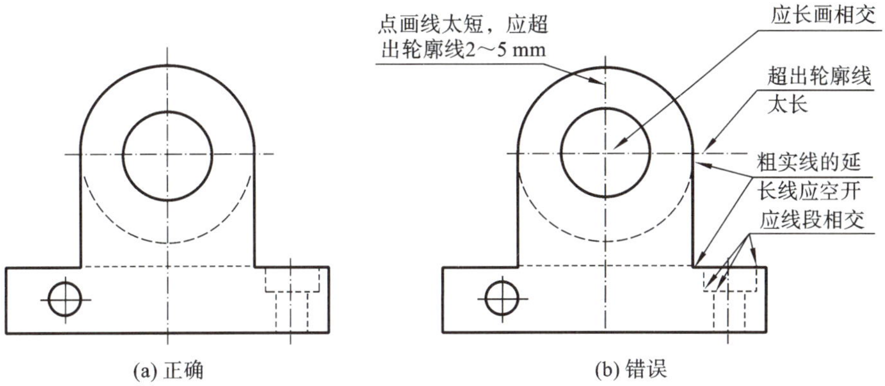

图 3-7　图线画法举例

3.6　尺寸注法(摘自 GB/T 4458.4—2003)

图样上的图形只能表示机件的形状,而机件的大小必须通过标注尺寸才能确定。标注尺寸必须做到正确、完整、清晰、合理。国家标准规定了标注尺寸的规则和方法,在画图时必须严格遵守,否则会引起混乱,给生产带来困难和损失。

3.6.1　基本规则

(1)尺寸数值为机件的真实大小,与图形的大小及绘图的准确度无关。

(2)图样中所标注的尺寸,为图样所示机件的最后完工尺寸,否则应另加说明。

(3)机件的每一尺寸,一般只标注一次,并应标注在反映该结构最清晰的图形上。

(4)图样中的尺寸,以毫米为单位,如采用其他单位,则必须注明相应的计量单位的代号或名称。

3.6.2　尺寸的组成

尺寸的组成(尺寸四要素)包括:①尺寸界线(细实线);②尺寸线(细实线);③尺寸线终端(箭头);④尺寸数字(文字),如图 3-8 所示。

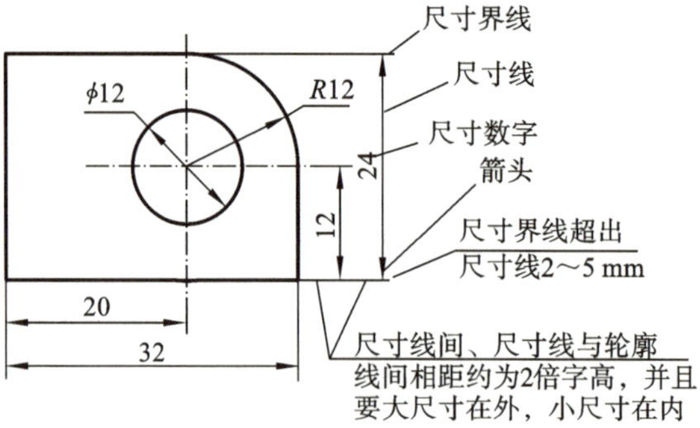

图 3-8　尺寸的组成

1. 尺寸界线

尺寸界线用细实线绘制，并应由图形的轮廓线、轴线或对称中心线处引出，也可利用轮廓线、轴线或对称中心线作尺寸界线，如图 3-9 所示。

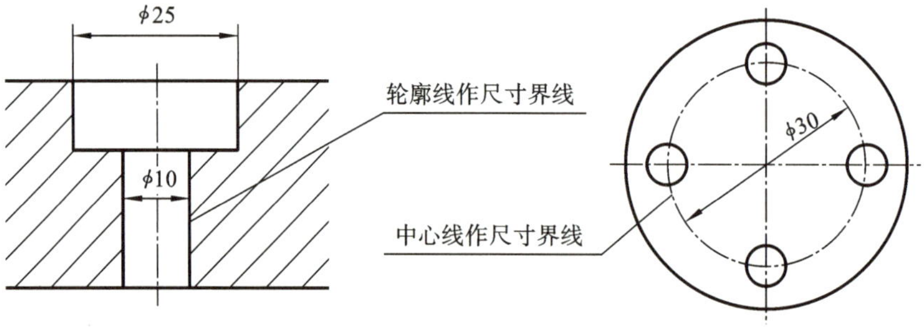

图 3-9　尺寸界线

2. 尺寸线

(1)尺寸线必须用细实线单独画出，不能用任何图线代替，也不得与其他图线重合或画在其延长线上。

(2)标注线性尺寸时，尺寸线必须与所标注的线段平行。

尺寸线如图 3-10 所示。

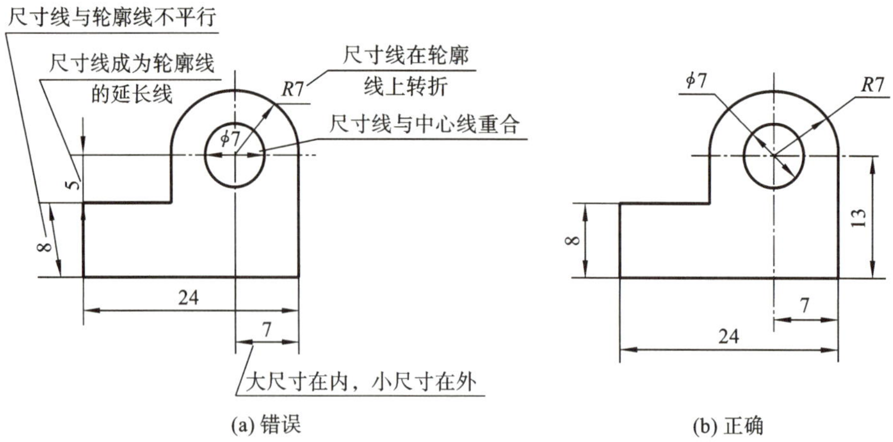

图 3-10　尺寸线

3. 尺寸线终端

尺寸线终端的放大图如图 3-11 所示。

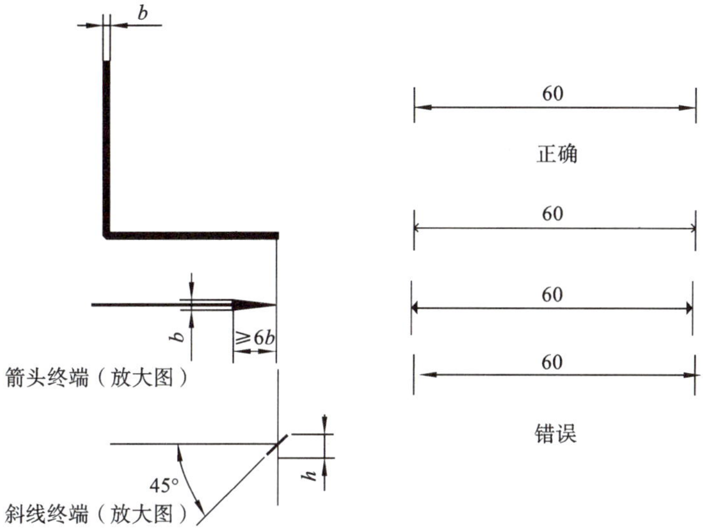

图 3-11 尺寸线终端放大图

4. 尺寸数字

(1)线性尺寸的数字应按图 3-12(a)所示的方向注写，并尽可能避免在图示 30°范围内标注尺寸，当无法避免时，可按图 3-12(b)标注。

(2)尺寸数字不允许被任何图线所通过，否则必须将该图线断开。

注意：数字要采用标准字体，且书写工整，不得潦草。在同一张图上，数字及箭头的大小应保持一致(见图 3-13)。

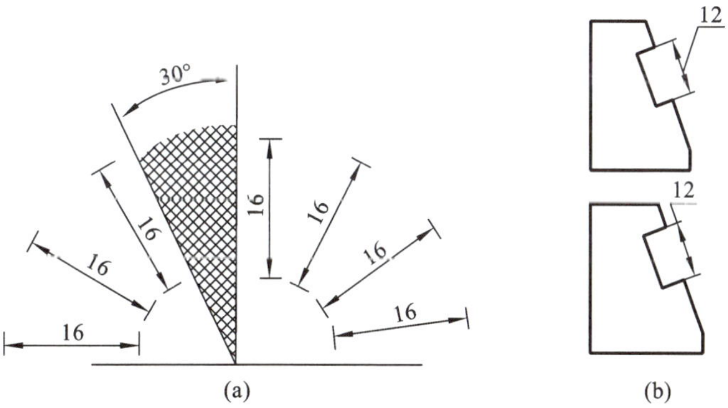

图 3-12 线性尺寸数字

3.6.3 角度、直径、半径及狭小部位等尺寸的标注

1. 角度的标注

(1)角度尺寸界线沿径向引出。

(2)角度尺寸线画成圆弧，圆心是该角顶点。

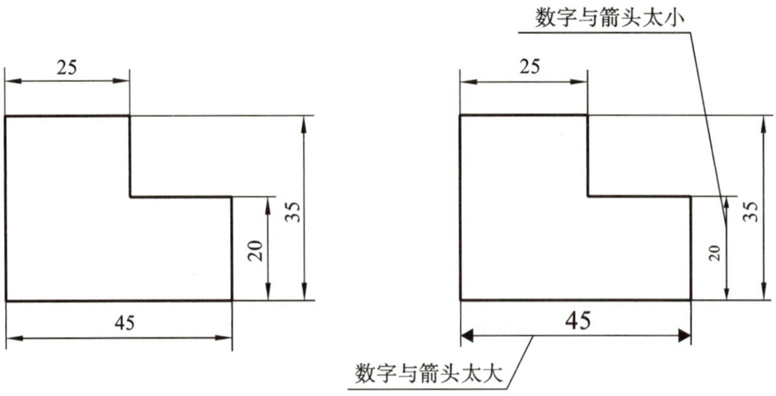

(a) 好　　(b) 不好

图 3-13　数字及箭头

(3)角度尺寸数字一律写成水平方向，并注在尺寸线的中断处，必要时可注在尺寸线的上方或外侧。

角度的标注如图 3-14 所示。

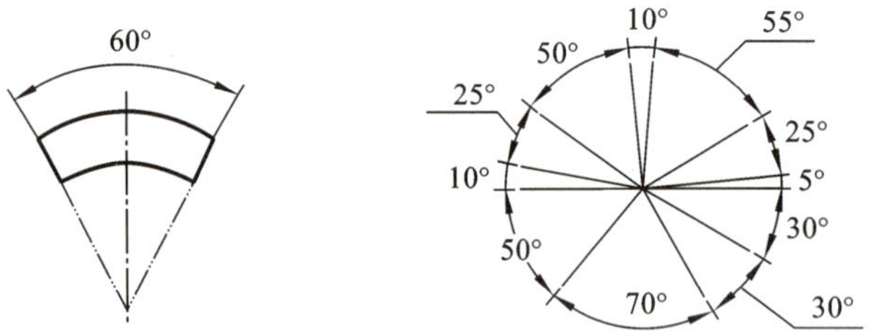

图 3-14　角度的标注

2. 直径的标注

(1)直径尺寸应在尺寸数字前加注符号“ϕ”。

(2)尺寸线应通过圆心，其终端画成箭头。

(3)整圆或大于半圆的圆弧应注直径。

直径的标注如图 3-15 所示。

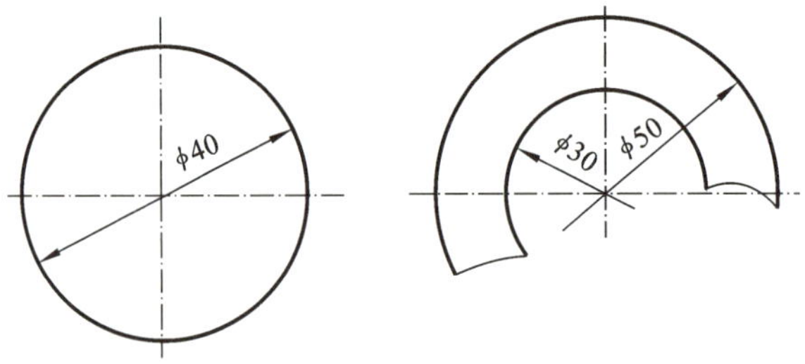

图 3-15　直径的标注

3. 半径的标注

(1)半径尺寸数字前加注符号“R”。

(2)半径尺寸必须注在投影为圆弧的图形上,且尺寸线或其延长线应通过圆心。

(3)小于或等于半圆的圆弧应注半径尺寸。

半径的标注如图 3-16 所示。

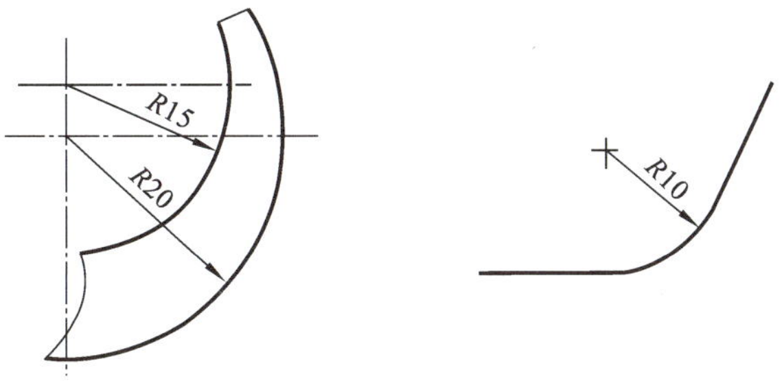

图 3-16　半径的标注

4. 大圆弧的标注

在图纸范围内无法标出圆心位置时,可以按图 3-17 所示进行标注。

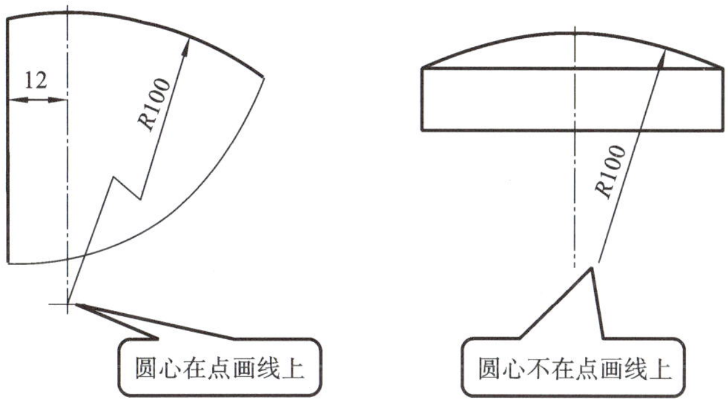

图 3-17　大圆弧的标注

5. 球面的尺寸标注

标注球面直径或半径时,应在“ϕ”或“R”前面加注符号“S”。对标准件、轴或手柄的前端,在不引起误解的情况下,可以省略符号“S”,如图 3-18 所示。

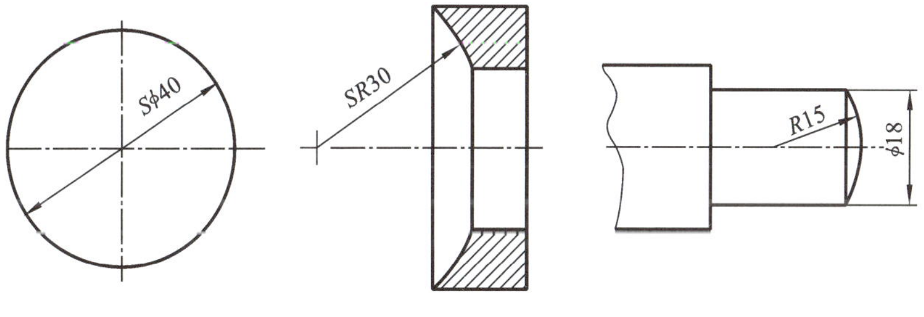

图 3-18　球面的尺寸标注

6. 狭小部位的注法

在没有足够位置画箭头或注写数字时,可按图 3-19 所示的形式注写。

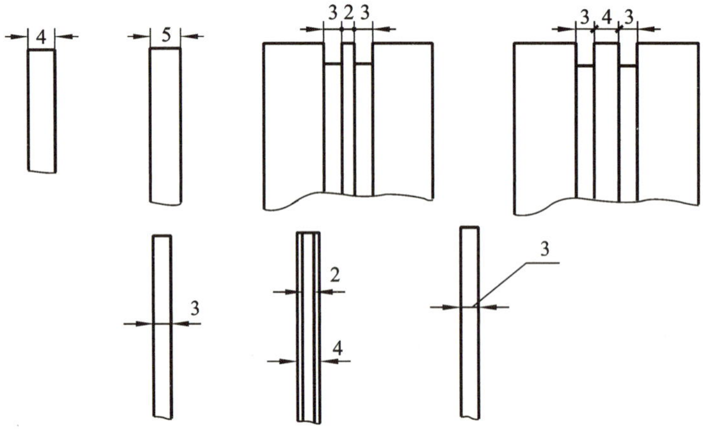

图 3-19　狭小部位的注法

7. 板状类零件的标注

标注板状类零件的厚度时，可在尺寸数字前加注符号“*t*”，如图 3-20 所示。

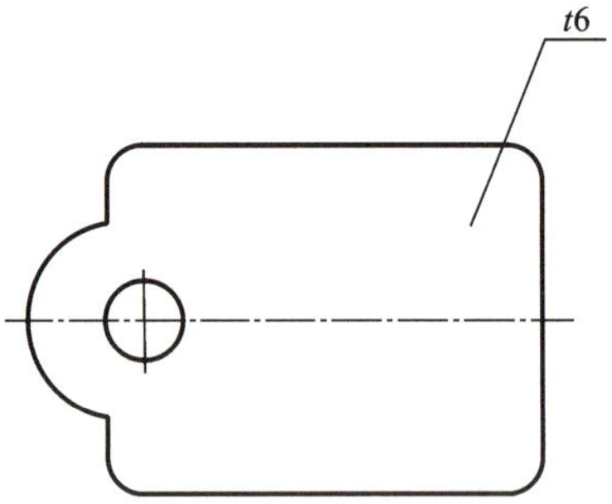

图 3-20　板状类零件的标注

8. 小半径注法

在没有足够位置画箭头或注写数字时，可按图 3-21 所示的形式注写。

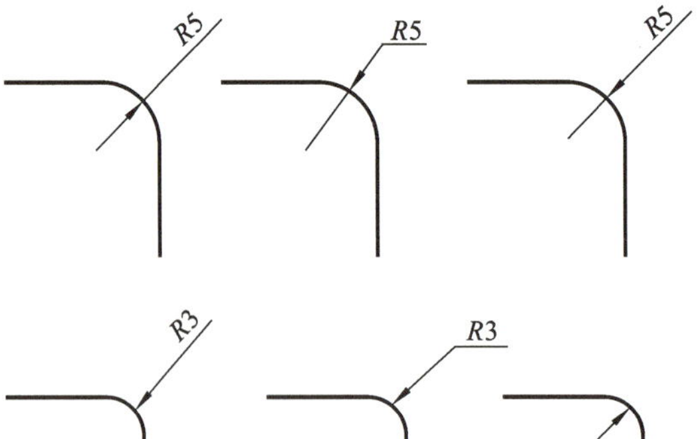

图 3-21　小半径注法

9. 小直径注法

在没有足够位置画箭头或注写数字时，可按图 3-22 所示的形式注写。

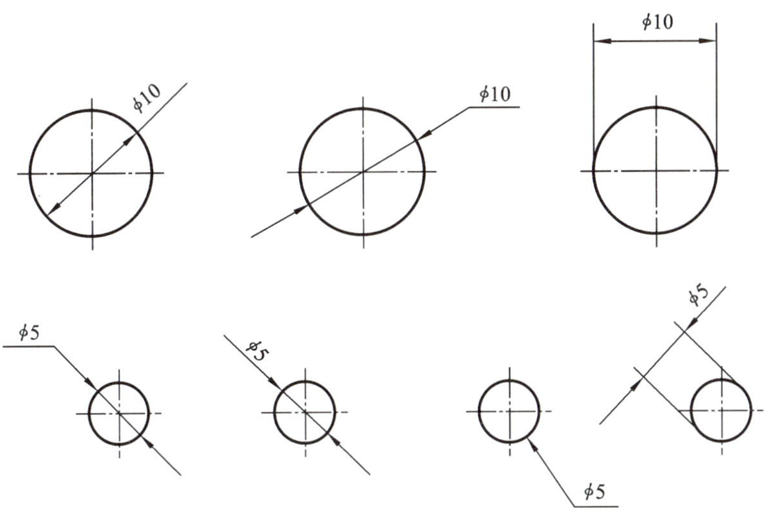

图 3-22 小直径注法

10. 弦长及弧长的标注

(1)标注弦长时,应按线性尺寸标注。

(2)标注弧长时,应在尺寸数字前加注符号"⌒"。

(3)弦长及弧长的尺寸界线应平行于该弦的垂直平分线,当弧较大时,尺寸界线可沿径向引出。

弦长及弧长的标注如图 3-23 所示。

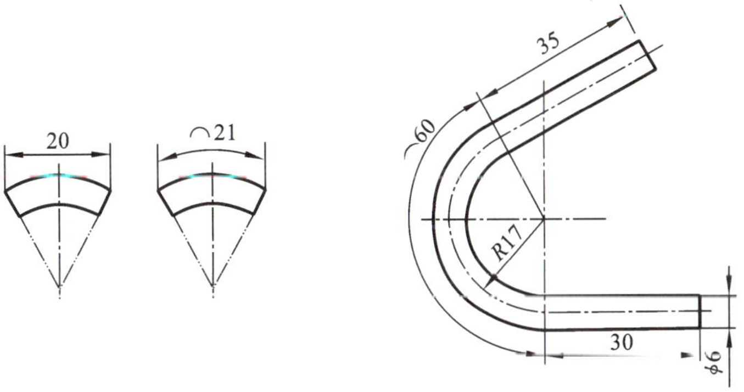

图 3-23 弦长及弧长的标注

11. 正方形结构的尺寸标注

表示剖面为正方形结构时,可在正方形尺寸数字前加注"□"符号,或用 $B\times B$(B 为正方形的对边距离)表示,如图 3-24 所示。

12. 对称机件的尺寸标注

当对称机件的图形只画一半或略大于一半时,尺寸线应略超过对称中心或断裂处的边界线,并在尺寸线一端画出箭头,如图 3-25 所示。

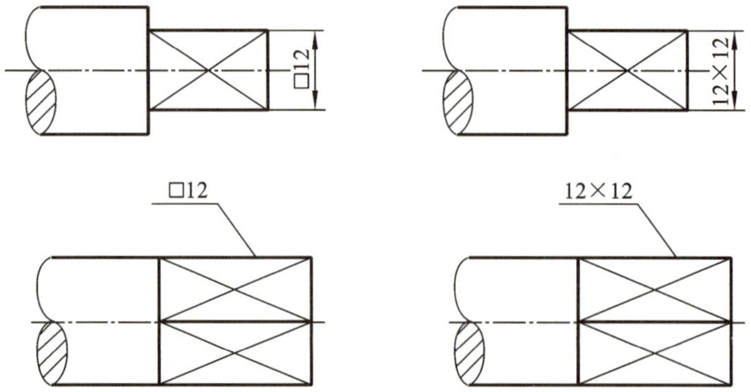

图 3-24　正方形结构的尺寸标注

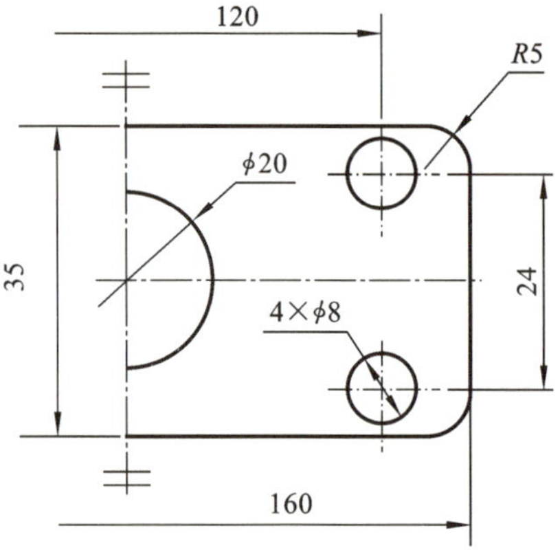

图 3-25　对称机件的尺寸标注

尺寸标注中常用符号和缩写词如表 3-4 所示。

表 3-4　尺寸标注中常用符号和缩写词

名称	符号或缩写词	名称	符号或缩写词
直径	ϕ	均布	EQS
半径	R	正方形	□
圆球直径	$S\phi$	深度	↧
圆球半径	SR	沉孔或锪平	⌴
厚度	t	埋头孔	⌵
45°倒角	C		

项目小结

本项目主要介绍了建筑制图标准规定的图纸幅面、标题栏与会签栏、比例、字体、图线、尺寸标注。完成本项目的学习应重点掌握以下内容：

★图纸幅面：图纸幅面是指图纸本身的大小规格。为了便于图纸的装订、管理和保存，图纸的大小规格应整齐统一。同一工程图纸应整齐统一，选用的图幅宜以一种规格为主，尽量避免大小图幅掺杂使用，一般不宜多于两种幅面，目录及表格除外。

★标题栏与会签栏：图纸的标题栏、会签栏及装订边的位置布置。

★比例（摘自 GB/T 14690—1993）：指图中图形与其实物相应要素的线性尺寸之比。

★字体（摘自 GB/T 14691—1993）：在我们所画的图样中，除了图形外，还有汉字、数字、字母，在书写这些字体时必须做到字体工整、笔画清楚、间隔均匀、排列整齐。

★图线（摘自 GB/T 17450—1998、GB/T 4457.4—2002）：图样中为了表示不同内容，并能分清主次，必须使用不同线型、线宽的图线。

★尺寸注法（摘自 GB/T 4458.4—2003）：图样上的图形只能表示机件的形状，而机件的大小必须通过标注尺寸才能确定。

标注尺寸必须做到正确、完整、清晰、合理。国家标准规定了标注尺寸的规则和方法，在画图时必须严格遵守，否则会引起混乱，给生产带来困难和损失。

重点掌握基本规则：

(1)尺寸数值为机件的真实大小，与图形的大小及绘图的准确度无关。

(2)图样中所标注的尺寸，为图样所示机件的最后完工尺寸，否则应另加说明。

(3)机件的每一尺寸，一般只标注一次，并应标注在反映该结构最清晰的图形上。

(4)图样中的尺寸，以毫米为单位，如采用其他单位，则必须注明相应的计量单位的代号或名称。

项目实训

简答题：

1. 图纸的幅面规格有哪几种？它们的边长之间有何关系？

2. 图纸幅面与图框有什么区别？

3. 什么是比例？同一物体，分别用 1∶5 和 1∶20 的比例画图，哪个图形大？为什么？

4. 图样上标注的尺寸由几部分组成？尺寸数字的实际意义是什么？如果画图的比例不同，那么尺寸数字是否需要变化？

5. 简述在尺寸标注时，图线与尺寸界线、尺寸线的关系。

素质课堂

有位秀才第三次进京赶考，住在一个经常住的旅店里。

考试前两天他做了两个梦：第一个梦是梦到自己在墙上种白菜；第二个梦是梦到下雨天，他带了斗笠还打伞。

这两个梦似乎有些深意，秀才第二天就赶紧去找算命的解梦。

算命的一听，连拍大腿说："你还是回家吧，你想想，高墙上种菜不是白费劲吗？戴斗笠打雨伞不是多此一举吗？"

秀才一听，心灰意冷，回旅店收拾包袱准备回家。

店老板非常奇怪，问："不是明天才考试吗？你怎么今天就要回乡了？"秀才如此这般说了一番。

店老板乐了："哟，我也会解梦的。我倒觉得，你这次一定要留下来，你想想，墙上种菜不是高种(中)吗？戴斗笠打伞不是说明你这次有备无患吗？"

秀才一听，觉得此人说得更有道理，于是精神振奋地参加考试，居然中了个探花。

启示：积极的人像太阳，照到哪里，哪里亮；消极的人像月亮，初一、十五不一样。想法决定我们的生活，有什么样的想法，就有什么样的未来。

项目 4　图样画法

学习目标

了解图样的基本知识；
了解投影法与视图配置；
掌握剖面图的概念和画法、剖面图的标注、剖面图的种类；
认识断面图，了解断面图的种类；
掌握断面图的画法与标注；
认识工程实践中常用的对称简化画法。

素质目标

学习图样画法的基础知识，提升知识水平，养成良好的绘图习惯；
学习剖面图、断面图的画法与标注，提高自身的独立绘图能力；
培养独立工作的能力、勤奋求实的工作作风和勇于创新的精神；
通过读图与绘图训练，培养严谨务实的工作作风以及认真负责的工作态度和吃苦耐劳、求真务实的工作精神。

在建筑制图中，对于较复杂的建筑形体，仅用前面所述的三面投影的方法，还不能准确、恰当地在图纸上表达形体的内外形状。为此，建筑制图标准中规定了多种表达方法，本项目仅对其中常用的表示方法加以介绍。

4.1　投影法与视图配置

4.1.1　投影法

1. 多面正投影法

房屋建筑视图是按正投影法并用第一角画法绘制的多面投影图。

如图 4-1 所示，在 V、H、W 三个基本投影面的基础上，再增加 V_1、H_1、W_1 三个基本投影面，围成正六面体，将物体向这六个基本投影面投射，并将投影面展开与 V 面共面，得到六个基本投影图，也称基本视图。基本视图的名称以及投射方向如下：

正立面图：由前向后投射得到的视图（V 投影）。

平面图：由上向下投射得到的视图（H 投影）。

左侧立面图：由左向右投射得到的视图（W 投影）。

右侧立面图：由右向左投射得到的视图（W_1 投影）。

底面图：由下向上投射得到的视图（H_1 投影）。

背立面图:由后向前投射得到的视图(V_1投影)。

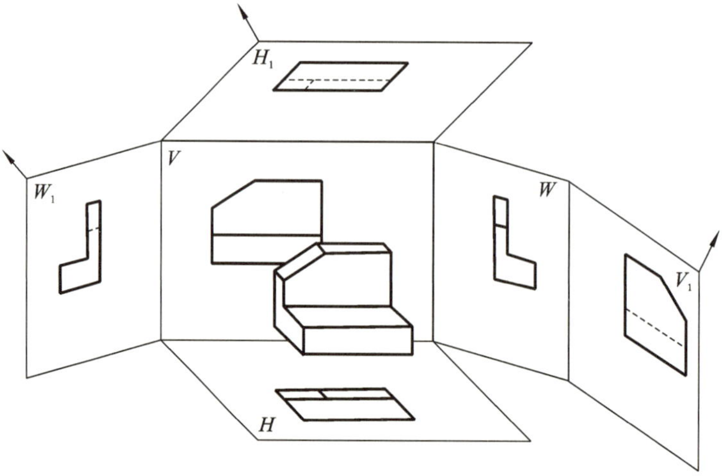

图 4-1　基本投影面的展开

2. 镜像投影法

某些工程结构形状用直接正投影法不易表达时,可用镜像投影法绘制。如图 4-2(a)所示,用镜面代替投影面,物体在平面镜中的反射图像的正投影称为镜像投影。镜像投影图也称为镜像视图。镜像视图应在图名后注写“镜像”两字并加括号。镜像视图与基本视图的区别如图 4-2(b)所示。

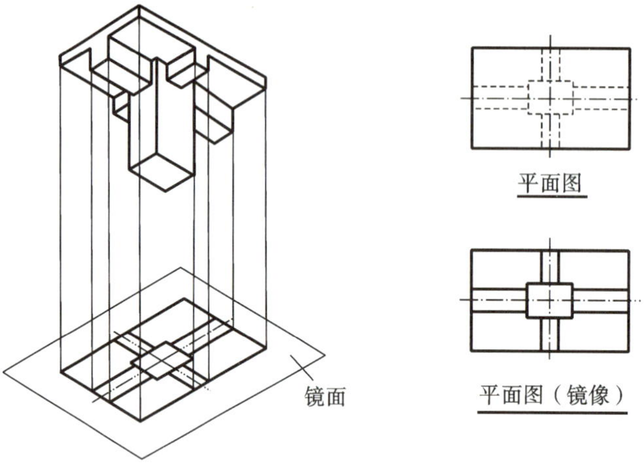

(a) 镜像视图的形成　　(b) 镜像投影法与正投影视图的区别

图 4-2　镜像投影法

4.1.2　视图配置

在同一张图纸上绘制几个视图时,视图的位置宜按图 4-3 所示的顺序进行配置。一般每个视图均应标注图名,图名宜标注在图样的下方或一侧,并在图名下绘一粗实横线,其长度应以图名所占长度为准。

国标中规定了基本视图有六个,不等于每个工程形体都要用六个基本视图来表示,应根据需要选择基本视图的数量。

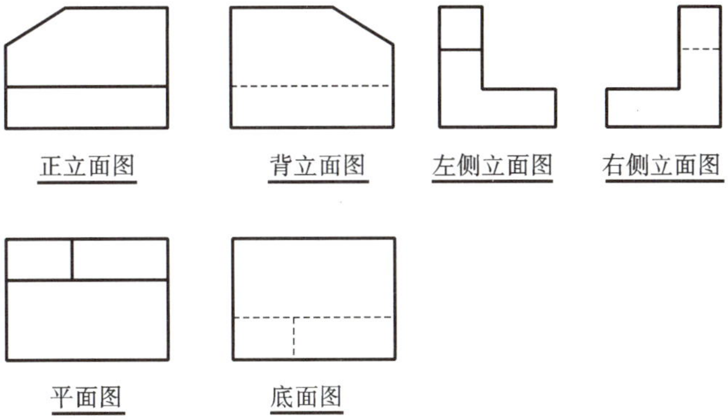

图 4-3 视图配置

4.2 剖面图

4.2.1 剖面图的概念和画法

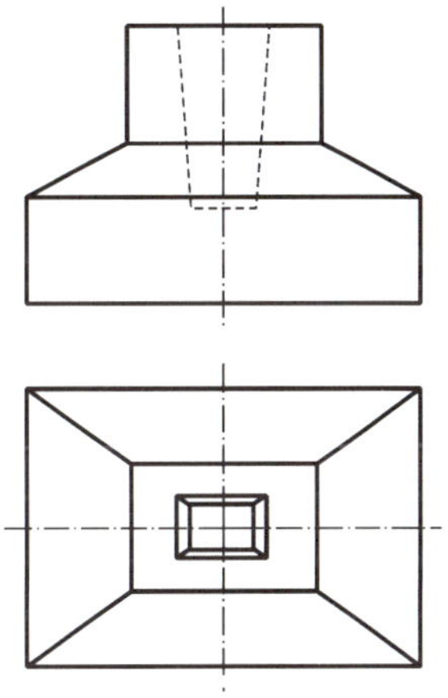

图 4-4 基本视图

在视图中，建筑形体内部结构形状的投影用虚线表示。当形体复杂时，视图中出现较多的虚线，实、虚线交错，混淆不清，给绘图、读图带来困难，此时可采用“剖切”的方法来解决形体内部结构形状的表达问题。

假想用剖切面(平面或曲面)剖开物体，将处在观察者和剖切面之间的部分移去，而将其余部分向投影面投射，所得的投影称为剖面图。图 4-4 所示是杯形基础的视图，基础内孔投影出现了虚线，使形体表达不是很清楚。假想用一个与基础前后对称面重合的平面 P 将基础剖开(见图 4-5)，移去观察者与平面 P 之间的部分，而将其余部分向 V 面投射，得到的投影图称为剖面图，剖开基础的平面 P 称为剖切面。杯形基础被剖切后，其内孔可见，在图 4-6 中用粗实线表示，避免了画虚线，这样使杯形基础的内部形状表达更清楚。

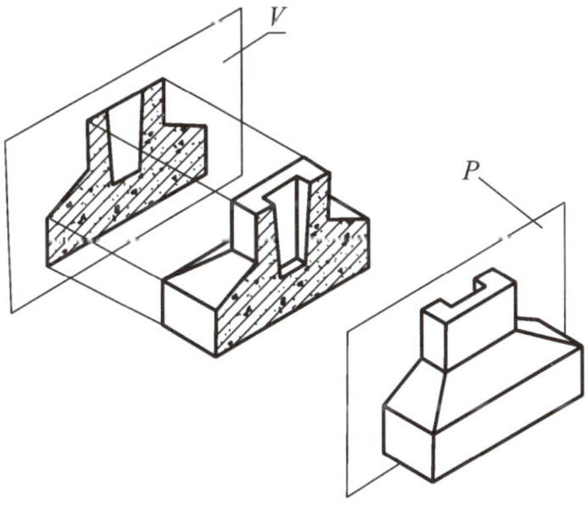

图 4-5 剖面图的形成

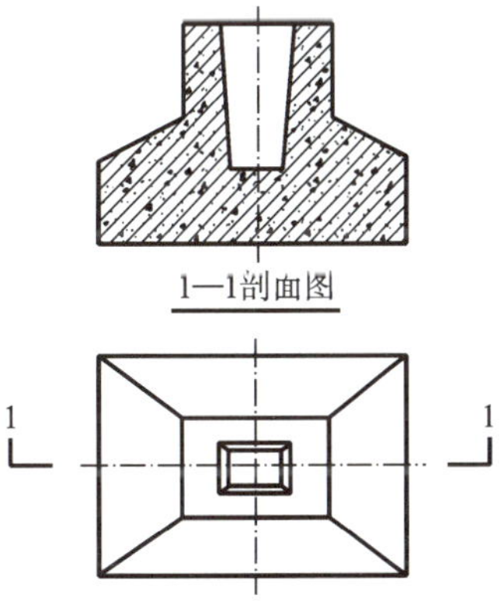

图 4-6 剖面图的画法

作剖面图时应注意以下几点：

（1）剖切是一个假想的作图过程，因此一个视图画成剖面图，其他视图仍应完整画出。

（2）剖切面一般选择与对称面重合或通过孔洞的中心线，使剖切后的图形完整，并反映实形。

（3）剖切面与物体的接触部分称为剖切区域。剖切区域的轮廓用粗实线绘制，并在剖切区域内画上表示建筑材料的图例。常用的建筑材料图例如表 4-1 所示。剖切面没切到，但沿投射方向仍可看到的物体其他部分投影的轮廓线用中实线绘制。剖面图中一般不画虚线。

表 4-1　常用建筑材料图例

序号	名称	图例	说明
1	自然土壤		包括各种自然土壤
2	夯实土壤		
3	砂、灰土	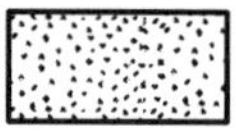	靠近轮廓线的点较密
4	混凝土		1. 本图例仅适用于能承重的混凝土及钢筋混凝土； 2. 包括各种强度等级、骨料、添加剂的混凝土； 3. 在剖面图上画出钢筋时，不画图例线； 4. 断面图形小，不易画出图例线时，可涂黑
5	钢筋混凝土	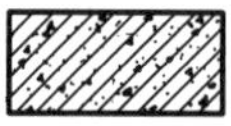	
6	毛石	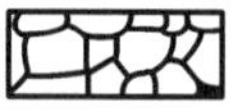	
7	普通砖	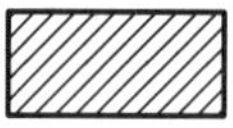	1. 包括实心砖、多孔砖、砌块、砌体； 2. 断面较窄，不易画出图例线时可涂红
8	饰面砖		包括铺地砖、玻璃马赛克、陶瓷锦砖、人造大理石等
9	空心砖		指非承重砖砌体
10	木材		1. 上图为横断面，左上图为垫木、木砖或木龙骨； 2. 下图为纵断面
11	金属		1. 包括各种金属； 2. 图形小时，可涂黑
12	石材	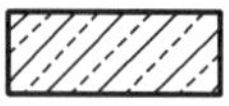	
13	多孔材料	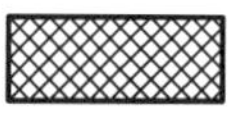	包括水泥珍珠岩、沥青珍珠岩、泡沫混凝土、非承重加气混凝土、泡沫塑料、软木等

注：图例中的斜线均为 45°。

4.2.2 剖面图的标注

1. 剖切符号

剖面图的剖切符号应由剖切位置线和投射方向线组成，均用粗实线绘制。剖切位置线长度为 6～10 mm。投射方向线应与剖切位置线垂直，长度为 4～6 mm。剖切符号不应与图线相交。

2. 剖切符号的编号

剖切符号的编号应采用阿拉伯数字，从小到大连续编写，在图上按从左至右、由上到下的顺序进行编号。

3. 剖面图标注的步骤

(1)在剖切平面的迹线的起、迄、转折处标注剖切位置线，在图形外的位置线两端画出投射方向线(见图 4-7)。

(2)在投射方向线端注写剖切符号编号，见图 4-7 中“1”。如果剖切位置线需要转折，应在转角外侧注上相同的剖切符号编号，见图 4-7 中“3”。

(3)在剖面图下方标注剖面图名称，如“×—×剖面图”，在图名下绘一水平粗实线，其长度应以图名所占长度为准，如图 4-6 中“1—1 剖面图”。

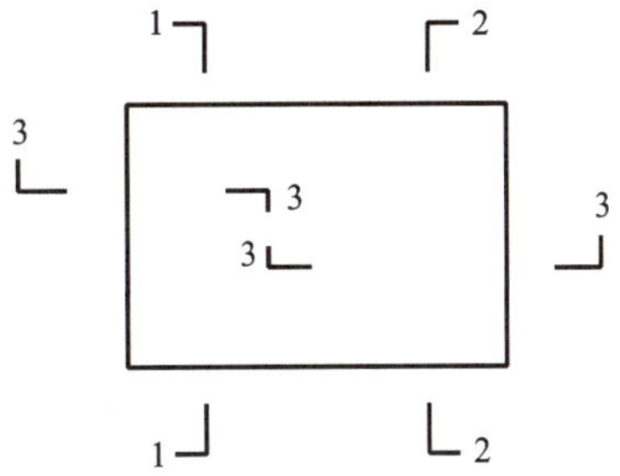

图 4-7 剖切符号及其编号的标注

4.2.3 剖切面和剖面图的种类

1. 剖切面的种类

由于物体内部形状复杂，常选用不同数量、不同位置的剖切面来剖切物体，才能把它们内部的结构形状表达清楚。常用的剖切面有单一剖切面、几个平行的剖切面、几个相交的剖切面等。

(1)单一剖切面。

一般用一个剖切面(平面或曲面)剖开物体(见图 4-5 和图 4-6)。若剖切面通过物体对称平面，剖面图按投影关系配置，可省略标注。

(2)几个平行的剖切面。

有的物体内部结构层次较多，用单一剖切面剖开物体，不能将物体内部全部显示出来，可以用几个平行的剖切面剖切物体，如图 4-8 所示。从图中可以看出，几个互相平行的平面可以看成将一个剖切面折成了几个互相平行的平面，因此这种剖切也称为阶梯剖切。

采用阶梯剖切面画剖面图应注意以下两点：

①画剖面图时，应把几个平行的剖切平面视为一个剖切平面。在剖面图中，不可画出两平行的剖切面所剖到的两断面在转折处的分界线；同时，剖切平面转折处不应与图形轮廓线重合。

②在剖切平面起、迄、转折处都应画上剖切位置线，投射方向线与图形外起、迄剖切位置线垂直，每个符号处应注上同样的编号，图名仍为“×—×剖面图”，如图 4-8 所示。

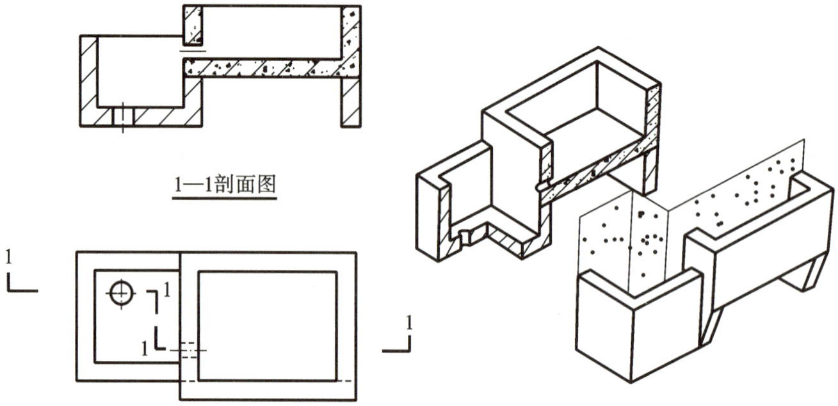

图 4-8　几个平行的剖切面

注意：同一剖切面内，如果建筑物用两种或两种以上的材料构造，绘制图例时，应用粗实线将不同的材料图例分开。如图 4-8 所示，左边水槽部分为砖构造，右边水槽部分为钢筋混凝土构造，剖面图中两种材料图例分界处用粗实线绘制。

(3)两个相交的剖切面。

采用两个相交的剖切面（交线垂直于某一投影面）剖切物体，剖切后将剖切面后的倾斜部分绕交线旋转到与基本投影面平行的位置后再投影（见图 4-9），这种剖切也称为旋转剖切。画图时应先旋转，后投影（双点画线部分和投影连线不需画出）。用此方法作图时，应在图名后注明“展开”字样。

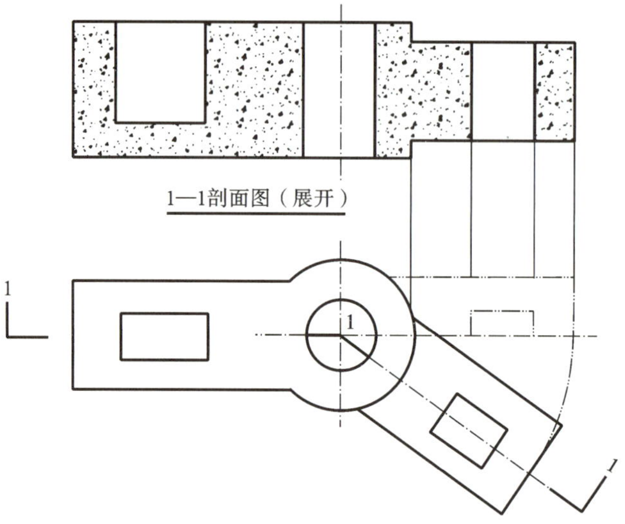

图 4-9　两个相交的剖切面

2. 剖面图种类

根据剖面图中被剖切的范围划分，剖面图可分为全剖面图、半剖面图、局部剖面图。

(1)全剖面图。

用剖切面完全剖切物体所得的剖面图称为全剖面图，如图 4-6、图 4-8、图 4-9 所示。

(2)半剖面图。

当物体具有对称平面时，在垂直于对称平面的投影面上所得的投影，可以对称线为界，一半绘制成视图，另一半绘制成剖面图，这样的剖面图称为半剖面图，如图 4-10 所示。

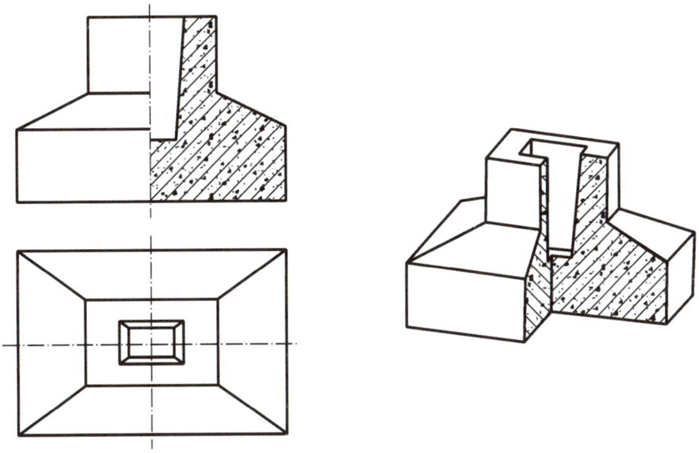

图 4-10 半剖面图

画半剖面图时应注意视图与剖面图的分界线应是对称线（细点画线），不可画成粗实线。

（3）局部剖面图。

用剖切面局部剖开物体所得的剖面图称为局部剖面图（见图 4-11）。作局部剖面图时，剖切平面的大小与位置应根据物体形状而定，剖面图与原视图用波浪线分开。

注意：波浪线表示物体断裂处的边界线的投影，因而波浪线应画在物体的实体部分，不应与任何图线重合或画在实体之外。

用几个互相平行的剖切平面分别将物体局部剖开，把几个局部剖面图重叠画在一个视图中，用波浪线将各层的投影分开，这样的剖切称为分层剖切（见图 4-12），主要用来表达物体各层不同的构造做法。分层剖切一般不标注。

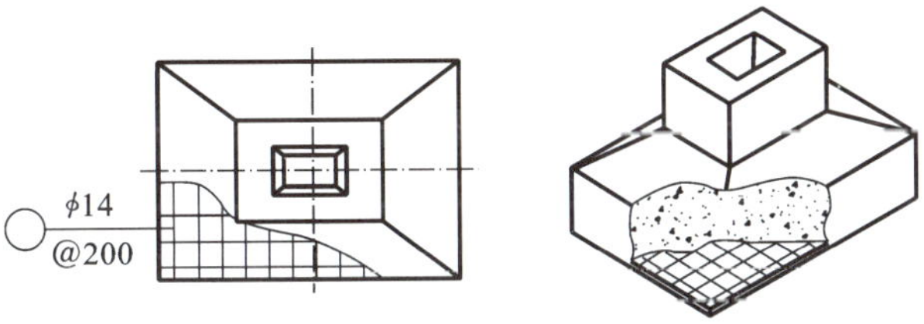

图 4-11 局部剖面图

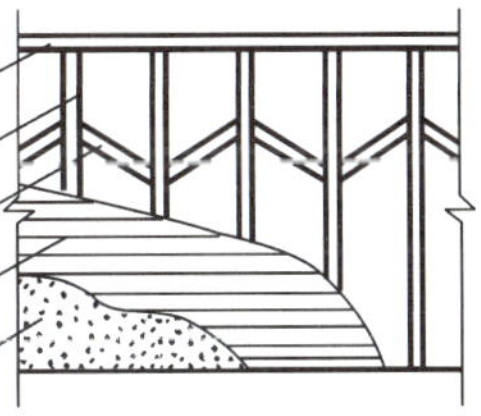

图 4-12 分层剖切的剖面图

4.3 断面图

断面图是假想用剖切面将物体某部分切断，仅画出该剖切面与物体接触部分的图形。断面图可简称断面，常用来表示物体局部断面形状。

4.3.1 断面图的画法与标注

（1）确定剖切位置及投射方向，方法与剖面图相同。

(2)画出断面轮廓,即按剖切位置和投影关系,用粗实线画出剖切面与物体接触部分的断面图形。

(3)画出材料图例,与剖面图相同。

(4)标注剖切符号和断面图名称。

①断面图中剖切符号由剖切位置线与编号组成。剖切位置线用粗实线绘制,长度为 6~10 mm。在剖切位置线一侧注写剖切符号编号,编号所在一侧表示该断面剖切后的投射方向。

②在断面图下方标注断面图名称,如"×—×",并在图名下画一水平粗实线,其长度以图名所占长度为准。

断面图与剖面图的区别如图 4-13 所示。

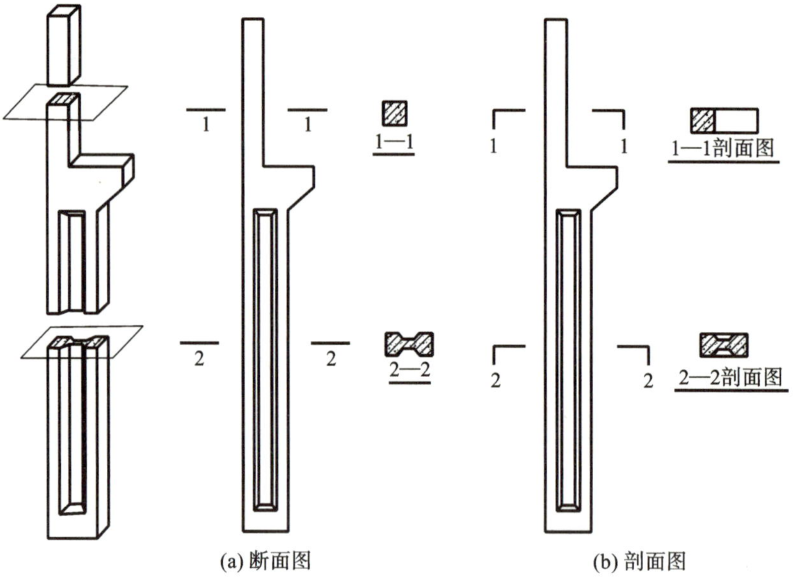

图 4-13　断面图与剖面图的区别

①在画法上,断面图只画出物体被剖开后截面的投影,而剖面图除了要画出截面的投影,还要画出剖切面后物体可见部分的投影。

②在不省略标注的情况下,断面图只需标注剖切位置线,用编号所在一侧表示投射方向,而剖面图用投射方向线表示投射方向。

③从图名上看,断面图的名称仅用编号表示,如 1—1,而剖面图的名称要用编号加"剖面图"来表示,如 1—1 剖面图。

4.3.2　断面图的种类

断面图分为移出断面和重合断面。

1. 移出断面

画在物体投影轮廓线之外的断面图称为移出断面。为了便于看图,移出断面应尽量画在剖切平面的迹线的延长线上。断面轮廓线用粗实线表示,如图 4-13(a)所示。

细长杆件的断面图也可画在杆件的中断处,这种断面图也称为中断断面,中断断面不需要标注,如图 4-14 所示。

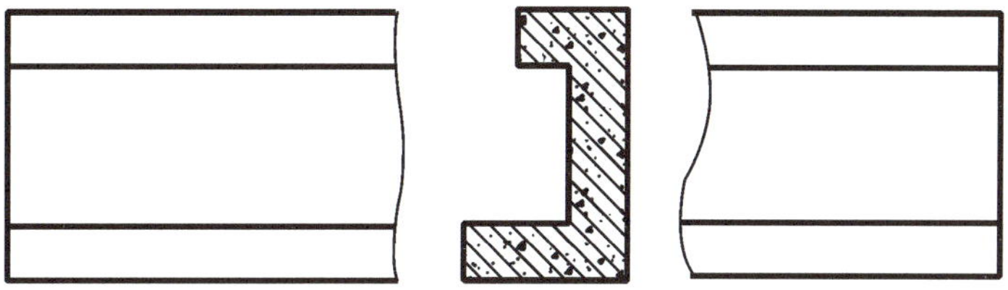

图 4-14 中断断面

2. 重合断面

画在剖切位置迹线上,并与视图重合的断面图称为重合断面。重合断面一般不需要标注。

重合断面轮廓线用粗实线表示,当视图中的轮廓线与重合断面轮廓线重合时,视图的轮廓线仍应连续画出,不可间断。这种断面图常用来表示墙立面装饰折倒后的形状、屋面形状、坡度,也称为折倒断面,如图 4-15 所示。

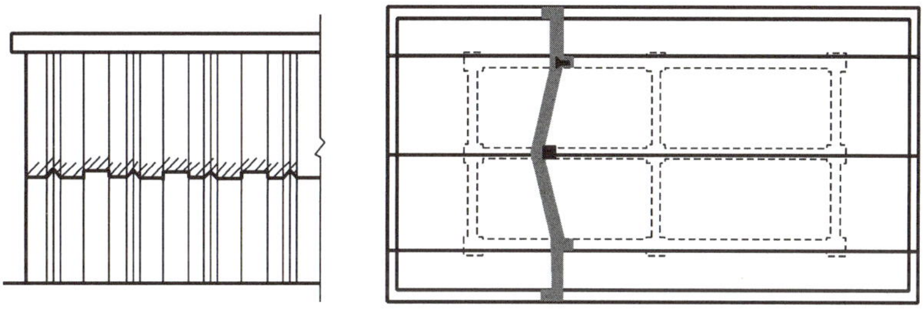

(a) 墙壁上装饰的断面图 (b) 断面图画在布置图上

图 4-15 重合断面

4.4 简化画法

为了读图及绘图方便,国标中规定了一些简化画法。

4.4.1 对称简化画法

构配件的视图有一条对称线时,可只画该视图的一半;视图有两条对称线时,可只画该视图的 1/4,并在对称中心线上画上对称符号,如图 4-16 所示。

对称符号用两段长度为 6～10 mm、间距为 2～3 mm 的平行线表示,用细实线绘制,分别标在图形外对称中心线两端。

4.4.2 相同要素简化画法

构配件内多个完全相同而连续排列的构造要素,可仅在两端或适当位置画出其完整形状,其余部分以中心线或中心线交点表示,如图 4-17 所示。

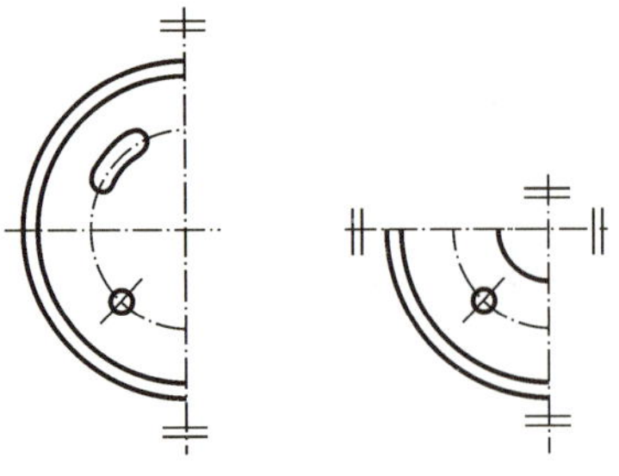

图 4-16　对称图形的简化画法

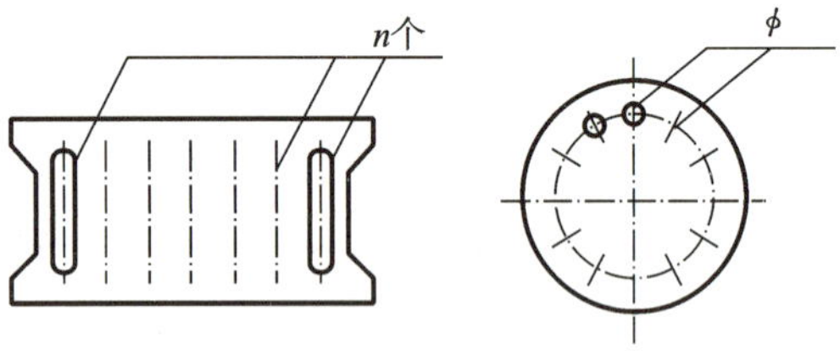

图 4-17　相同要素简化画法

4.4.3　折断简化画法

较长的构件，如沿长度方向的形状相同或按一定规律变化，可断开省略绘制，断开处应以折断线表示，如图 4-18 所示。

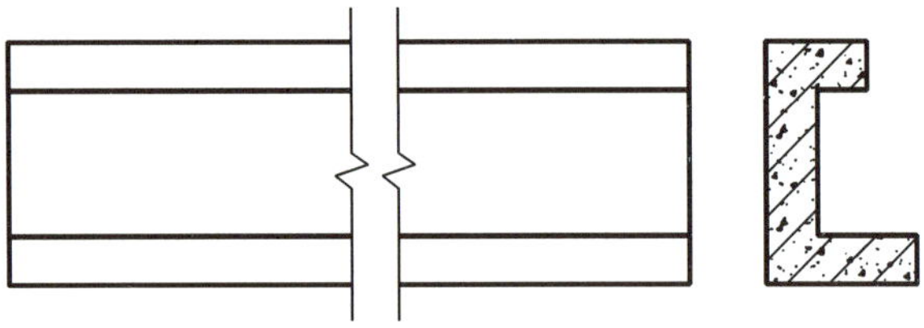

图 4-18　折断简化画法

项目小结

本项目主要介绍了图样的基本知识、剖面图的概念和画法、剖面图的标注、剖面图的种类、断面图的种类、断面图的画法与标注、简化画法。完成本项目的学习应重点掌握以下内容：

★投影法与视图配置：国标中规定了基本视图有六个，不等于每个工程形体都要用六个基本视图来表示，应根据需要选择基本视图的数量。

★剖面图：在视图中，建筑形体内部结构形状的投影用虚线表示。当形体复杂时，视图中出现较多的虚线，实、虚线交错，混淆不清，给绘图、读图带来困难，此时可采用“剖切”的方法来解决形体内部结构形状的表达问题。

★断面图：假想用剖切面将物体某部分切断，仅画出该剖切面与物体接触部分的图形。断面图可简称断面，常用来表示物体局部断面形状。

★简化画法有以下几种。

(1)对称简化画法：构配件的视图有一条对称线时，可只画该视图的一半；视图有两条对称线时，可只画该视图的 1/4，并在对称中心线上画上对称符号。

(2)相同要素简化画法：构配件内多个完全相同而连续排列的构造要素，可仅在两端或适当位置画出其完整形状，其余部分以中心线或中心线交点表示。

(3)折断简化画法：较长的构件，如沿长度方向的形状相同或按一定规律变化，可断开省略绘制，断开处应以折断线表示。

项目实训

简答题：

1. 简述断面图的分类。

2. 简述剖面图的形成。

综合题：

1. 如图4-19所示为室外台阶的正立面图和轴测图，请画出1—1剖面图和2—2、3—3断面图(尺寸直接在图上量取)。

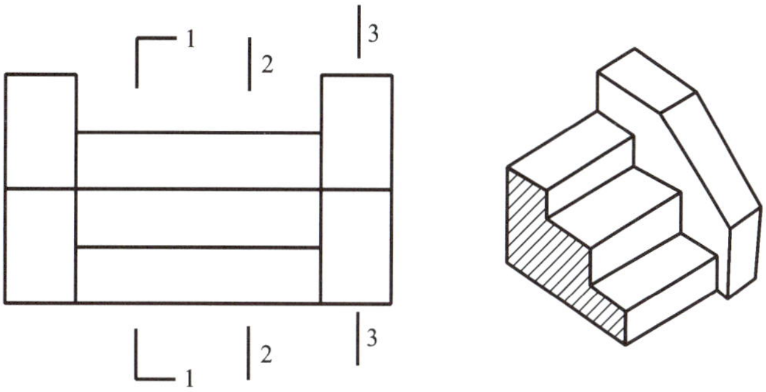

图4-19 室外台阶正立面图和轴测图

2. 如图4-20所示为某钢筋混凝土梁的正立面图和轴测图，请画出1—1剖面图和2—2、3—3断面图(尺寸直接在图上量取)。

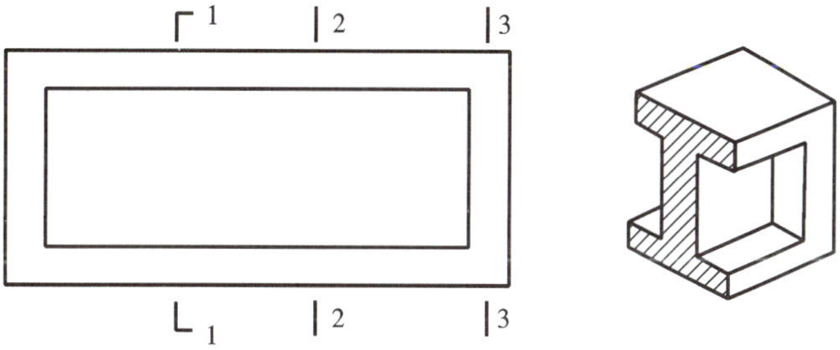

图4-20 某钢筋混凝土梁的正立面图和轴测图

素质课堂

潜能

传说苏格兰北部的古城堡和墓地经常闹鬼。有一个人因为公务繁忙半夜时分才回家，而他又必须经过墓地。墓地里偶尔传来令人毛骨悚然的号叫，蝙蝠像幽灵一样无声地飞来飞去，枯枝像鬼怪的手爪伸向黑暗的天空。走着走着，他一不小心掉进一个新挖的墓坑里。这个坑太深太大了，人高马大的他几经努力还是爬不出去。他索性坐在那里，等天亮再说吧。这时，又有一个人经过这里，也不小心掉了下去，这个人使出吃奶的力气也爬不出去。先掉下来的人实在看不过去，开口说："别费力气了，你是爬不出去的。"那人忽然听到说话声，以为遇到了鬼，吓得魂不附体，手脚并用，没想到三两下竟然爬了上去，然后惨叫着逃得无影无踪。

每个人的潜能都是深不可测的，我们没有理由给任何人妄下断语——“你是庸者/你是天才”。谁知道一个人的潜能在什么时候爆发出来？值得思考的是，平常的生活里，“平庸”的人很少爆发自己的潜能，因而显得平庸；“聪明”的人则会让自己的潜能像山泉一样源源不断地表现出来，因而不同凡响。其实，我们全都可以做出不同凡响的事，因为我们的潜能就像埋藏起来的石油，一直没有得到开发。教师就是要做这种“潜能”的挖掘者、激发者，使每一名学生身体里的潜能都得到充分的发挥。如果每一个教师都能做到这一点，那就是整个教育的成功。

项目5　建筑工程施工图

学习目标

了解建筑工程施工图的组成内容；
熟悉建筑首页图和总平面图的识图；
掌握建筑平面图、立面图、剖面图的识图；
掌握建筑详图、节点详图的识图。

素质目标

培养综合运用专业基础知识，分析问题和解决实际问题的工作能力；
培养按规范制图的基本技能；
培养建筑装饰施工图及结构施工图的识图能力；
培养建筑装饰平面、立面、剖面等深化设计图的绘图能力。

5.1　建筑工程施工图基本知识

房屋组成：一般可认为房屋由基础或地下室、墙体或柱、梁、楼板层与地面、楼梯及垂直交通设施、屋顶、门和窗等结构构件组成。

5.1.1　建筑工程施工图的用途与内容

建筑工程施工图是表示工程项目总体布局，建筑物的外部形状、内部布置、结构构造、内外装修、材料做法以及设备、施工等要求的图样。

1. 用途

(1)指导施工；
(2)编制施工图预算；
(3)安排材料、设备；
(4)非标准构件的制作。

2. 内容

(1)图纸目录(即首页图)；
(2)设计总说明；
(3)建筑施工图(简称建施)；
(4)结构施工图(简称结施)；
(5)设备施工图(简称设施)。

5.1.2 建筑工程施工图的特点

(1)施工图中的各图样,主要是用正投影法绘制的。
(2)绘图比例较小,多采用统一规定的图例或代号来表示。
(3)施工图中的不同内容,使用不同的线型。

5.1.3 建筑工程施工图的识图步骤

(1)熟悉拟建工程的功能。
了解本工程的类型,联想基本组成和装修。
(2)细阅说明书、目录。
了解图纸有多少类别,每类多少张。
(3)先整体后局部,先建筑后结构,先平面后立面。
(4)先图标、文字,后图样;先图形,后尺寸。

5.2 建筑施工图识图

5.2.1 建筑施工图识图方法

建筑施工图内容如图 5-1 所示。

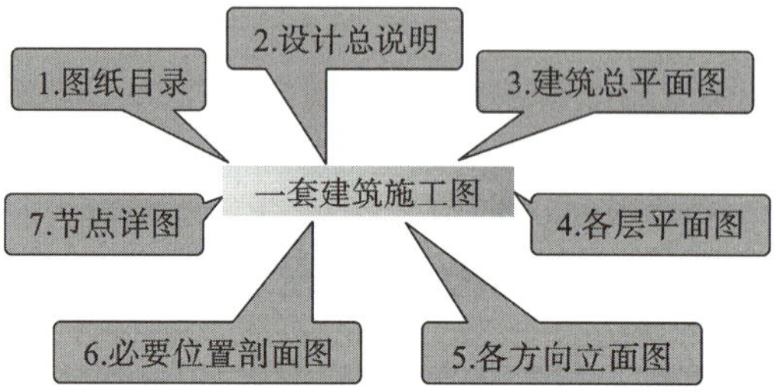

图 5-1 建筑施工图内容

1. 图纸目录

图纸目录包括每张图纸的名称、内容、图纸编号等,表明该工程图纸由哪几个专业的图纸及哪些图纸所组成,便于检索和查找。

2. 设计总说明

设计总说明主要介绍工程的概况和总的要求,内容一般包括:
(1)设计依据,如规划限制、设计规模、建筑面积以及有关的地质、气象资料等。
(2)设计标准,如建筑标准、结构荷载等级、抗震要求等。
(3)施工要求,如施工技术、材料要求以及采用的新技术、新材料或有特殊施工的工艺说明。
建筑设计说明如图 5-2 所示。

建筑设计说明

一、工程概况

1 本工程为[redacted]
2 建筑物分类及耐火等级：二类建筑 二级耐火等级
3 建筑抗震设防裂度：七度
4 总用地面积：512.3m²
5 建筑面积：994m²
6 建筑高度：12.15m
7 结构型式：砖混结构
8 建筑物散水标高详见道路竖向图
9 地下水位：自然地坪以下15m
10 冻土深度：-1.0m
11 主要外装修：刷外墙涂料、贴花岗岩石板
12 本工程土建施工图纸包括建施、结施、水施、暖施、电施
13 设计时间：2003.5

二、设计依据

1 可行性研究批复
2 设计任务书
3 地形图
4 地质报告
5 有关规范：(1)住宅设计规范GB50096—1999
(2)建筑设计防火规范GBJ16—87
(3)民用建筑设计通则JGJ37—87
(4)其他有关规范及规程
6 设计合同
7 初步设计审查意见

三、施工图设计说明

1 墙体：均为机制砖
2 各层暴露在外的混凝土梁外挂40厚聚苯板，暖气槽内抹18厚保温砂浆
3 屋面防(排)水、保温
屋面采用高聚物改性沥青防水卷材措施防水
屋面保温材料选用聚苯乙烯泡沫塑料板保温
4 各种管道穿越楼板应做钢套管，套管顶部高出地(楼)面30mm，套管底部与地(楼)板底面平齐，套管与套管间填密封膏
5 所有卫生间及阳台完成楼地面比其他楼地面低20mm，具体详见工程做法
6 门窗及内装修
除特殊门窗外，所有门窗立樘居中
7 窗台板采用水磨石台板
8 二层上人屋面落水管下做400×400混凝土C10垫块(厚100)
9 阳光室采用玻璃材料，本设计仅给出布置位置，具体分格待后期施工时确定
10 其他
本图所注尺寸以毫米(mm)为单位，标高以米(m)为单位施工时涉及装修材料颜色、质地时，应在施工前与建筑师商定。土建施工中应与有关设备工程图纸配合施工。其他未尽事宜请施工单位严格遵守施工验收规范中的有关规定，必要时由本院提供补充设计

门 窗 表

门窗名称	洞口尺寸	门窗数量	采用标准图		备 注
		樘	图集代号	编号	
C-1	1200×1500	9	98J4(一)	1TC-54	
C-10	1800×1500	4	98J4(一)	1TC-64	
C-11	1200×300	6	98J4(一)	1TC-43	参见
C-12	1200×300	7	98J4(一)	1TC-43	参见
C-13	1500×300	2	98J4(一)	1TC-53	参见
C-14	1800×300	1	98J4(一)	1TC-63	参见
C-15	900×300	1	98J4(一)	1TC-33	参见
C-2	1200×2000	4	98J4(一)	1TC-46	参见
C-3	1500×1500	7	98J4(一)	1TC-55	
C-4	1500×2000	3	98J4(一)	1TC-56	参见
C-5	1800×2000	3	98J4(一)	1TC-66	参见
C-6	1521×2000	6			
C-7	2161×2000	3			
C-8	4679×2000	2			
C-9	6114×2000	2			
M-1	5400×2550	1			卷闸或自动门
M-1′	2700×2100	1			卷闸或自动门
M-2	1200×2100	2	98J4(二)	2M$_{11}$57	
M-3	1000×2100	2	98J4(二)	2M$_{11}$17	
M-4	900×2100	10	98J4(二)	1M37	
M-4′	900×2100	1	98J4(二)	2M$_{12}$17	
M-5	750×2100	12	98J4(二)	1M$_{2}$07	
M-6	1200×2100	5	98J4(二)	2M$_{6}$57	
M-6′	1200×2100	3			玻璃门
M-7	1200×2100	2	98J4(二)		折叠门
M-8	900×1800	2	98J4(二)	1M32	参见
M-9	750×1800	8	98J4(二)	1M02	参见

图 5-2 建筑设计说明

5.2.2 建筑施工图总平面图

总平面图是表示建筑物场地总体平面布局的图纸。它以平面图的形式表明建筑区域的地形、地物、道路，拟建房屋的位置、朝向以及与周围建筑物的关系等。由于图的比例小，房屋和各种地物及建筑设施均不能按真实的水平投影画出，而是做示意性表达，如图 5-3 所示。

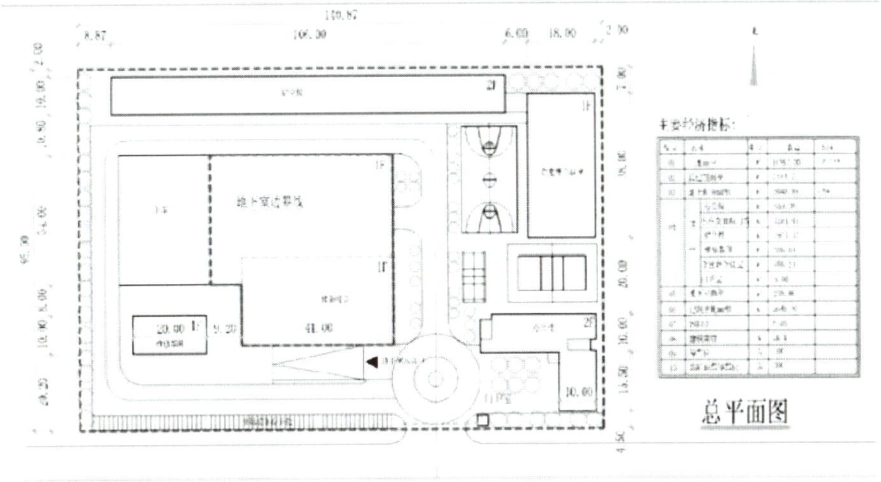

图 5-3 总平面图

建筑施工图总平面图的识图步骤如下：

(1)看图名、比例、图例及有关的文字说明。

(2)了解工程的用地范围、地形地貌和周围环境情况。

(3)了解拟建房屋的平面位置和定位依据。

(4)了解拟建房屋的朝向和主要风向。

(5)了解道路交通及管线布置情况。

(6)了解绿化、美化的要求和布置情况。

5.3 建筑平面图

5.3.1 建筑平面图概述

1. 建筑平面图的形成

假想用一个水平剖切平面，沿门窗洞口将房屋剖切开，移去剖切平面及其以上部分，将余下的部分按正投影的原理，投射在水平投影面上，所得到的图称为建筑平面图。如图 5-4 所示为住宅水平剖切示意图，将水平剖切示意图投影在水平投影面上，再标注出必要的尺寸和说明，就成为建筑施工平面图，如图 5-5 所示为建筑施工平面图中的首层平面图。

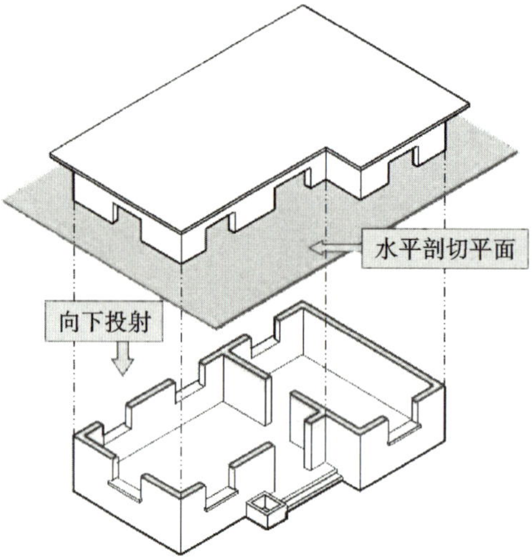

图 5-4 住宅水平剖切示意图

2. 建筑平面图的名称

沿底层门窗洞口剖切开得到的平面图称为底层平面图，又称为首层平面图或一层平面图。沿二层门窗洞口剖切开得到的平面图称为二层平面图。在多层和高层建筑中，往往中间几层剖开后的图形是一样的，就只需要画一个平面图作为代表层，将这一个作为代表层的平面图称为标准层平面图。将房屋直接从上向下进行投射得到的平面图称为屋顶平面图。因此，在多层和高层建筑中一般有底层平面图、标准层平面图和屋顶平面图。此外，有的建筑还有地下(±0.000以下)一层或若干层平面图，称为负一层平面图或负二层平面图和设备层平面图等。

3. 建筑平面图的用途

建筑平面图反映了房屋的平面形状、大小和房间布置，墙柱的位置、厚度、材料，门窗类型、位置、大小和开启方向，其他建筑物配件的设置和室内标高等。建筑平面图在施工过程中是施工放线、砌墙、安装门窗及编制概算、预算的依据。还有备料、施工组织都要用到建筑平面图。

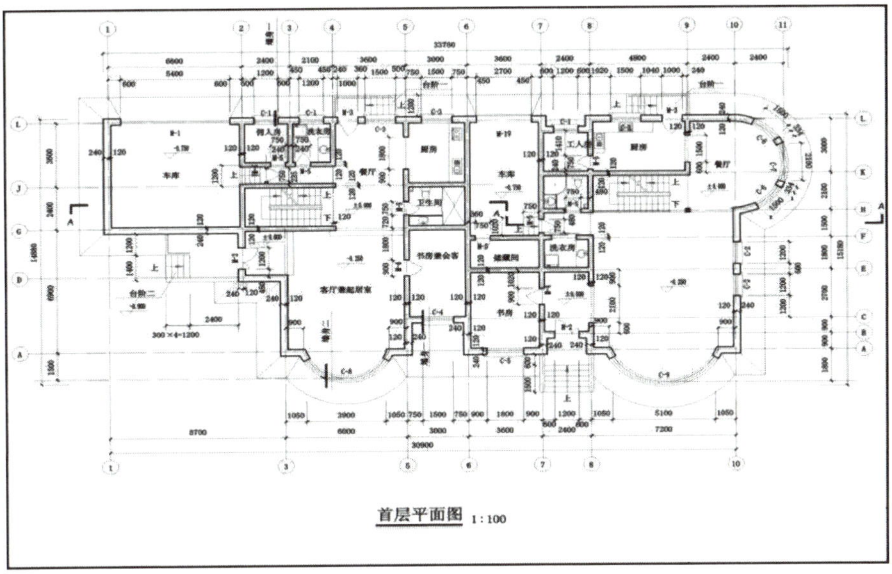

图 5-5　首层平面图

5.3.2　建筑平面图的主要内容

1. 底层平面图

建筑平面图是房屋建筑施工图中最重要的图纸之一，下面介绍建筑平面图的主要内容。

1)建筑物朝向

建筑物的朝向在底层平面图中用指北针表示。对一栋建筑物来讲，主要入口设在哪面墙上，就称该建筑物朝向哪个方向。但是，对一间房间来讲，窗户开在哪面墙上，就称该房间朝哪个方向，住宅建筑一般把主要房间的窗户设在南面。指北针的画法在《房屋建筑制图统一标准》(GB/T 50001—2017)中规定用细线绘制，形状如图 5-6 所示。圆的直径为 24 mm，指北针尾部宽为 3 mm，指北针指向北方，标记为“北”或“N”。若需要放大直径画指北针，指北针尾部宽度依据直径按比例放大。

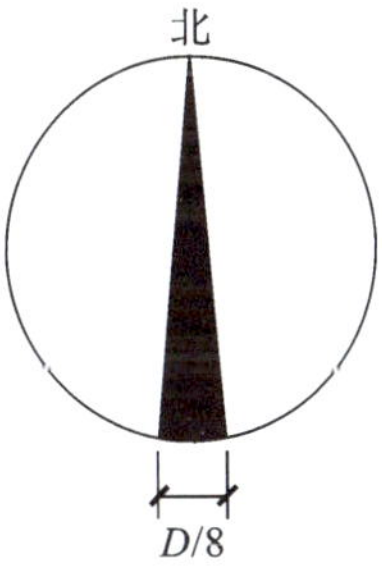

图 5-6　指北针

2)建筑物的平面布置

平面布置是平面图的主要内容，着重表达各种用途的房间与走道、楼梯、卫生间的关系。

3)定位轴线

在建筑工程施工图中房间的大小、走廊的宽窄和墙、柱的位置都用轴线来确定。凡是主要的墙、柱、梁的位置都要用轴线来定位。根据《房屋建筑制图统一标准》(GB/T 50001—2017)的规定，定位轴线应用细单点长画线绘制。编号应写在轴线端部的圆圈内，圆圈用细实线绘制，直径为 8～10 mm。定位轴线的圆心应在轴线的延长线上或延长线的折线上。平面图上定位轴线的编号宜标注在图样的前方及左侧。横向轴线编号应用阿拉伯数字标写，从左至右按顺序编号。纵向轴线编号应用大写拉丁字母，从前至后按顺序编号。拉丁字母中的 I、O、Z 不能用于轴线编号，以避免与 1、0、2 混淆。

除了标注主要轴线之外，还可以标注附加轴线。附加轴线编号是用分数表示的，图 5-7

(a)所示是附加轴线的标注方法之一，两根轴线之间的附加轴线，以分母表示前一根轴线的编号，分子表示附加轴线的编号。分母 01、OA 分别表示位于①号轴线和Ⓐ号轴线之前的附加轴线，如图 5-7(b)所示。一个详图适用于几根轴线时，应同时注明各有关轴线的编号，如图 5-7(c)所示。

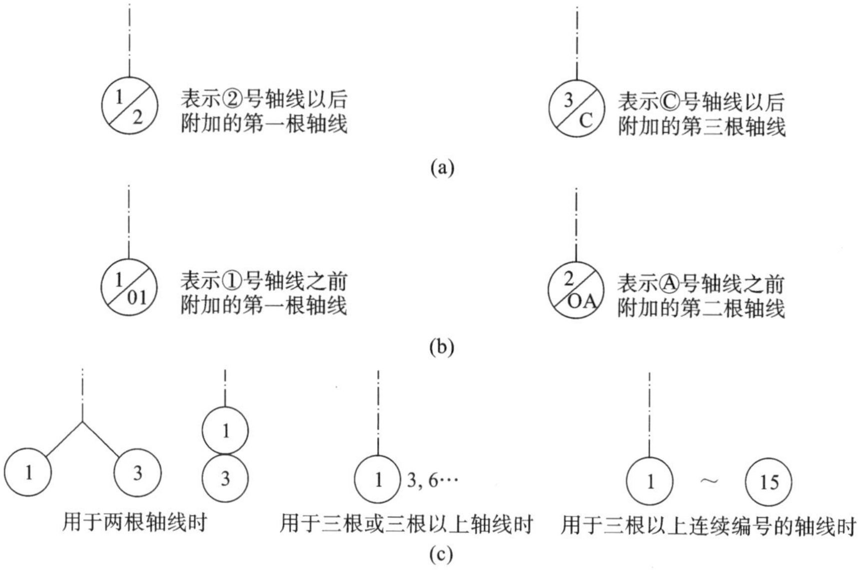

图 5-7　定位轴线

通用详图的定位轴线只画圆圈，不标注轴线号。

4)标高

在房屋建筑工程中，各部位的高度都用标高来表示。除总平面图外，建筑施工图中所标注的标高均为相对标高。在平面图中，因为各种房间的用途不同，房间的高度不都在同一个水平上。

5)墙厚(柱的断面)

房屋建筑中墙、柱是承受建筑物垂直荷载的重要结构，墙体又起着分隔房间和抵抗水平剪力的作用(为抵抗水平剪力而设置的墙，一般称为剪力墙)。为此，墙、柱的平面位置、尺寸大小都非常重要。

6)门和窗

在平面图中，门、窗只能反映平面位置、洞口宽度及与轴线的关系。门窗按常用建筑配件图例进行绘制。在施工图中，门用代号“M”表示，窗用代号“C”表示。如“M3”表示编号为 3 的门，而“C2”则表示编号为 2 的窗。门窗的高度尺寸在立面图、剖面图或门窗表中查找。门窗的制作安装需查找相应的详图。

在平面图中窗洞位置处，若画成虚线，则表示为高窗(高窗是指窗洞下口高度高于 1500，一般为 1700 以上的窗)。按剖切位置和平面图的形成原理，高窗在剖切平面上方，并不能投射到本层平面图上，但为了施工时阅读方便，建筑制图标准规定把高窗画在所在楼层并用虚线表示。

7)楼梯

建筑平面图比例较小，楼梯在平面图中只能示意楼梯的投影情况。楼梯的制作安装见楼梯详图。在平面图中，只表示楼梯设在建筑中的平面位置、开间和进深大小，以及楼梯的上下方向及两层楼之间的步级数。

8)附属设施

除以上内容外,根据不同的使用要求,在建筑物的内部还可能设有橱柜、吊柜等设施。在建筑物外部还可能设有阳台、平台、花池、散水、台阶等附属设施。附属设施在平面图中只能表示出平面位置,具体做法应查阅相应的详图或标准图集。

9)各种符号

标注在平面图上的符号有剖切符号和索引符号等。剖切符号按《房屋建筑制图统一标准》和《建筑制图标准》规定标注在底层平面图上,表示出剖面图的剖切位置和投射方向及编号。

10)平面尺寸

大家知道,图表示形状,尺寸表示大小。平面图中标注的尺寸分为内部尺寸和外部尺寸两种,主要反映建筑物中房间的开间、进深的大小,门窗的平面位置及墙厚等。

内部尺寸一般用一道尺寸线标注,主要表示墙厚、房间长宽的净尺寸以及内墙上门、窗与轴线的关系。

外部尺寸一般用三道尺寸线标注,最里面一道尺寸线上的数字表示外墙上门、窗宽度的大小及与轴线的平面关系;中间一道尺寸线上的数字表示轴线尺寸,即房间的开间与进深尺寸;最外面一道尺寸线上的数字表示建筑物的总长、总宽,即从一端外墙皮到另一端外墙皮的尺寸。

2. 其他各层平面图

除底层平面图外,在多层或高层建筑中,还有标准层平面图和屋顶平面图等。标准层平面图所表示的内容与底层平面图大同小异,屋顶平面图主要表示屋顶面上的情况(包括排水情况)。下面分别对标准层平面图和屋顶平面图进行介绍。

1)标准层平面图

由于住宅标准层平面图与底层平面图大同小异,因此阅读标准层平面图时,主要注意标准层平面图与底层平面图的区别,它们的区别分别体现在以下几个方面。

(1)房间布置。在大多数建筑中,标准层平面图与底层平面图房间布置一致,不同的是楼梯间的楼梯表示方法不一样。

(2)墙体的厚度(柱的断面)。由于建筑材料强度和建筑物的使用功能不同,建筑墙体厚度有时不一样。

(3)墙体材料。墙体材料的质量要求及材料质量的好坏在图中表示不出来,但是在相应的说明书中必须叙述清楚,详见建筑设计总说明"墙体"。

(4)门与窗。标准层平面图中门与窗的设置与底层平面图往往不完全一样,底层建筑物的入口为大门,而在标准层平面图中相同的平面位置一般情况下都改成了窗。

(5)室外表示的内容。标准层一般还有阳台、平台、门上的雨棚、窗上的遮阳板等。

2)屋顶平面图

屋顶平面图主要表示三个方面的内容:

(1)屋面排水情况,如排水分区、天沟、屋面坡度、雨水口的位置等。

(2)突出屋面的物体,如电梯机房、水箱、天窗、烟囱、检查孔、屋面变形缝等的位置。

(3)细部做法。屋面的细部做法包括的内容有高出屋面墙体的泛水、天沟、变形缝、雨水口等。

注：水箱、天窗、烟囱、检查孔、变形缝等根据需要设置。

5.3.3 平面图的阅读与绘制

1. 阅读底层平面图的方法及步骤

从平面图的基本内容来看，底层平面图涉及的内容最多，为此，阅读建筑平面图时首先要读懂底层平面图。当读懂底层平面图后，阅读其他各层平面图就容易多了。读底层平面图的方法步骤如下：

(1)查阅建筑物的朝向、形状、主要房间的布置及相互关系。

(2)复核建筑物各部位的尺寸。复核的方法是将细部尺寸加起来看是否等于轴线尺寸，再将轴线尺寸和两端轴线外墙厚的尺寸加起来看是否等于总尺寸。

(3)查阅建筑物墙体采用的建筑材料。查阅建筑材料要结合建筑设计总说明。

(4)查阅各部位的标高。查阅标高主要是查阅房间、厨房、卫生间、楼梯间、阳台和室外地面等的标高。

(5)核对门窗尺寸及数量。核对的方法是看图中实际需要的门窗数量与门窗表所列的数量是否一致。

(6)查阅附属设施的平面位置，如卫生间的蹲位、小便槽等的平面位置。

(7)阅读文字说明，查阅对施工及材料的要求。对于这个问题，要结合建筑设计总说明。

2. 阅读其他各层平面图的注意事项

在熟练阅读底层平面图的基础上，阅读其他各层平面图要注意以下几点：

(1)查明各房间的布置是否同底层平面图一样。

(2)查明墙身厚度是否同底层平面图一样。

(3)查明门窗是否同底层平面图一样。

(4)查明采用的建筑材料是否同底层平面图一样。

3. 阅读屋顶平面图的要点

阅读屋顶平面图主要注意两点：

(1)屋面的排水方向、排水坡度及排水分区。

(2)结合有关详图阅读，弄清女儿墙及高出屋面部分的防水、泛水做法。

4. 平面图的绘制

建筑施工图的绘制方法有两种，即手工绘图和计算机绘图。绘图步骤如下：

(1)选比例，定图幅，进行图面布置。根据房屋的复杂程度及大小，选定适当的比例，确定幅面的大小，并画图框和标题栏。

(2)画出定位轴线。

(3)画出全部墙、柱断面。

(4)画出门窗。

(5)画出固定设施(如楼梯、阳台等)及细部。

(6)按线型要求加深图线。其中轴线用细单点长画线，墙、柱用粗实线(线宽 b)，门的开启线用中实线(线宽 $0.5b$)，其他轮廓线用细实线(线宽 $0.25b$)。

(7)标注尺寸，注写符号和文字说明。

(8)校核。图完成之前，需要仔细校核，尽量做到准确无误。

5.4 建筑立面图

5.4.1 建筑立面图的形成及命名

表示建筑物外墙面特征的正投影图称为建筑立面图，简称立面图。立面图的命名有三种方式。

(1)按建筑物的方位命名。建筑物一般都有前后左右四个面，其中，表示建筑物正立面特征的正投影图称为正立面图；表示建筑物背立面特征的正投影图称为背立面图；表示建筑物侧立面特征的正投影图称为侧立面图，侧立面图又分为左侧立面图和右侧立面图。

(2)根据立面图两端定位轴线的编号命名。这是立面图最常用的命名方法。

(3)按建筑物的朝向命名。人们在生活中，习惯以建筑物的朝向来命名。例如朝东的立面图称为东立面图，依此类推，有南立面图(见图5-8)、西立面图、北立面图。

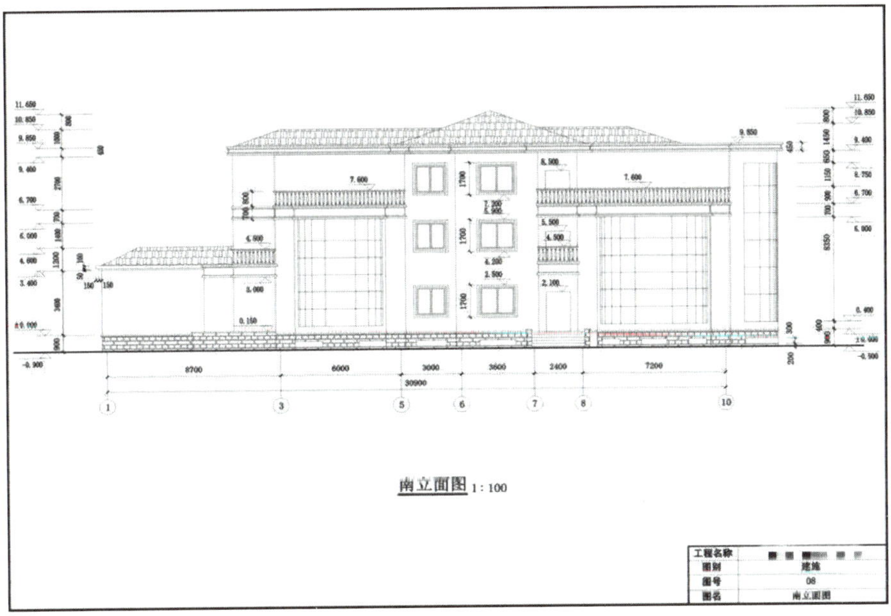

图5-8 南立面图

在设计中立面图是设计工程师表达立面设计效果的重要图纸，在施工中立面图是外墙面装修、工程概预算、备料、工程验收等的依据。

5.4.2 立面图的主要内容

立面图主要包含以下内容：

(1)建筑物外部形状，主要有门窗、台阶、雨棚、阳台等的位置。

(2)用标高表示出的各主要部位的相对高度，如室内室外地面标高、各层楼面标高及檐口标高等。

(3)立面图中的尺寸。立面图中的尺寸主要是表示建筑物高度方向的尺寸，一般用三道尺寸线表示。最外面一道尺寸线上的数字表示建筑物的总高。建筑物的总高是从室外的地面到屋外女儿墙的高度。中间一道尺寸线上的数字表示层高，建筑物的层高是指本层楼地面到上一层楼地面的高度。最里面一道尺寸线上的数字表示门窗洞口的高度及与楼地面的相对位置。

(4)外墙面的分格。建筑外墙面的分格线以横线条为主，以竖线条为辅；在楼层适当的高度位置利用通长的色带进行横向分格。

(5)外墙面的装修。外墙面装修一般用索引符号或引出线表示其做法。具体做法需查找相应的标准图集。

5.4.3 立面图的阅读与绘制

1. 立面图的阅读

(1)对应平面图阅读。查阅立面图与平面图的关系，这样才能建立起立体感，加深对平面图、立面图的理解，树立建筑物的立体形象。

(2)了解建筑物的外部形状。

(3)查阅建筑物各部位的标高及相应的尺寸。

(4)结合装修一览表，查阅外墙面各部位的装修做法，如墙面、窗台、窗檐、阳台、雨棚、勒脚等的具体做法。

(5)其他。结合相关资料，查阅外墙面、门窗、玻璃等对施工的质量要求。

2. 立面图的绘制

一般做法是在绘制好平面图的基础上，对应平面图来绘制立面图。绘制方法步骤大体同平面图。其步骤如下：

(1)选比例，定图幅，进行图面布置。比例、图幅一般与平面图一致。

(2)按比例画出室外地坪线、外墙轮廓线和屋顶或檐口线，并画出首尾轴线和墙面分格。

(3)确定门窗洞口、柱的位置。

(4)确定细部做法，如门窗分格、阳台的栏杆、栏板及窗台、窗檐、屋檐、雨棚等的投影。

(5)按要求加深图线。其中地坪线用特粗线(线宽 $1.4b$)，外轮廓线用粗实线(线宽 b)，门窗洞口、凸出墙面的柱、雨棚、窗台、阳台外轮廓线用中实线(线宽 $0.5b$)，门窗分格线及墙面装饰分格线等用细实线(线宽 $0.25b$)。

(6)标注标高、尺寸，注明各部位的装修做法，注写必要的文字说明。

(7)校核。图完成之前，需要仔细校核，尽量做到准确无误。

5.5 建筑剖面图

5.5.1 建筑剖面图的形成及用途

假想用一个正立投影面或侧立投影面的平行面将房屋剖切开，移去剖切平面及剖切平面与观察者之间的部分，将剩下部分按正投影的原理投射到与剖切平面平行的投影面上，得到的图称为建筑剖面图，简称剖面图(见图 5-9)。

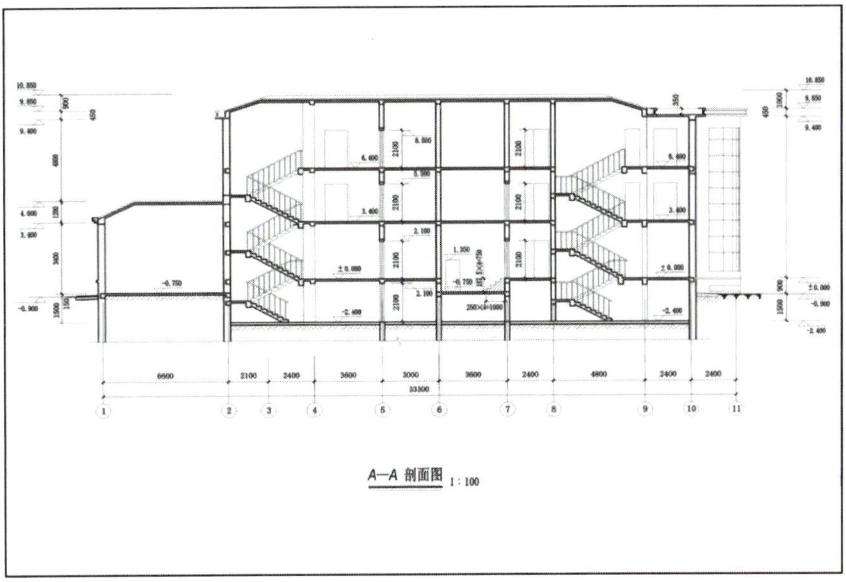

图 5-9 建筑剖面图

用侧立投影面的平行面进行剖切，投影后得到的剖面图称为横剖面图；用正立投影面的平行面进行剖切，投影后得到的剖面图称为纵剖面图。

剖面图同平面图、立面图一样，是建筑施工图中重要的图纸之一，表示建筑物的整体情况。剖面图用来表达建筑物的结构形式、分层情况、层高及各部位的相互关系，是施工、概预算及备料的重要依据。

5.5.2 剖面图的主要内容

剖面图主要包含以下内容：

(1)表示房屋内部的分层、分隔情况。

(2)反映屋顶是平屋面还是坡屋面及示意屋面保温隔热情况。在建筑中屋顶有平屋面、坡屋面之分，屋面坡度在5%以内的屋面称为平屋面，屋面坡度大于15%的屋面称为坡屋面。

(3)表示房屋高度方向的尺寸及标高。剖面图中高度方向的尺寸有外部尺寸和内部尺寸之分。外部尺寸标注有三道尺寸线，含义同立面图一样。内部尺寸主要表示内墙上门窗洞口的高度尺寸。标高为建筑标高，即普通装修之后的地面高度。

(4)其他。在剖面图中还有台阶、散水、雨棚等。凡是剖切到的或用直接正投影法能看到的都应在剖面图中反映出来。

(5)索引符号。剖面图中不能详细清晰表示的部位，引出索引符号，另用详图表示。

5.5.3 剖面图的阅读与绘制

1. 剖面图的阅读

(1)结合各层平面图阅读，通过底层平面图找到剖切位置和投影方向，找出剖面图与各层平面图的相互对应关系，建立起房屋内部的空间概念。

(2)结合建筑设计总说明或装修一览表阅读，查阅地面、楼面、墙面、顶棚及厨房、厕所等的内部装修做法。

(3)查阅各部位的高度。应注意的是阳台、厨房、厕所与同层楼地面的关系。

(4)结合屋顶平面图和建筑设计总说明或装修一览表阅读,了解屋面坡度、屋面防水、女儿墙防水及屋面保温、隔热等的做法。

2. 剖面图的绘制

一般是在绘制好平面图、立面图的基础上绘制剖面图,并采用与平面图、立面图相同的比例。其步骤如下:

(1)选比例,定图幅,进行图面布置。比例、图幅一般同平面图、立面图一致。

(2)按比例画出定位轴线和分层线,内容包括室内外地坪线、楼层分隔线、墙体轴线。

(3)确定墙体、楼层、地面厚度及门窗的高度位置。

(4)画出可见的构配件的轮廓线及相应的图例。

(5)按线型要求加深图线。其中地坪线用特粗线,凡是被剖切到的墙、板、梁等构件断面轮廓线用粗实线,没有剖切到但投影可见的构件(如墙、柱、阳台等)轮廓线用中实线,细部或次要的轮廓线、图例线等用细实线。

(6)按规定标注内外尺寸、各主要部位的标高,屋面、散水的示意做法,定位轴线编号、索引符号及必要的文字说明。

(7)校核。图完成之前,需要仔细校核,尽量做到准确无误。最后完成图样。

5.6 建筑详图

5.6.1 概述

前面介绍的房屋建筑平面图、立面图、剖面图是全局性的图纸,表达建筑物全局性的内容,因为建筑物体积较大,所以采用缩小比例绘制。一般性建筑常用 1∶100 的比例绘制,对于体积特别大的建筑,也可采用 1∶200 的比例绘制。用这样的比例在平、立、剖面图中无法将细部做法表示清楚,因而在设计中凡是在建筑平、立、剖面图中无法表示清楚的内容,都需要另绘详图或选用合适的标准图。

将建筑物的细部构造做法用比较大的比例详细地表示出来的图样,称为建筑详图,简称详图。

详图的比例常按需要选用 1∶1、1∶2、1∶5、1∶20、1∶25、1∶30、1∶50。

详图与平、立、剖面图是用索引符号和详图符号来联系的。

1. 索引符号

索引符号是由直径为 8～10 mm 的圆和水平直径线组成的,圆及水平直径线应以细实线绘制。索引符号的引出线指向被索引的部位。

索引符号有详图索引符号、剖切详图索引符号两种。剖切详图的索引符号用于索引剖面详图,它与索引符号的区别在于增加了剖切位置线,图中用粗短线表示。在剖切的部位绘制剖切位置线,并以引出线引出索引符号,引出线所在的一侧为剖视方向(投射方向)。

2. 详图符号

索引出来的详图画好之后,应在详图下方编号,称为详图符号。详图符号应以粗实线绘制,直径为 14 mm。详图符号有两种表示方法:

(1)详图与被索引的图在同一张图纸上;

(2)详图与被索引的图不在同一张图纸上。

5.6.2 外墙身详图

外墙身详图的剖切位置一般设在门窗洞口部位。它实际上是建筑剖面图的局部放大图样,一般按 1∶20 的比例绘制,主要表示地面、楼面、屋面与墙体的关系,同时也表示排水沟、散水、勒脚、窗台、窗檐、女儿墙、天沟、排水口等的位置及构造做法,如图 5-10 所示。

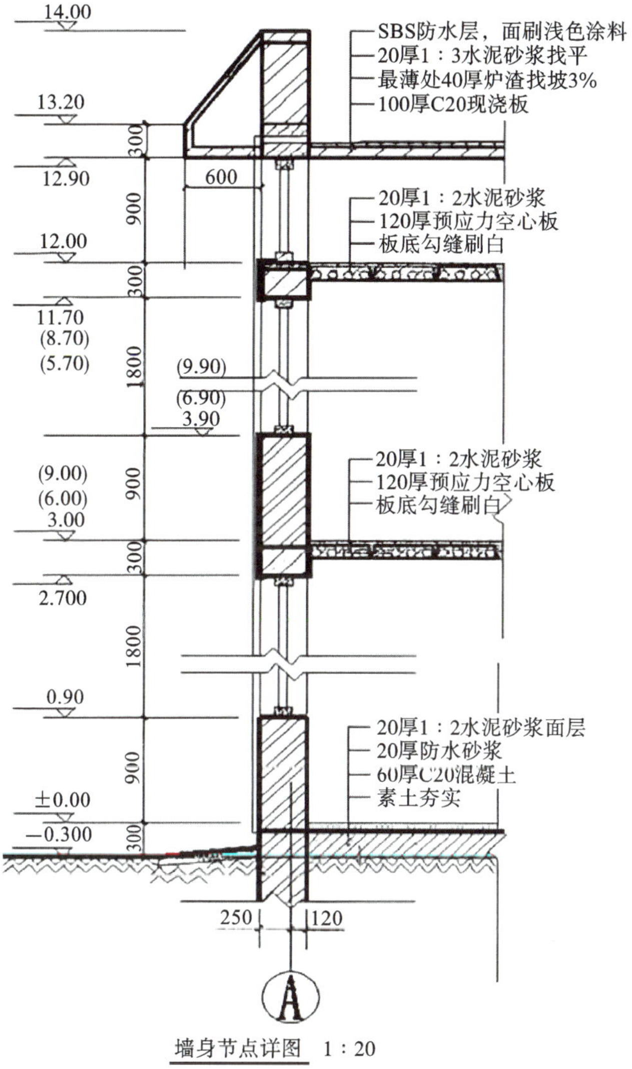

图 5-10 墙身节点详图

1. 外墙身详图的用途

外墙身详图与平、立、剖面图配合使用,是施工中砌墙、室内外装修、门窗立口及概算、预算的依据。

2. 外墙身详图的基本内容

(1)表明建筑材料、墙厚及墙与轴线的关系。

(2)表明各层楼中的梁、板的位置及其与墙身的关系。

(3)表明地面、各层楼面、屋面的构造做法。该部分内容一般要与建筑设计总说明和装修一览表共同表示。

(4)表明各主要部位的标高。在建筑施工图中标注的标高称为建筑标高,标注的高度是建筑物某部位装修完成后的上表面或下表面的高度。它与结构施工图中的标高不同,结构施工图中的标高称为结构标高,它标注结构构件在装修前的上表面或下表面的高度。

(5)表明门窗立口与墙身的关系。在建筑工程中,门窗框的立口有三种形式,即平内墙面、居墙中、平外墙面。

(6)表明各部位的细部装修及防水防潮做法,主要内容有排水沟、散水、防潮层、窗台、窗檐、天沟等的细部做法。

3. 读图方法及步骤

(1)掌握外墙身详图所表示的范围。

(2)掌握图中的分层表示方法。地面的做法一般采用分层表示方法,画图时文字注写的顺序是与图形的顺序对应的。这种表示方法常用于地面、楼面、屋面和墙面等的装修做法。

(3)掌握楼板与梁、墙的关系,具体做法参照相应的结构施工图。

(4)结合建筑设计总说明和装修一览表阅读,掌握细部的构造做法。

4. 读图注意事项

(1)位于±0.000或防潮层以下的墙称为基础墙,施工做法应以基础图为准。在±0.000或防潮层以上的墙的施工做法以建筑施工图为准,并注意连接关系及防潮层的做法。

(2)应结合建筑设计总说明和装修一览表阅读,掌握地面、楼面、屋面、散水、勒脚、女儿墙、天沟等的细部做法。

(3)注意建筑标高与结构标高的区别。

5.6.3 楼梯详图

1. 概述

(1)楼梯的组成。

楼梯一般由楼梯段、平台、栏杆(栏板)和扶手三部分组成,从图5-11所示的楼梯详图中,可以清晰地看到这三大组成部分。

①楼梯段(楼梯板)指两平台之间的倾斜构件。它由斜梁或板及若干踏步组成。踏步表面的水平面称为踏面,踏步的铅垂面称为踢面。

②平台是指两楼梯段之间的水平构件,根据位置不同,有楼层平台和休息平台之分,休息平台又称为中间平台。

③栏杆(栏板)和扶手。栏杆、扶手设在楼梯段及平台悬空的一侧,起安全防护作用。栏杆一般用金属材料做成,扶手一般用金属材料、硬杂木或塑料等做成。

(2)楼梯详图的主要内容。

要将楼梯在施工图中表示清楚,一般要有三部分内容,即楼梯平面图、楼梯剖面图和踏步、栏杆(板)、扶手详图。

2. 楼梯平面图

楼梯平面图的形成同建筑平面图一样。假设用一水平剖切平面在该层往上行的第一个

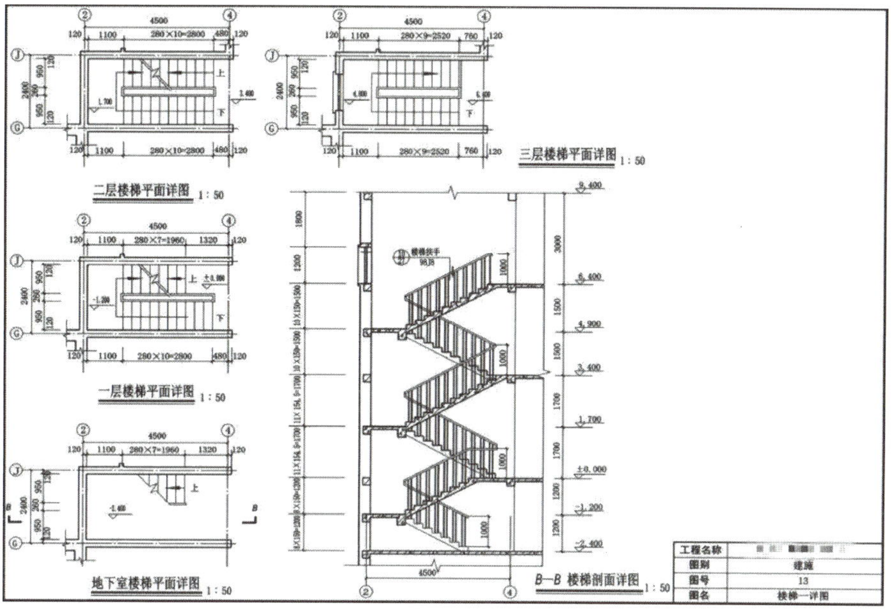

图 5-11 楼梯详图

楼梯段中剖切，移去剖切平面及以上部分，将余下的部分按正投影的原理投射在水平投影面上，所得到的图称为楼梯平面图。楼梯平面图是房屋平面图中楼梯间部分的局部放大的施工图，图 5-11 所示楼梯详图中楼梯平面图是采用 1∶50 的比例绘制的。

楼梯平面图必须分层绘制，一般应有底层平面图、标准层平面图和顶层平面图。

(1)底层平面图。底层平面图一般剖在上行的第一跑上。

(2)标准层平面图。中间相同的几层楼梯，同建筑平面图一样，可用一个图来表示，这个图称为标准层平面图。

(3)顶层平面图。房屋最上面一层平面图称为顶层平面图。顶层平面图楼梯段上不画折断线，用直接正投影法向水平投影面进行投影。所以，楼梯顶层平面图为两跑完整的楼梯段。

这里需要说明的是，按假设的剖切面将楼梯剖切开，折断线本应该为平行于踏步的折断线，为了与踏步的投影区别开，《建筑制图标准》(GB/T 50104—2010)规定画为斜线。

楼梯平面图用轴线编号表明楼梯间在建筑平面图中的位置，注明楼梯间的长宽尺寸、楼梯跑(段)数、每跑的宽度、踏步步数、每一步的宽度、休息平台的平面尺寸及标高等。

3. 楼梯剖面图

假想用一铅垂剖切平面，通过各层的一个楼梯段，将楼梯剖切开，向另一未剖切到的楼梯段方向进行投影，所绘制的剖面图称为楼梯剖面图，如图 5-11 中剖面图所示。

楼梯剖面图的作用是完整、清楚地表明各层楼梯段及休息平台的标高，楼梯的踏步步数、踢面的高度，各种构件的搭接方法，楼梯栏杆(板)的形式，栏杆的高度及楼梯间各层门窗洞口的标高尺寸。

4. 踏步、栏杆(板)、扶手详图

这部分内容同楼梯平面图、剖面图相比，采用的比例更大一些，其目的是表明楼梯各部位的细部做法。

除以上内容外，楼梯详图一般还包括顶层栏杆立面图、顶层栏杆楼层平台段与墙体的连接。

5. 阅读楼梯详图的方法与步骤

(1)查明轴线编号,了解楼梯在建筑中的平面位置和上下方向。

(2)查明楼梯各部位的尺寸,包括楼梯间的大小、楼梯段的长度、踏面的宽度、休息平台的平面尺寸等。

(3)按照平面图上标注的剖切位置及投射方向,结合剖面图阅读楼梯各部位的高度,包括地面、休息平台、楼面的标高及踢面、楼梯间门窗洞口、栏杆、扶手的高度等。

(4)弄清栏杆(板)、扶手所用的建筑材料及连接做法。

(5)结合建筑设计总说明阅读,查明踏步(楼梯间地面)、栏杆、扶手的装修方法,内容包括踏步的具体做法,栏杆、扶手的材料及其油漆颜色和涂刷工艺等。

6. 楼梯详图的绘制

在这里只介绍楼梯平面图和楼梯剖面图的绘制。

(1)楼梯平面图的绘制(以标准层为例)。

①将各层平面图对齐,根据楼梯间的开间、进深尺寸画出墙身轴线、墙厚、门窗洞口的位置。

②画出平台宽度、楼梯段长度及栏杆的位置,楼梯段长度等于踏面宽度乘踏步数减1(踏步数减1就为踏面数)。

③用等分平行线间距的方法分楼梯踏步,然后画出踏面。

④加深图线。图线要求与建筑平面图一致。

⑤画箭头,标注上下方向,注写标高、尺寸、图名、比例及文字说明,画填充材料图例。

⑥检查。

(2)楼梯剖面图的绘制。

①根据楼梯底层平面图中标注的剖切位置和投射方向,画墙身轴线及楼地面、平台和楼梯段的位置。

②画墙身厚度、平台厚度、楼梯横梁的位置及楼梯板的位置和厚度。

③分楼梯踏步。根据楼梯板上斜线的长度按水平方向的投影长度,同平面图分法一样,得到楼梯板上斜线的等分点,过等分点作水平线和竖直线,就得到踏面和踏面轮廓线。

④借用第一梯段踏步的等分结果,对应画其他梯段踏步的投影图。

⑤画细部,如斜梁、栏杆、扶手、楼梯间的门窗及填充材料图例等。

⑥加深图线和标注。线型要求同建筑剖面图一致。标注标高、尺寸并注写文字。

⑦检查。

5.7 建筑节点详图

建筑节点详图是把房屋构造的局部要体现清楚的细节用较大比例绘制出来,表达出构造做法、尺寸、构配件相互关系和建筑材料等。相对于平、立、剖面图而言,节点详图是一种辅助图样,通常很多标准做法都可以采用设计通用详图集,国家有出版图集。

节点详图可以反映节点处构件代号、连接材料、连接方法以及施工安装等方面的内容,更重要的是表达节点处配置的受力钢筋或构造钢筋的规格、型号、性能和数量,总之“结构节点”就是要保证“建筑节点”在该位置可以传递荷载,并且安全可靠。

一般中小型建筑常用节点有雨棚、坡道、散水、女儿墙、缝、檐口、楼梯、栏杆、扶手、窗台、天沟等。

节点详图又叫构造详图，构造详图分为一般建筑的构造详图和有抗震要求的建筑的构造详图两种。

1. 一般建筑的构造详图

一般建筑的构造详图如图 5-12 所示。一般建筑的构造详图主要反映楼板与墙或梁的关系，其中要注意四点，即楼板压墙的长度、坐浆厚度、圆孔板堵洞和细石混凝土灌缝。

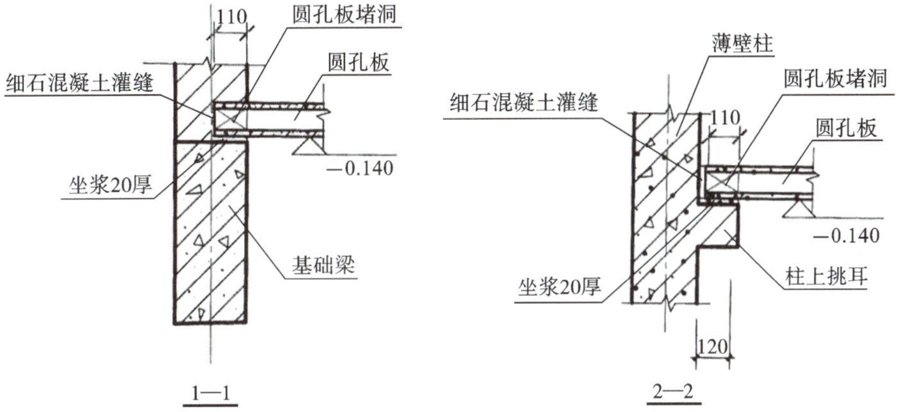

图 5-12　一般建筑的构造详图

2. 有抗震要求的建筑的构造详图

有抗震要求的建筑的构造详图与一般建筑的构造详图作法大同小异，不同的是有抗震要求的建筑的构造详图在板与板、板与墙或梁之间增加了拉结钢筋，如图 5-13 所示。

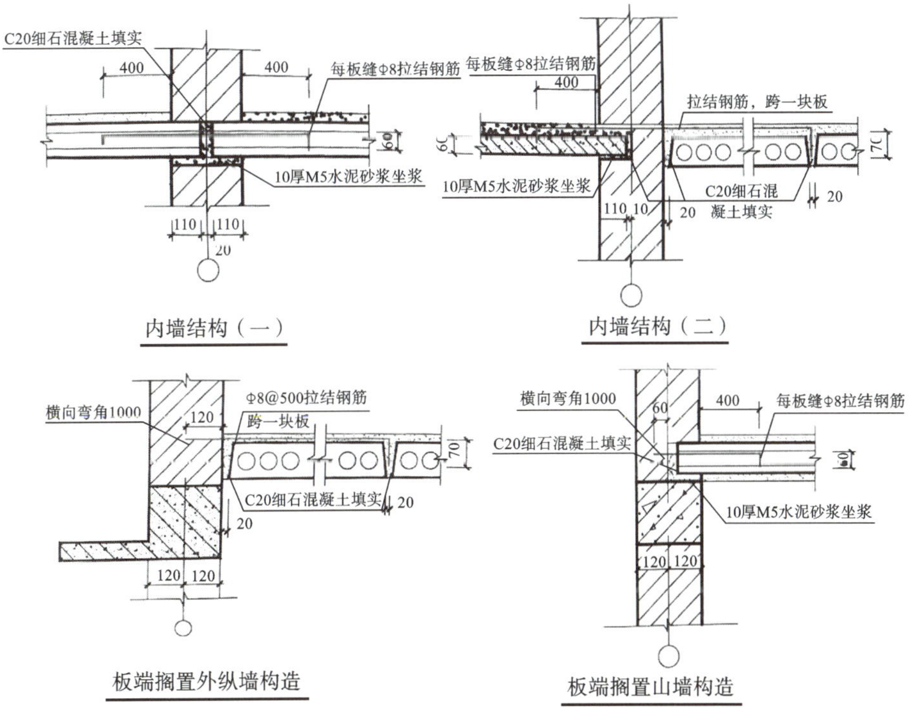

图 5-13　有抗震要求的建筑的构造详图

项目小结

本项目主要介绍了建筑工程施工图的用途与内容，建筑工程施工图的特点，建筑施工图识图方法，建筑施工图总平面图，建筑平面图、立面图、剖面图的识图，建筑详图、建筑节点详图的识图。完成本项目的学习应重点掌握以下内容：

★建筑工程施工图的用途与内容：建筑工程施工图是表示工程项目总体布局，建筑物的外部形状、内部布置、结构构造、内外装修、材料做法以及设备、施工等要求的图样。

★建筑工程施工图的特点：

(1)施工图中的各图样，主要是用正投影法绘制的。

(2)绘图比例较小，多采用统一规定的图例或代号来表示。

(3)施工图中的不同内容，使用不同的线型。

★建筑施工图识图方法：三面正投影图中的方位关系、三面正投影图的"三等"关系、三面正投影图画法。

★建筑施工图总平面图：总平面图是表示建筑物场地总体平面布局的图纸。它以平面图的形式表明建筑区域的地形、地物、道路，拟建房屋的位置、朝向以及与周围建筑物的关系等情形。由于图的比例小，房屋和各种地物及建筑设施均不能按真实的水平投影画出，而是做示意性表达。

★建筑平面图、立面图、剖面图的阅读与绘制。

★建筑详图：在设计中凡是在建筑平、立、剖面图中无法表示清楚的内容，都需要另绘详图或选用合适的标准图。

(1)外墙身详图：外墙身详图的剖切位置一般设在门窗洞口部位。它实际上是建筑剖面图的局部放大图样，一般按 1∶20 的比例绘制，主要表示地面、楼面、屋面与墙体的关系，同时也表示排水沟、散水、勒脚、窗台、窗檐、女儿墙、天沟、排水口等的位置及构造做法。

(2)楼梯详图：楼梯一般由楼梯段、平台、栏杆(栏板)和扶手三部分组成。

★建筑节点详图：建筑节点详图是把房屋构造的局部要体现清楚的细节用较大比例绘制出来，表达出构造做法、尺寸、构配件相互关系和建筑材料等。相对于平、立、剖面图而言，节点详图是一种辅助图样，通常很多标准做法都可以采用设计通用详图集，国家有出版图集。(节点详图又叫构造详图，构造详图分为一般建筑的构造详图和有抗震要求的建筑的构造详图两种。)

项目实训

简答题：

1. 什么是建筑工程施工图?

2. 建筑总平面图的图示内容有哪些?

3. 建筑剖面图的图示内容有哪些?

4. 什么是建筑详图?

综合题：

1. 如图 5-14 所示为某建筑的一层平面图，识读该层平面图并选出正确选项，每题的备选项中只有一个符合题意。

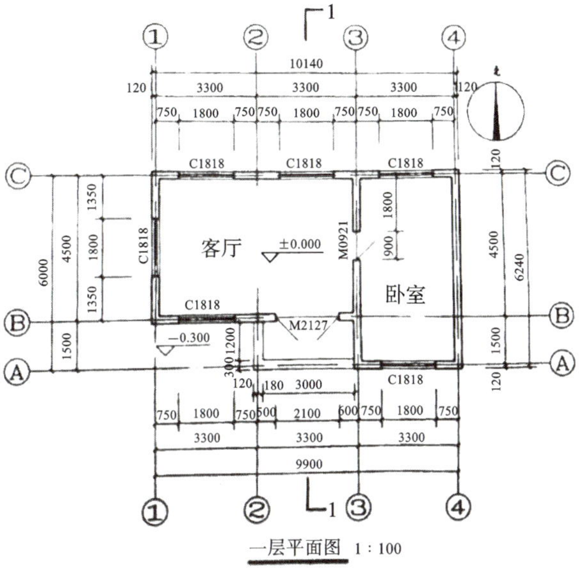

图 5-14 某建筑的一层平面图

(1)该建筑的朝向是(　　)。

A. 坐北朝南　　B. 坐南朝北　　C. 坐东朝西　　D. 坐西朝东

(2)该建筑的卧室的开间尺寸是(　　)mm。

A. 4500　　B. 6000　　C. 3300　　D. 6240

(3)该建筑的室内外高度差是(　　)。

A. 0.300 mm　　B. 300 mm　　C. 3000 mm　　D. 30 mm

(4)从剖切符号可以看出,该建筑的剖面图是(　　)。

A. 阶梯剖面图　　B. 全剖面图　　C. 局部剖面图　　D. 分层剖面图

(5)该建筑的总长是(　　)m。

A. 10 140　　B. 10.14　　C. 6240　　D. 6.24

素质课堂

断箭

不相信自我的意志,永远也做不成将军。

春秋战国时期,一位父亲和他的儿子出征打仗。父亲已做了将军,儿子还只是马前卒。又一阵号角吹响,战鼓雷鸣了,父亲庄严地托起一个箭囊,其中插着一支箭。父亲郑重地对儿子说:“这是家袭宝箭,佩带身边,力量无穷,但千万不可抽出来。”那是一个极其精美的箭囊,厚牛皮打制,镶着幽幽泛光的铜边儿,再看露出的箭尾,一眼便能认定是用上等的孔雀羽毛制作的。儿子喜上眉梢,贪婪地推想箭杆、箭头的模样,耳旁仿佛有嗖嗖的箭声掠过,敌方的主帅应声折马而毙。果然,佩带宝箭的儿子英勇非凡,所向披靡。当鸣金收兵的号角吹响时,儿子再也禁不住得胜的豪气,完全背弃了父亲的叮嘱,强烈的欲望驱使他呼一声就拔出宝箭,试图看个究竟。骤然间他惊呆了——一支断箭,箭囊里装着一支折断的箭。

“我一直挎着支断箭打仗呢!”儿子吓出了一身冷汗,仿佛顷刻间失去支柱的房子,意志轰然坍塌了。

结果不言自明,儿子惨死于乱军之中。

拂开蒙蒙的硝烟,父亲捡起那支断箭,沉重地啐一口道:“不相信自我的意志,永远也做不成将军。”

把胜败寄托在一支宝箭上,多么愚蠢,而当一个人把生命的核心交给别人时,又多么危险!

温馨提示:自我才是一支箭,若要它坚韧,若要它锋利,若要它百步穿杨、百发百中,磨砺它、拯救它的都只能是自我。

制图篇

项目6　建筑 CAD 基础

6.1　熟悉中望 CAD 工作界面

课前学习

(1)通过中望教育云平台了解中望 CAD 软件功能。

(2)了解中望 CAD 的界面组成。

课堂学习任务

学习本任务前同学们要有一定的计算机操作基础。

任务描述:启动中望 CAD 教育版软件,打开文件,了解中望 CAD 界面和功能选项卡界面,在绘图前对 CAD 工作环境进行基本的设置,包括图形单位、选项面板的设置。

学习目标与重难点

学习目标	熟悉 CAD 工作界面,掌握基本绘图环境设置
学习重点和难点	熟悉 CAD 界面(重点)
	掌握隐藏功能区的显示(难点)
	选项面板的设置(难点)

任务实施

1. 中望建筑 CAD 教育版工作界面

CAD 软件界面由标题栏、菜单栏、工具栏、绘图区、命令行、状态栏六部分组成,如图 6-1 所示。

(1)标题栏,显示软件版本以及当前正在运行的绘图操作的文件名,如图 6-2 所示。

(2)菜单栏,打开 CAD 默认显示 14 个菜单,单击某一项菜单会打开相应的下拉菜单,如图 6-3 所示。下拉菜单中▶表示它还有子菜单,下拉菜单中省略号(...)表示点击后会弹出一个对话框,可以进一步进行选择和设置。注意在下拉菜单中某一个命令后的英文为该命令的快捷命令,可以直接通过快捷命令进行操作。

(3)绘图工具栏,默认在界面的左侧,上面显示直线、构造线等绘图工具图标(见图 6-4),十字光标放在图标上会显示图标名称。

(4)修改工具栏,默认在界面的右侧,主要有移动、复制、镜像等修改命令,辅助绘图工具工作,如图 6-5 所示。

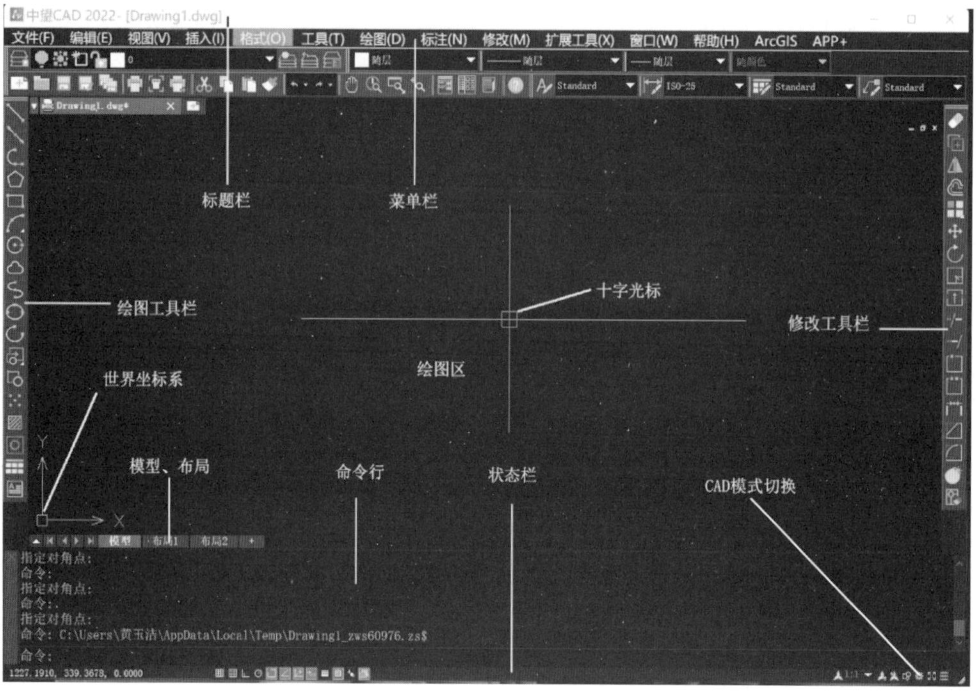

图 6-1 CAD 界面

图 6-2 标题栏内容展示

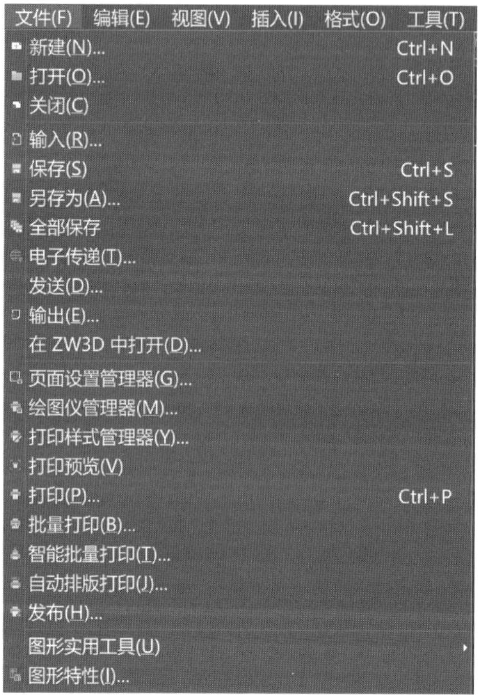

图 6-3 “文件”菜单的下拉菜单展示

图 6-4　绘图工具栏

图 6-5　修改工具栏

(5)模型、布局空间是 CAD 软件提供的两种绘图环境，打开软件默认进入模型绘图环境，布局空间出图打印、设置比例等也可用于绘图，如图 6-6 所示。

图 6-6　模型、布局选项卡

(6)命令行是命令输入的窗口，也是人机交换信息的窗口(见图 6-7)。执行命令需在命令行输入命令，输入命令后必须按确认键(空格键/回车键/右键单击确认)。命令结束需再次按确认键。所有命令全部完成，按确认键或键盘左上角“Esc”键终止操作。

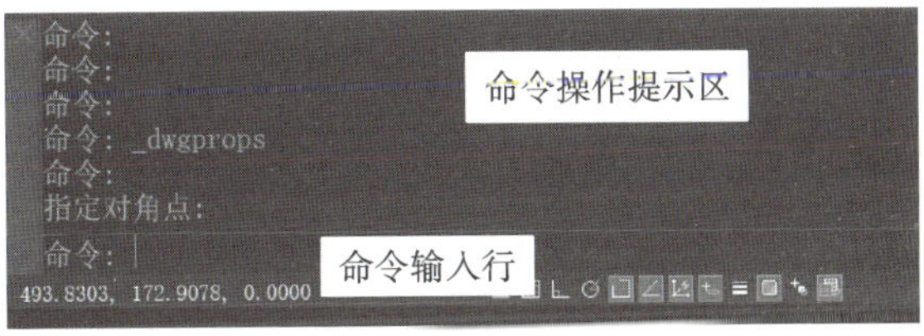

图 6-7　命令行

(7)状态栏，用于设置和显示 CAD 的绘图状态、设置比例以及切换工作空间，如图 6-8 所示。

图 6-8　状态栏

(8)界面切换，CAD 工作空间一般设置为 CAD 经典模式，如图 6-9 所示。

图 6-9　工作空间切换展示

2. 设置绘图环境参数

(1)单位设置(UN)如图 6-10 所示。

注意精度设置为 0.00 是因为在文字样式设置中宽度因子为 0.7，这里精度为 0 的话，宽度因子无法设置。规范中字体要求瘦长体。

(2)选项设置(OP)。

①文件保存格式调整为低版本，高版本软件可以打开低版本文件，低版本软件打不开高

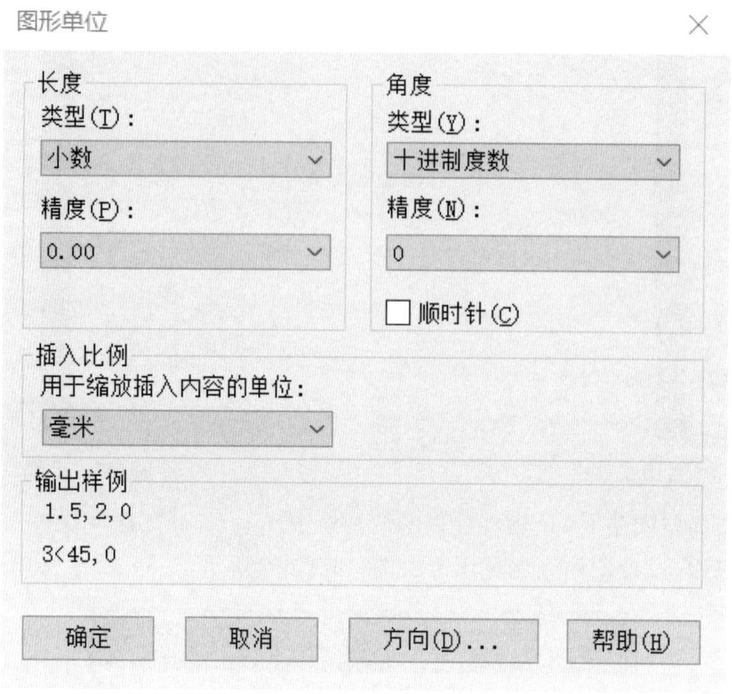

图 6-10 图形单位设置面板

版本文件。自动保存间隔分钟数可以调整，建议调整为 10 分钟，保存间隔时间短，保存过于频繁，容易导致电脑死机，如图 6-11 所示。

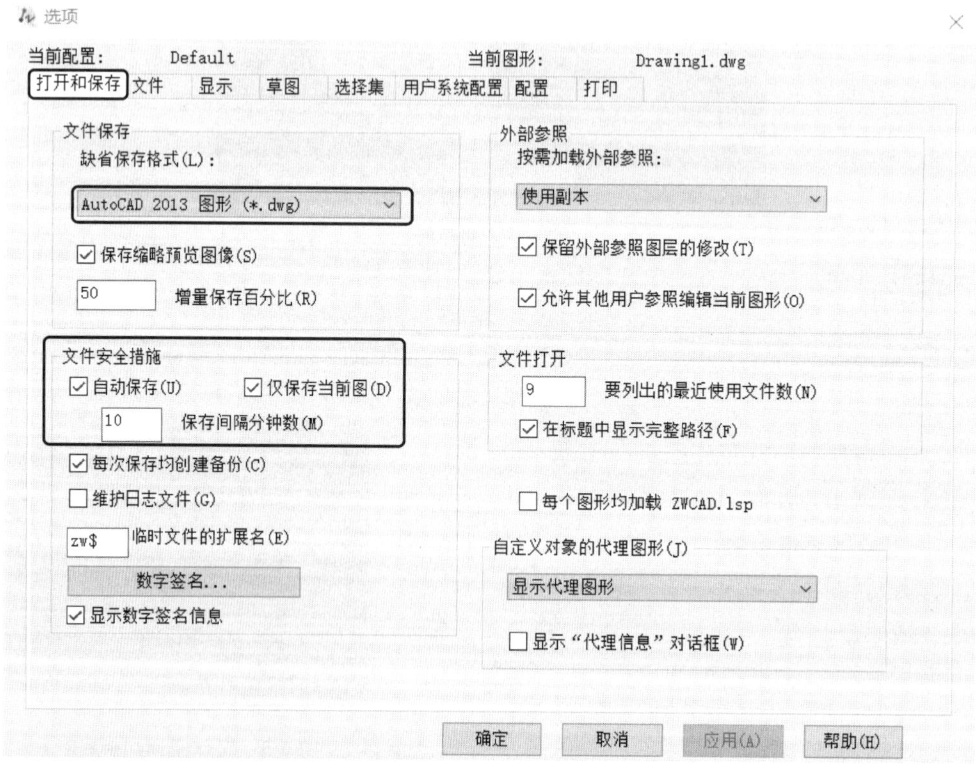

图 6-11 “选项”面板“打开和保存”设置

②点击“文件”选项卡，找到“自动保存文件位置”，点击加号，记住文件自动保存位置，也可添加想要保存文件的位置，如图6-12所示。

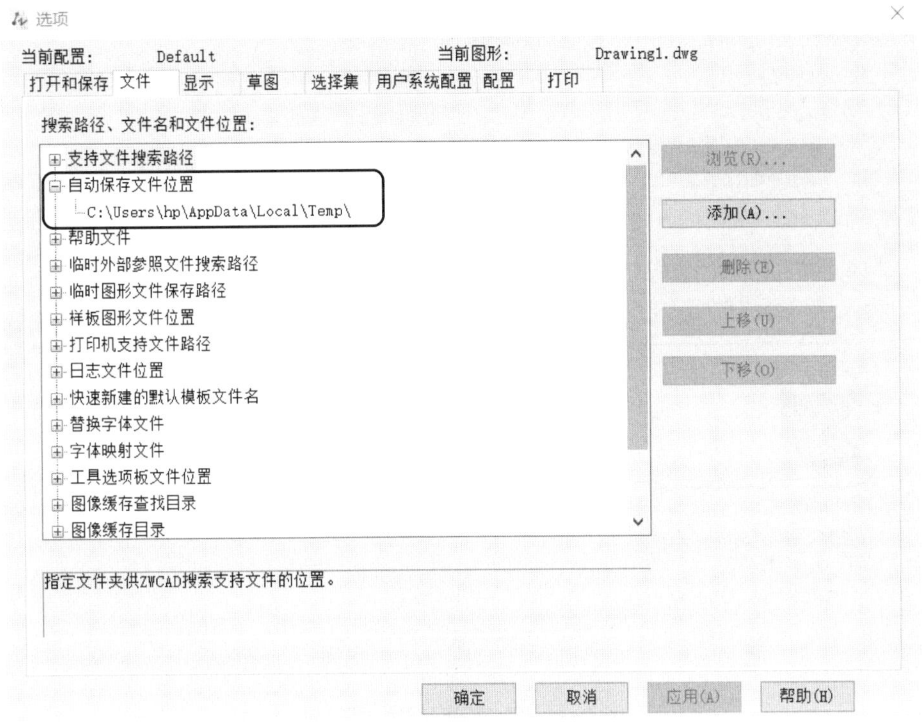

图6-12 “选项”面板文件保存位置

③点击“显示”选项卡，可以调整窗口元素配色。点击“颜色”按钮可以在“图形窗口颜色”中调整“内容”和“界面元素”中所有内容的颜色。建议“十字光标大小”调整为“100”，这样可以为绘图起到辅助标尺的作用，如图6-13所示。

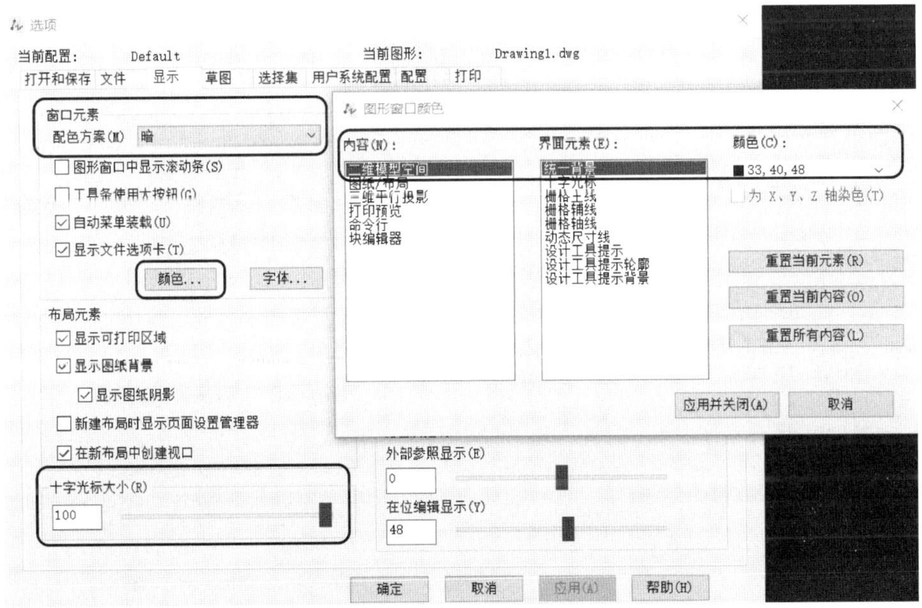

图6-13 “选项”面板“显示”设置

④点击“草图”选项卡，调整自动捕捉标记和靶框大小，如图 6-14 所示。

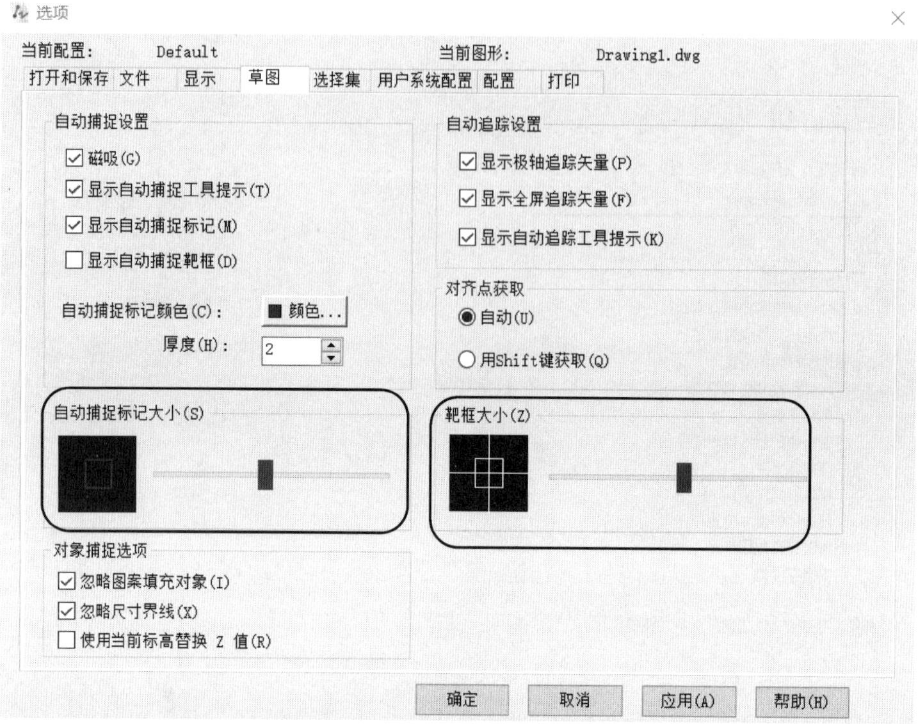

图 6-14 “选项”面板“草图”设置

⑤选择集：将拾取框、夹点调整为合适大小，如图 6-15 所示。

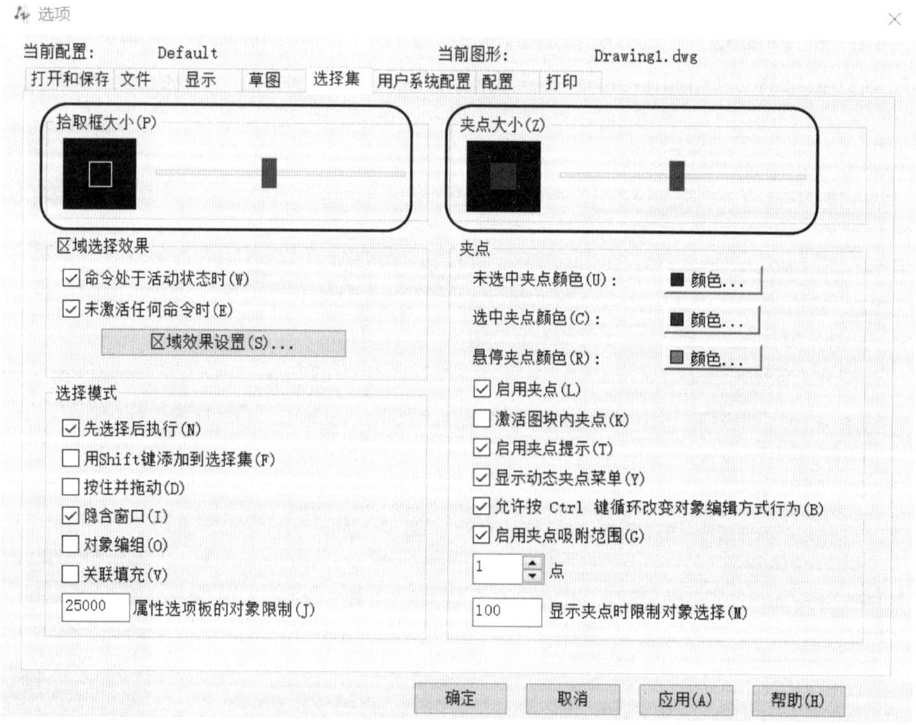

图 6-15 “选项”面板“选择集”设置

⑥用户系统配置：检查源内容单位是否为毫米，如图 6-16 所示。

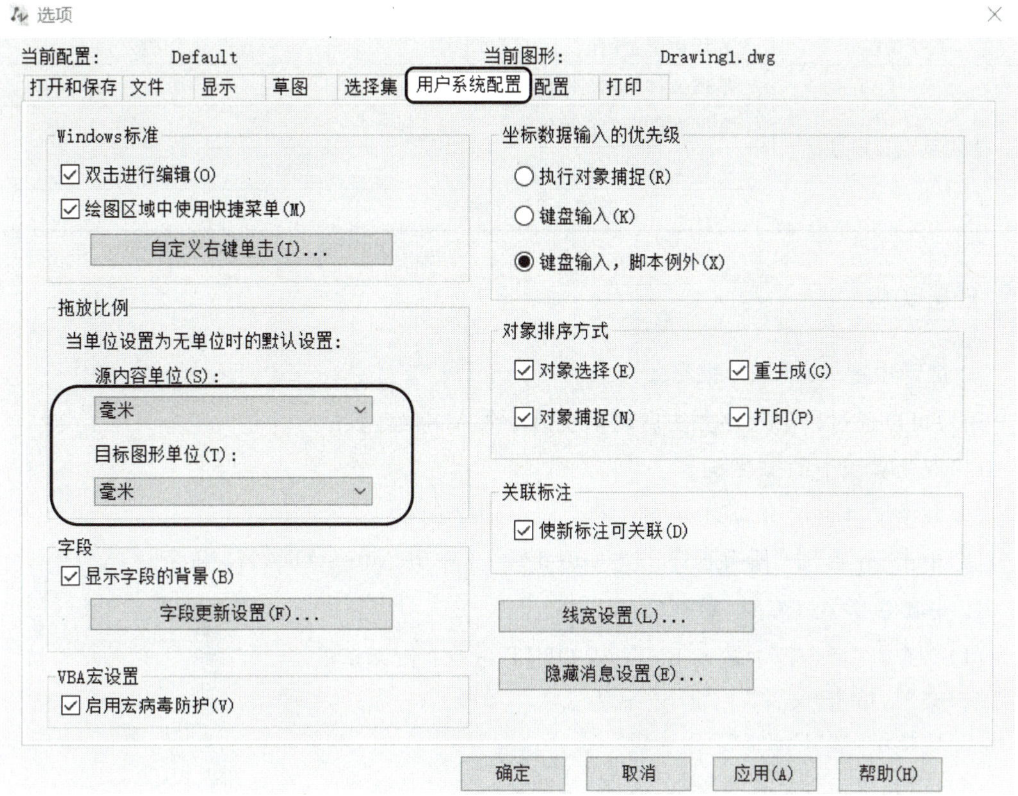

图 6-16　“选项”面板用户系统配置

任务小结

打开 CAD 软件，第一步，对软件的工作空间进行设置，一般我们使用经典模式工作空间；第二步，对图形单位进行设置，CAD 软件绘图中选用毫米为单位；第三步，对“选项”面板中的常用参数进行设置。

6.2　管理图形文件

课前学习

（1）通过中望教育云平台了解中望 CAD 软件功能。

（2）掌握常用文件管理方法。

课堂学习任务

管理图形文件，需要进行文件管理操作，如图形文件的新建、命名、打开以及对图形文件进行保存和退出。因此，在绘图之前，学会常用的文件管理方法是有必要的。

学习目标与重难点

学习目标	文件新建、保存
学习重点和难点	掌握文件新建（重点）
	掌握文件保存（重点）
	掌握文件保存格式（难点）
	掌握文件自动保存位置（难点）

任务实施

1. 启动中望 AutoCAD 教育版

用户可以通过以下三种方法启动中望 AutoCAD 教育版：

（1）双击桌面上的图标。

（2）双击文件名后缀为.dwg 的文件。

（3）单击“开始”|“所有程序”|“Autodesk”|中望 AutoCAD 2022 命令。

2. 退出中望 AutoCAD 教育版

（1）命令：在命令行中输入 EXIT 或 QUIT 命令并按回车键。

（2）菜单：单击“文件”|“退出”命令。

（3）快捷键：按“Ctrl+Q”组合键。

（4）按钮：单击标题栏右侧的“关闭”按钮。

3. 新建图形文件

（1）命令：在命令行中输入 NEW 命令并按回车键。

（2）菜单：单击“文件”|“新建”命令。

（3）快捷键：按“Ctrl+N”组合键。

（4）工具栏：单击标准工具栏中的“新建”按钮。

使用以上任意一种方法，都将弹出“选择样板文件”对话框，如图 6-17 所示。在该对话框中，用户可在样板列表框中选择一个样板文件 *.dwt，并可以在右侧的“预览”框中查看所选择的样板图像。单击“打开”按钮，则可将所选择的样板文件作为样板来新建图形文件。

图 6-17 选择样板文件

4. 打开图形文件

(1)命令:在命令行中输入 OPEN 命令并按回车键。

(2)菜单:单击“文件”|“打开”命令。

(3)快捷键:按“Ctrl+O”组合键。

(4)工具栏:单击标准工具栏中的“打开”按钮。

使用上述任意一种方法,都将弹出“选择文件”对话框,如图 6-18 所示。在该对话框中,用户可选择一个要打开的图形文件,或者拖动查找范围中下拉图标找到目标文件,在右侧的“预览”框中查看所选择图形文件的图像。单击“打开”按钮,则可将所选择的图形文件打开。

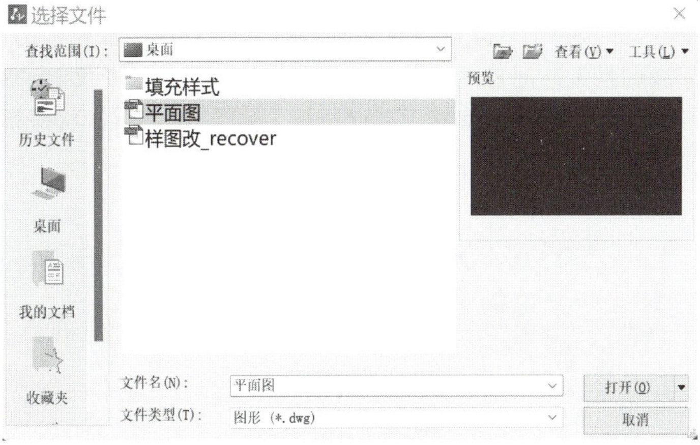

图 6-18 选择文件

5. 保存图形文件

(1)菜单:单击“文件”|“保存”命令。

(2)快捷键:按“Ctrl+S”组合键。

(3)快捷键:按“Ctrl+Shift+S”组合键。

上述是文件保存的三种方式,点击“保存”或者输入快捷命令会弹出图形保存对话框。首次点击保存会出现对话框,需要选择保存位置;作图过程中再次点击保存就不会再弹出对话框,将默认保存到首次选择的位置。Ctrl+Shift+S 是另存为的快捷键,需要将文件存储到不同的位置时选择另存为,如图 6-19 所示。

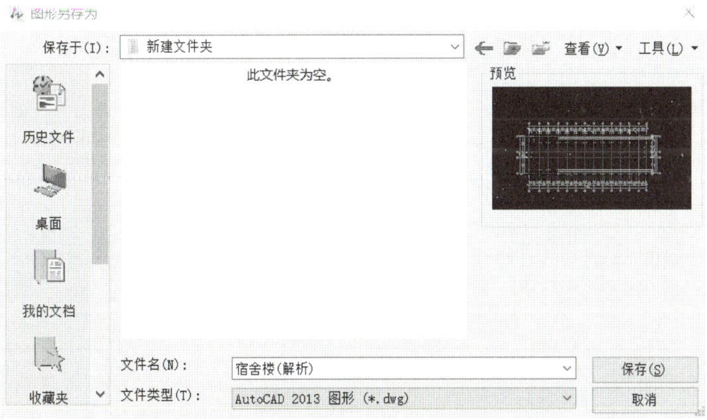

图 6-19 图形另存为

6. 设置自动保存文件时间间隔

在 CAD 操作过程中，可能会出现停电或者死机等现象，掌握软件自动保存位置，设置自动保存时间间隔能将损失减少到最小。电脑一般默认自动保存时间间隔为 10 分钟。设置的时候保持默认即可，时间间隔太短，如果图纸过大，容易造成死机。文件自动保存位置可以选择默认，也可以自己设定，可在 6.1 节中查看图例。

任务小结

CAD 文件的保存需要注意通常保存为低版本的 *.dwg 格式文件，便于在其他电脑上打开文件进行操作。在 CAD 中低版本的软件无法打开高版本文件，高版本软件可以打开低版本文件。其次需要注意的是 CAD 软件有自动保存的功能，如果出现死机的情况，查找文件默认的保存路径能够找到最近时间自动保存的文件。在“选项”面板中我们了解到 CAD 文件自动保存的时间间隔默认为 10 分钟，有些人会调整到 1 分钟或 2 分钟，软件频繁自动保存最终会导致死机。这里不需要调整，选择默认值即可。

6.3 中望 CAD 基本操作

课前学习

(1)通过中望教育云平台了解中望 CAD 软件功能。

(2)掌握命令的输入方法和选取工具的运用。

课堂学习任务

绘图区域放大、缩小，平移图纸是 CAD 最常见的基本操作。命令行的输入有很多技巧，例如在命令行中输入快捷键不需要点击命令行后再输入命令，可以直接输入命令，命令行中会显示输入的快捷键。同一个命令多次重复操作时，不需要每次都输入快捷键，只需要按下空格键就可以直接执行命令。选取工具的运用在绘图中也是常见的基本操作。掌握这些基本操作会大大提升绘图效率。

学习目标与重难点

学习目标	学习绘图区放大、缩小、平移，命令行输入方法，选取工具的使用方法
学习重点和难点	掌握命令行输入方法(重点)
	掌握选取工具使用方法(重点)
	掌握鼠标中键的使用方法(难点)
	能够灵活运用命令行，掌握选取工具的使用技巧(难点)

任务实施

1. 绘图区操作：放大、缩小、平移

(1)绘图区域如图 6-20 所示，范围为整个黑色区域，左下角有一个表示坐标系的图标，图

中箭头分别指示 X 轴和 Y 轴的正方向。放大、缩小、平移是在这个区域实现的。

(2)绘图区域放大、缩小:使用鼠标滚轮前后滚动实现绘图区域的放大缩小。

(3)绘图区域平移:按住鼠标中键滚轮,移动鼠标实现绘图区域的平移。

2. 命令的输入和终结方式

(1)点击相应的绘图工具图标直接激活命令,如图 6-21 所示。

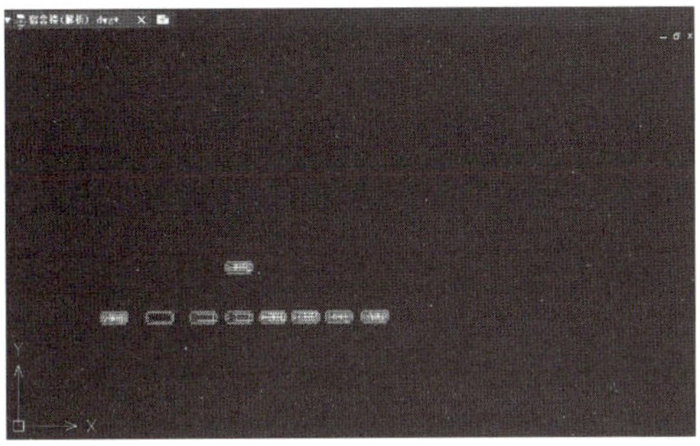

图 6-20　绘图区

图 6-21　绘图工具栏

(2)在命令行输入快捷命令,按确认键激活命令,如图 6-22 所示。

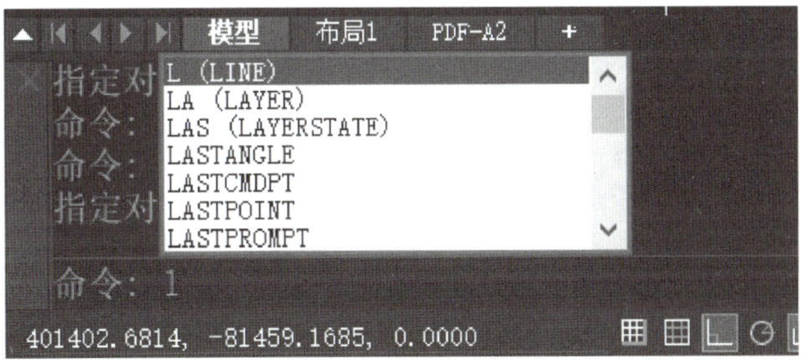

图 6-22　命令行输入

(3)确认有三种方式:空格键、Enter 键、右键单击确认(见图 6-23)。终结命令同样按确认键。

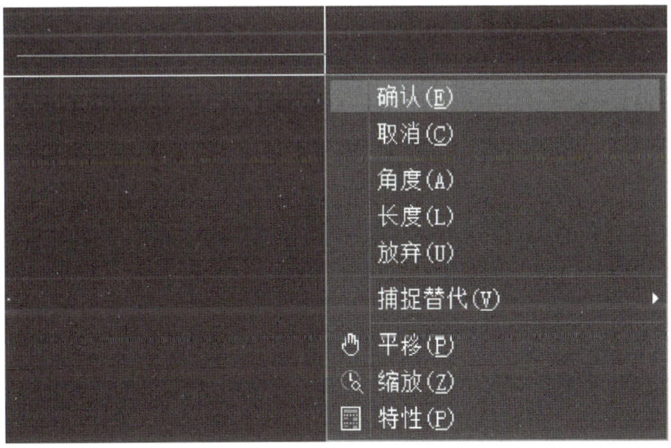

图 6-23　右键单击确认

3. CAD 软件中选择对象的方式

(1)点选:光标移动到物体上显示虚线后直接点击鼠标左键完成点选,如图 6-24 所示。

(2)框选：鼠标在物体左上角点击，向右下角框选想要选取的物体，再次点击完成框选，如图 6-25 所示。

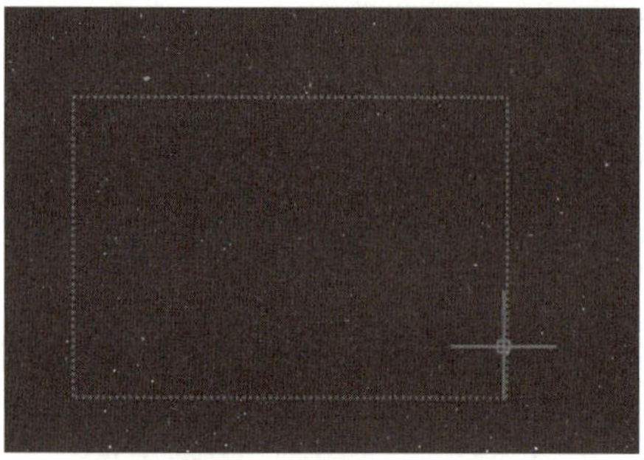

图 6-24　点选

图 6-25　框选

(3)交叉选：鼠标在物体右下角点击，向左上角框选想要选取的物体，再次点击完成交叉选，如图 6-26 所示。完成选取后图形会显示蓝色夹点，如图 6-27 所示。

图 6-26　交叉选

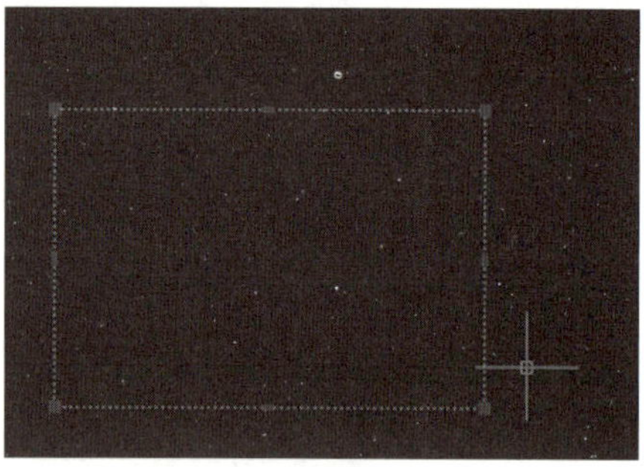

图 6-27　选取结果

注：点选表现形式为虚线；框选为蓝色实线框，选取时图元要在选框内；交叉选为绿色虚线框，只要碰到图元即可选取。

4. 撤销与重做

(1)绘图中出现错误需要返回上一步或者取消前面多个操作时，点击标准工具栏中的撤销按钮，如图 6-28 所示。

图 6-28　撤销与重做

(2)使用快捷命令 Ctrl+Z 或者输入命令 U 也可撤销，撤销多个操作可反复使用命令。

(3)重做点击标准工具栏中的重做按钮。

任务小结

CAD 基本操作中必须熟练掌握绘图区的放大、缩小、平移，以及选取物体的方式，为后续作图打下基础。

项目 7　CAD 基础命令

7.1　直线类命令

课前学习

(1)通过中望教育云平台了解中望 CAD 软件功能。

(2)了解直线、构造线、多线、多段线命令的使用方法。

课堂学习任务

(1)运用直线命令绘制长方形书桌,如图 7-1 所示。

直线命令是 CAD 绘图中最简单、最基础的二维绘图命令,该命令可以一次绘制一条直线,也可以连续绘制多条直线,连续绘制的多条线段不是一个整体而是独立线段。

①长方形书桌尺寸:长 2000 mm,宽 600 mm。

②用直线命令结合相对坐标绘制书桌。

③用直线命令数值输入法绘制书桌。

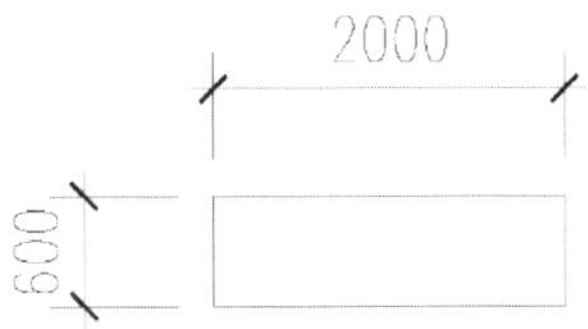

图 7-1　长方形书桌

(2)运用构造线命令绘制轴网,如图 7-2 所示。

构造线是两端无限延长的直线,常用于辅助绘图,多用于辅助绘制轴网、三视图。墙体轴线横向间距 3500、4000、3000、2500,竖向间距 2500、3000、4000、3000。

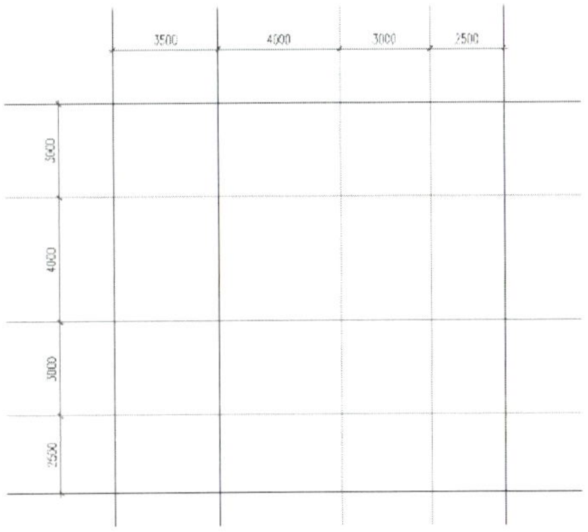

图 7-2　轴网

(3)运用多线命令绘制墙体,如图 7-3 所示。

多线只能绘制直线段组成的平行线,不能绘制弧形的平行线。绘制的多线是一个整体,不能对其进行偏移、倒角、延伸、剪切等编辑操作,只能在使用分解命令后才能编辑。多线多用于墙体和窗户。本任务中外墙 240 mm、内墙 120 mm，在绘制墙体前要先设置 240、120 墙体的样式。

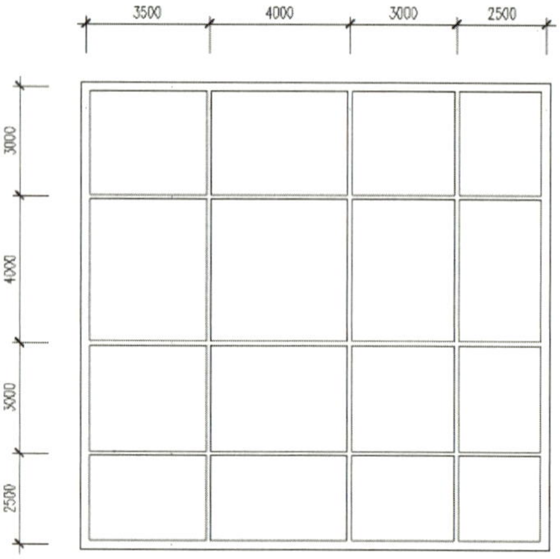

图 7-3　墙体

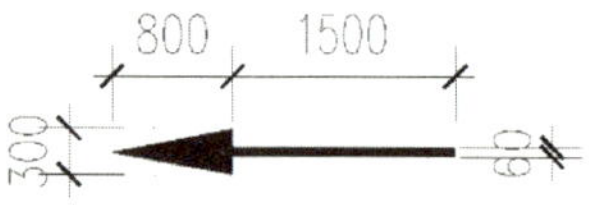

图 7-4　箭头

(4)使用多段线命令绘制箭头，如图 7-4 所示。

多段线是 CAD 中特有的一个概念，所谓多段线就是由多条直线或圆弧连接成的一条线。它是一个独立完整的图形对象。在 CAD 中不论它有多少个点或段，均为一个整体，不能对其中的某一段进行单独编辑。要想单独对其中的某一部分进行编辑，必须先分解。本学习任务中箭头的尺寸：箭头的顶端宽度为 0，尾部宽度为 300 mm，长度为 800 mm。箭头直线部分的宽度为 60 mm，长度为 1500 mm。

学习目标与重难点

学习目标	掌握直线类命令使用方法
学习重点和难点	了解直线、构造线、多线、多段线的概念及功能特点(重点)
	掌握直线、构造线、多线、多段线命令操作步骤(重点)
	灵活运用直线类命令绘制图形(难点)

任务实施

1. 绘制长方形书桌

(1)用直线命令结合相对坐标绘制书桌：在命令行输入快捷命令“L”，在绘图区用鼠标左键任意单击一点，指定为第一点。具体操作步骤如下：

```
命令:L
LINE
指定第一个点:
指定下一点或 [角度(A)/长度(L)/放弃(U)]: @ 2000,0
指定下一点或 [角度(A)/长度(L)/放弃(U)]: @ 0,600
指定下一点或 [角度(A)/长度(L)/闭合(C)/放弃(U)]: @ -2000,0
指定下一点或 [角度(A)/长度(L)/闭合(C)/放弃(U)]: C
```

(2)用直线命令数值输入法绘制书桌：输入快捷命令“L”，在绘图区用鼠标左键任意单击一点，指定为第一点。具体操作步骤如下：

```
命令：L
LINE
指定第一个点：
指定下一点或 [角度(A)/长度(L)/放弃(U)]：2000
指定下一点或 [角度(A)/长度(L)/放弃(U)]：600
指定下一点或 [角度(A)/长度(L)/闭合(C)/放弃(U)]：2000
指定下一点或 [角度(A)/长度(L)/闭合(C)/放弃(U)]：C
```

这里主要讲解了两种用直线命令绘制书桌的方法，如图 7-5 所示，两种绘制方法绘制出的图形都是分解的图形，不是一个整体，可以直接编辑。

图 7-5　长方形书桌

2. 绘制轴网

首先抄绘轴线间距尺寸，使用快速标注将横向、竖向轴线尺寸抄绘完成。输入构造线快捷命令“XL”，按空格键后在命令行输入竖直快捷命令“V”，当命令行出现定位时，直接单击绘图区竖向尺寸标注线 2500、3000、4000、3000 的位置，完成后按“Esc”键结束所有命令操作。再次输入构造线快捷命令“XL”，按空格键后输入水平快捷命令“H”，当命令行出现定位时，直接单击绘图区横向尺寸标注线 3500、4000、3000、2500 的位置。完成轴网绘制，如图 7-6 所示。竖向、横向轴网辅助线命令行操作显示如下：

```
命令：XL
XLINE
指定构造线位置或  [等分(B)/水平(H)/竖直(V)/角度(A)/偏移(O)]：V
定位：
定位：
定位：
定位：
定位：
命令：XL
XLINE
指定构造线位置或  [等分(B)/水平(H)/竖直(V)/角度(A)/偏移(O)]：H
定位：
定位：
定位：
定位：
定位：
```

3. 绘制墙体

(1)使用多线命令绘制墙体时，需要先设置多线样式。输入快捷命令“MLST”打开多线面板，点击“添加”按钮，弹出“创建新多线样式”对话框，在“新样式名称”栏输入“q240”，如图 7-7 所示。点击“继续”，弹出“修改多线样式：q240”对话框，在元素下方先选中偏移下的数值行，在“偏移(S)”栏输入数值“120”，如图 7-8 所示。用同样的方法将另外一条边的数值设置为“－120”，至此 240 墙体的多线样式设置完成，如图 7-9 所示。

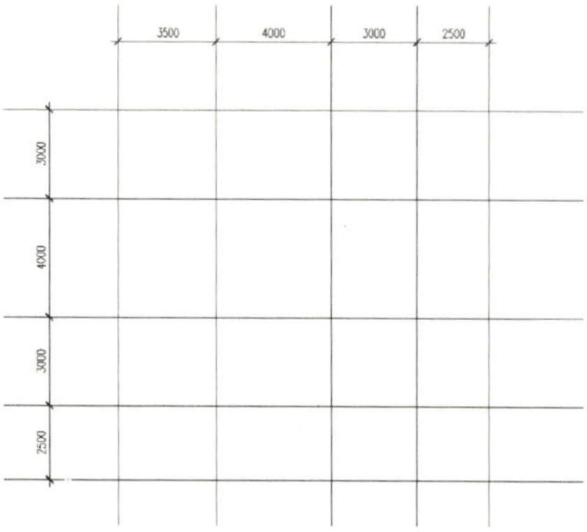

图 7-6　轴网

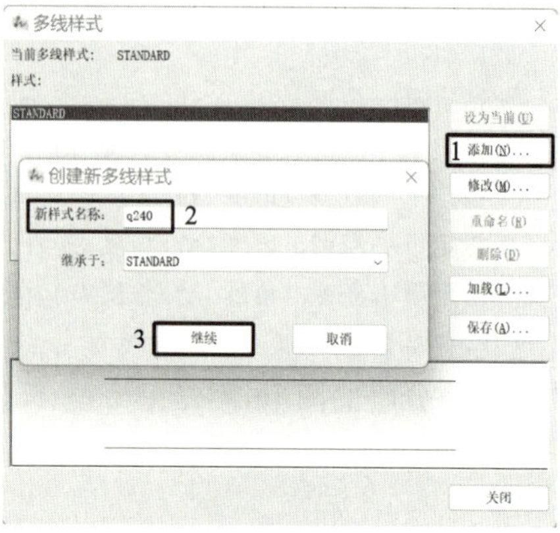

图 7-7　添加多线样式并命名

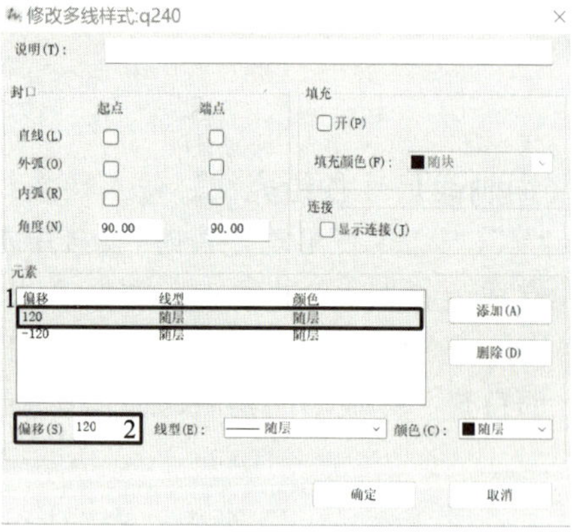

图 7-8　设置墙体多线样式参数

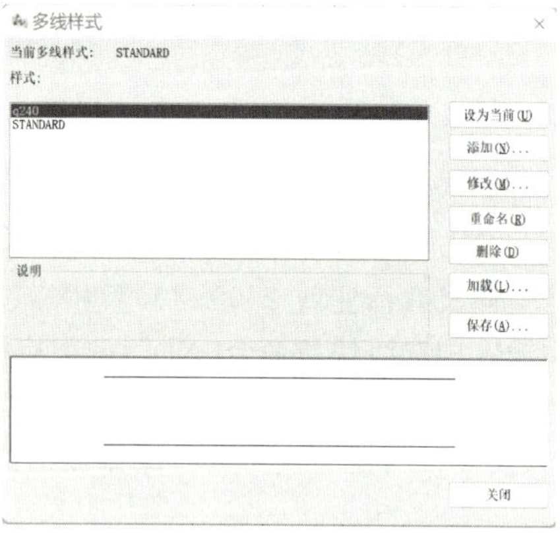

图 7-9　完成多线样式设置

(2)240 墙体多线样式设置完成后，输入快捷命令“ML”，按空格键激活命令，在命令行选择“对正”或者输入快捷命令“J”，输入对正类型为“居中”或者输入快捷命令“Z”。当前是在 1∶1状态，不需要设置比例。指定样式，在绘图中会一次设置窗、门等不同的多线样式，所以在这里需要输入要使用的多线样式名称“q240”。设置完成后根据尺寸开始绘制 240 墙体，最后闭合时输入快捷命令“C”，图形将自动闭合。命令行操作步骤如下：

```
命令：ML
MLINE
当前设置：对正 = 上，比例 = 1.0000，样式 = STANDARD
指定起点或 [对正(J)/比例(S)/样式(ST)]：J
输入对正类型 [上(T)/无(Z)/下(B)] <上>：Z
当前设置：对正 = 无，比例 = 1.0000，样式 = STANDARD
指定起点或 [对正(J)/比例(S)/样式(ST)]：ST
输入多线样式名或 [?]：q240
当前设置：对正 = 无，比例 = 1.0000，样式 = q240
指定起点或 [对正(J)/比例(S)/样式(ST)]：
指定下一点：
指定下一点或[闭合(C)/撤销(U)]：C
```

240外墙绘制完成,如图7-10所示。

(3)120内墙绘制方法与240外墙绘制方法一致。设置多线偏移参数为60、-60。内墙绘制完成如图7-11所示。提示:内墙由多条多线组成,这里我们绘制一条多线后,后续相同的内墙绘制只需要按空格键即可继续操作,不需要再次输入快捷命令"ML"。

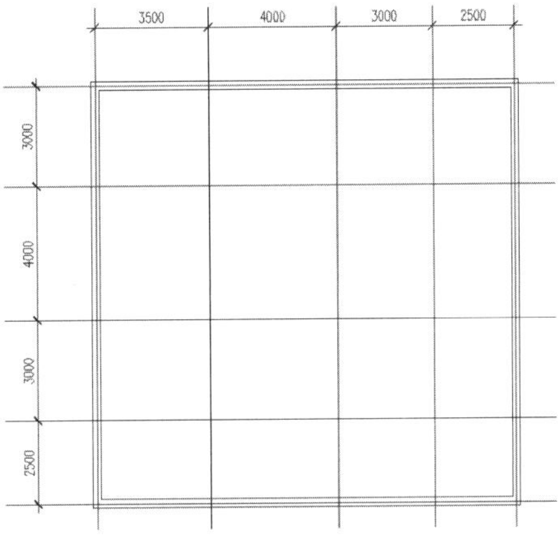

图7-10 外墙绘制

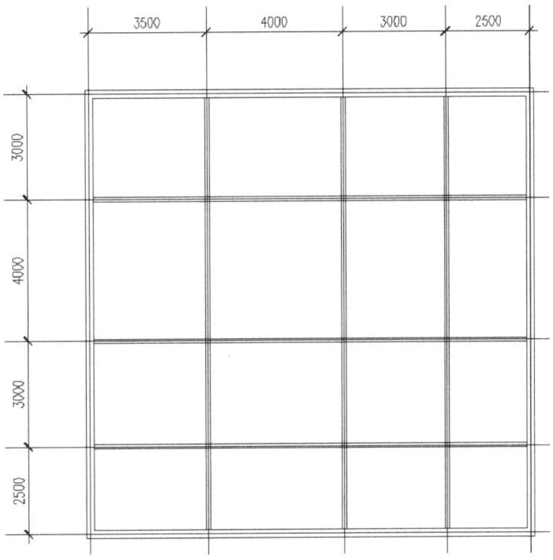

图7-11 内墙绘制

(4)墙体绘制完成需要使用多线编辑工具打通墙体。这里不需要输入任何快捷命令,鼠标左键双击墙体会弹出"多线编辑工具"对话框,如图7-12所示,根据编辑图形对象的需要对应选择编辑工具,一次完成相同编辑。这里先点击"T形打开",然后在图中先点击120内墙线再点击240外墙线就完成了编辑,如图7-13所示。点击"十字打开"编辑工具后,分别点击两条相交的墙线即可打通内墙线,如图7-14所示。

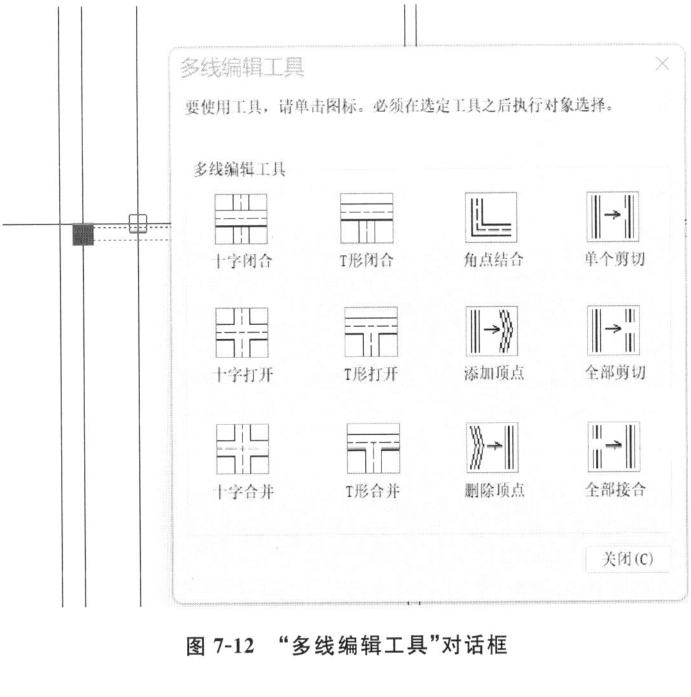

图7-12 "多线编辑工具"对话框

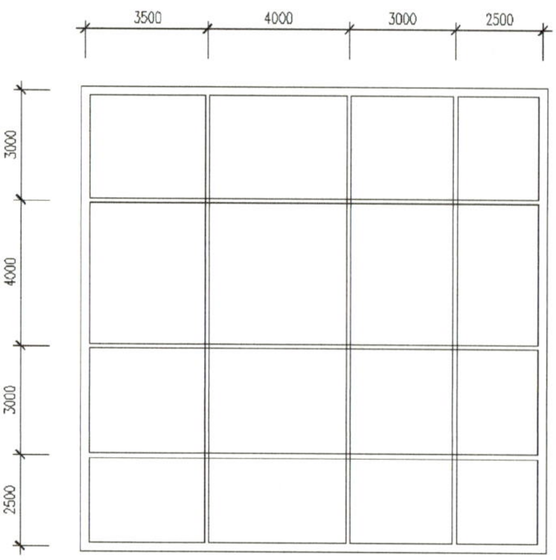

图 7-13　打通内外墙线

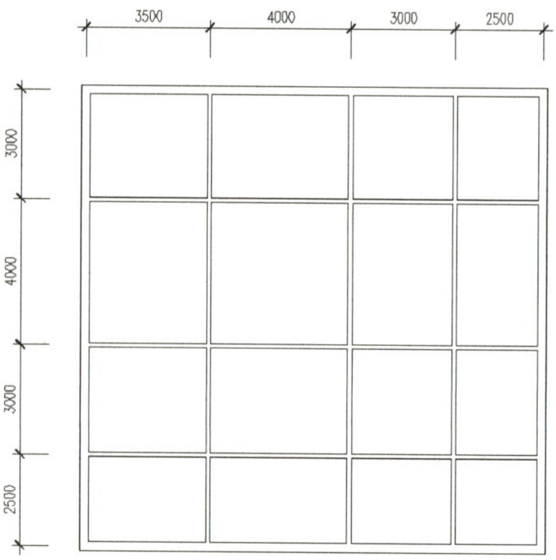

图 7-14　打通内墙线

4. 绘制箭头

使用多段线命令绘制箭头，在命令行输入多段线快捷命令“PL”，空格，在绘图区任意单击，指定线段起点。输入快捷命令“W”，设置起点线宽为“0”，空格，设置终点线宽为“300”，空格；再输入快捷命令“L”，指定箭头的长度为“800”，空格，完成箭头前半部分。不要结束命令，接着输入快捷命令“W”，指定箭头后半部分直线的线宽，起点为“60”，空格，终点为“60”，空格；输入快捷命令“L”，指定直线长度为“1500”，空格，再次按空格键结束命令。至此箭头绘制完成，如图 7-15 所示。命令行操作步骤如下：

图 7-15　箭头

```
命令：PL
PLINE
指定多段线的起点或<最后点>：
当前线宽是 0.0
指定下一点或 [圆弧(A)/半宽(H)/长度(L)/撤销(U)/宽度(W)]：W
指定起始宽度<0.0>：0
指定终止宽度<0.0>：300
指定下一点或 [圆弧(A)/半宽(H)/长度(L)/撤销(U)/宽度(W)]：L
指定直线的长度：800
指定下一点或 [圆弧(A)/闭合(C)/半宽(H)/长度(L)/撤销(U)/宽度(W)]：W
指定起始宽度<300.0>：60
指定终止宽度<60.0>：60
指定下一点或 [圆弧(A)/闭合(C)/半宽(H)/长度(L)/撤销(U)/宽度(W)]：1500
指定下一点或 [圆弧(A)/闭合(C)/半宽(H)/长度(L)/撤销(U)/宽度(W)]：
```

任务小结

直线类命令的学习包含了解直线、构造线、多线、多段线的概念及功能特点，掌握命令的快捷使用方法，能够运用上述直线类命令完成平面图中的墙体以及箭头符号的绘制。

任务拓展

运用直线类命令绘制服装专卖店平面布置图，如图 7-16 所示。要求按照绘制平面图的顺序进行绘制，设置绘图环境、图形单位、图层、标注样式、文字样式等。

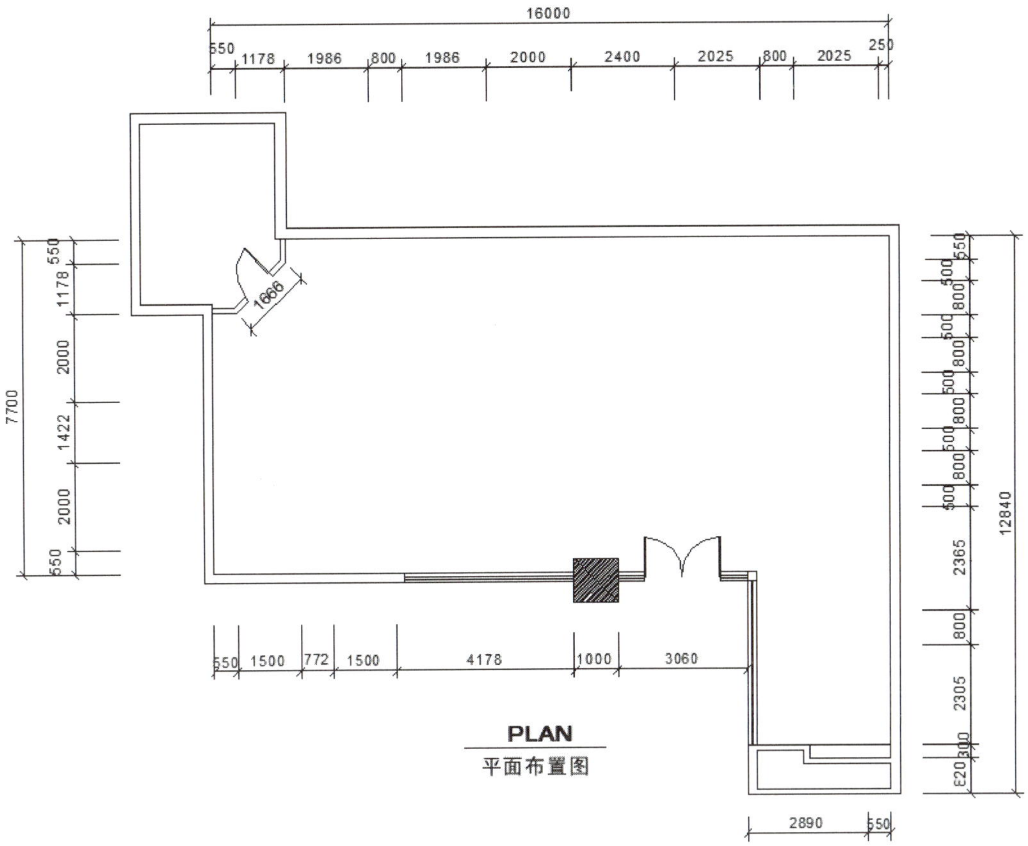

图 7-16　服装专卖店平面布置图

7.2 圆类命令

课前学习

(1)通过中望教育云平台了解中望 CAD 软件功能。

(2)了解圆、圆弧、圆环命令的使用方法。

课堂学习任务

圆命令是 CAD 绘图中最简单、最基础的二维绘图命令之一，绘制圆的图形主要使用圆、圆弧、圆环等命令。

(1)绘制指北针，如图 7-17 所示。

①绘制直径为 2400 mm 的圆；

②绘制顶端宽度为 0、底部宽度为 300 mm 的指针。

(2)运用圆弧命令绘制门,如图 7-18 所示。

①绘制 800×40 矩形;

②绘制圆弧。

(3)绘制圆环,如图 7-19 所示。

图 7-17　指北针

图 7-18　门

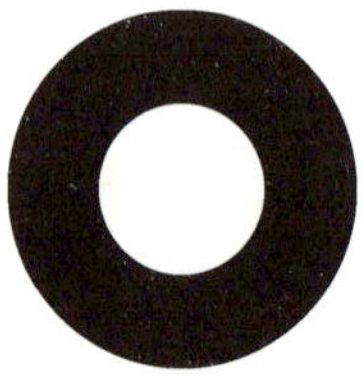

图 7-19　圆环

学习目标与重难点

学习目标	掌握圆类命令使用方法
学习重点和难点	了解圆、圆环、圆弧概念及功能特点(重点)
	掌握圆、圆环、圆弧命令操作方法(重点)
	灵活运用圆类命令绘制平面图形(难点)

任务实施

1. 绘制指北针

(1)绘制圆形,输入快捷命令“C”,空格,在绘图区指定任意一点为圆的中心点,输入直径 D,空格,输入指北针圆的直径 2400 mm,空格,完成圆形绘制。也可以输入圆的半径 1200 mm。命令行操作步骤如下:

```
命令: C
CIRCLE
指定圆的圆心或 [三点(3P)/两点(2P)/切点、切点、半径(T)]:
指定圆的半径或 [直径(D)] <1200.0000> :D
指定圆的直径<2400.0000> :2400
```

(2)运用多段线命令绘制指针。首先需要打开“对象捕捉”,当无法指定起点时,需要打开“草图设置”对话框,在“对象捕捉”选项卡下点击“全部选择”,如图 7-20 所示。输入快捷命令“PL”,空格,指定起点,如图 7-21 所示。点击捕捉到的顶点,输入 W(线宽),空格,指定起始宽度为“0”,空格,指定终止宽度为“300”,空格,点击终点完成指北针绘制,如图 7-22 所示。命令行操作步骤如下:

```
命令:PL
PLINE
指定多段线的起点或<最后点> :
当前线宽是 300.0000
指定下一点或 [圆弧(A)/半宽(H)/长度(L)/撤销(U)/宽度(W)]: W
指定起始宽度<300.0000> : 0
指定终止宽度<0.0000> : 300
指定下一点或 [圆弧(A)/半宽(H)/长度(L)/撤销(U)/宽度(W)]:
指定下一点或 [圆弧(A)/闭合(C)/半宽(H)/长度(L)/撤销(U)/宽度(W)]:
```

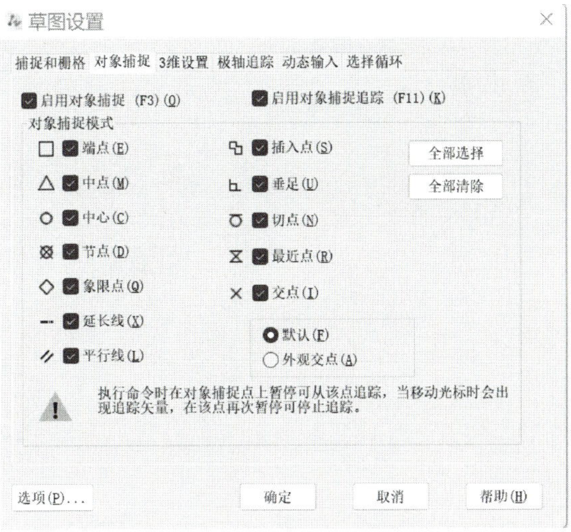

图 7-20 对象捕捉选项卡

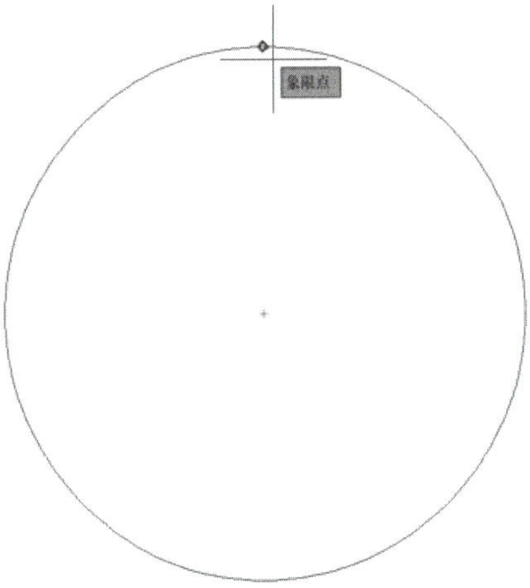

图 7-21 捕捉圆顶点

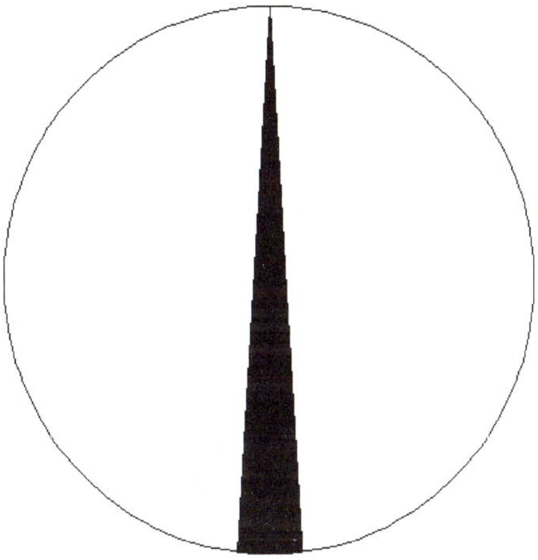

图 7-22 指北针图形

2. 绘制门

(1)绘制矩形。这里我们使用直线命令，输入直线快捷命令“L”，在绘图区指定起点，依次输入 800，空格，40，空格，800，空格，C，空格，闭合图形，如图 7-23 所示。命令行操作步骤如下：

命令：L
LINE
指定第一个点：
指定下一点或 [角度(A)/长度(L)/放弃(U)]：800
指定下一点或 [角度(A)/长度(L)/放弃(U)]：40
指定下一点或 [角度(A)/长度(L)/闭合(C)/放弃(U)]：800
指定下一点或 [角度(A)/长度(L)/闭合(C)/放弃(U)]：C

(2)绘制圆弧。输入圆弧快捷命令“A”，空格，C，空格，指定圆弧的起点、端点、终点，绘制出门的弧度，如图 7-24 所示。命令行操作步骤如下：

```
命令：A
ARC
指定圆弧的起点或 [圆心(C)]：C
指定圆弧的圆心：
指定圆弧的起点：
指定圆弧的端点或 [角度(A)/弦长(L)]：
```

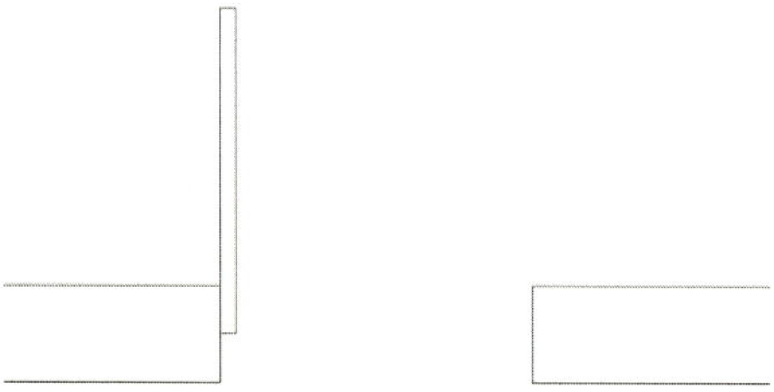

图 7-23　绘制矩形

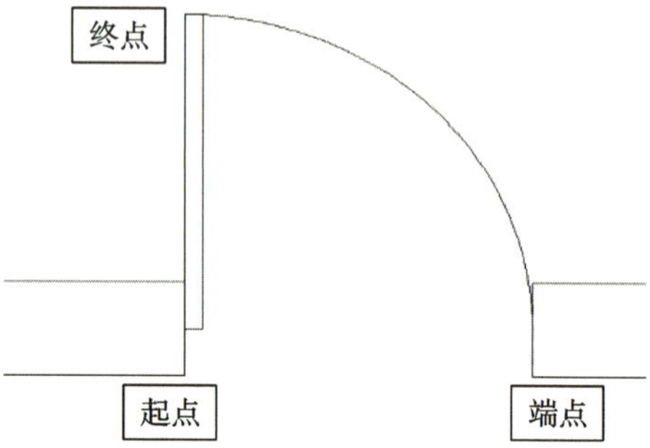

图 7-24　绘制圆弧

3. 绘制圆环

使用圆环命令(DO)可以绘制空心的圆环(见图 7-25)和实心圆(见图 7-26)。

```
命令：DO
DONUT
指定圆环的内径<0.5000> ：200
指定圆环的外径<1.0000> ：800
指定圆环的中心点或<退出> ：
```

图 7-25　绘制空心圆环

图 7-26　绘制实心圆

```
命令：DO
DONUT
指定圆环的内径<200.0000> ：0
指定圆环的外径<800.0000> ：500
指定圆环的中心点或<退出> ：
```

任务小结

圆类命令主要用在平面图的绘制中，有圆弧、圆、圆环，主要用于门、轴线、指北针的绘制，主要应掌握快捷命令的使用。

任务拓展

运用圆类命令绘制马桶，如图 7-27 所示。任务要求：搜集马桶数据，按照绘图步骤，根据实际案例完成马桶绘制。

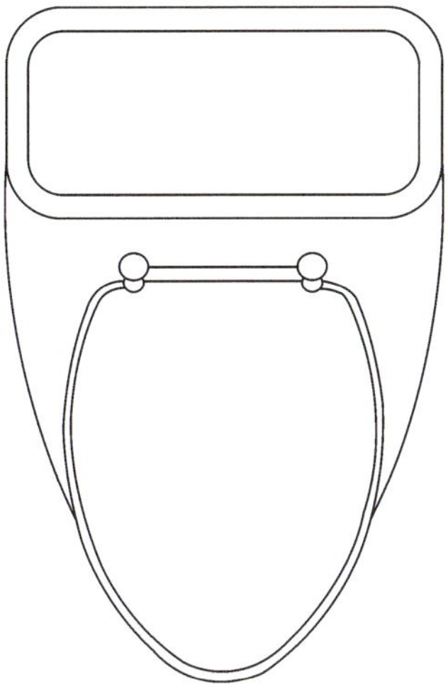

图 7-27 绘制马桶

7.3 矩形、多边形、填充命令

课前学习

(1)通过中望教育云平台了解中望 CAD 软件功能。

(2)了解矩形、多边形、填充命令的使用方法。

课堂学习任务

(1)绘制矩形。

掌握直角矩形、倒直角矩形、倒圆角矩形的绘制方法和矩形线宽的设置。

①绘制 800×400 直角矩形,如图 7-28 所示。

②绘制 800×400 的倒直角矩形,如图 7-29 所示。

③绘制 800×400 的倒圆角矩形,如图 7-30 所示。

④绘制 800×400 的倒圆角矩形,设置线宽为 30,如图 7 31 所示。

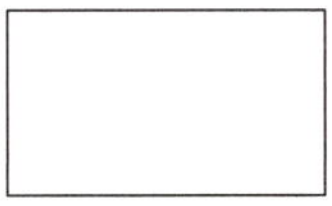

图 7-28 直角矩形

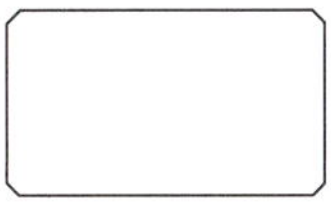

图 7-29 倒直角矩形

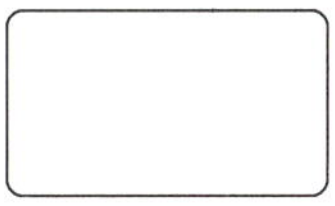

图 7-30 倒圆角矩形

图 7-31 倒圆角矩形设置线宽

(2)绘制多边形。

①采用边长方式绘制正五边形,边长为 1000 mm,如图 7-32 所示。

②采用外切圆的方式绘制正六边形,如图 7-33 所示。

(3)填充。

图案填充有三种形式:孤岛普通样式填充(见图 7-34)、孤岛外部样式填充(见图 7-35)、孤岛忽略样式填充(见图 7-36)。掌握用户自定义、预定义类型。

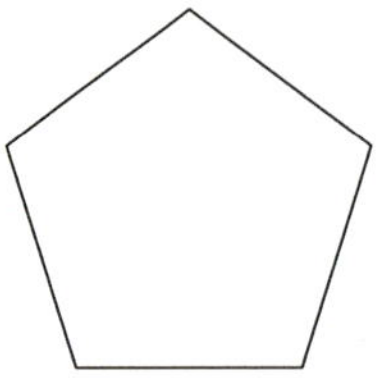

图 7-32　正五边形

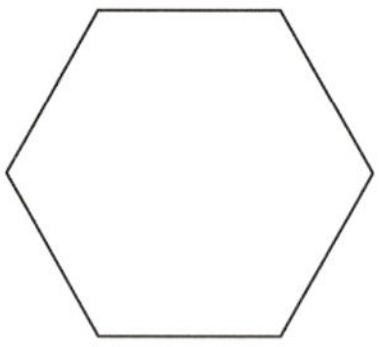

图 7-33　正六边形

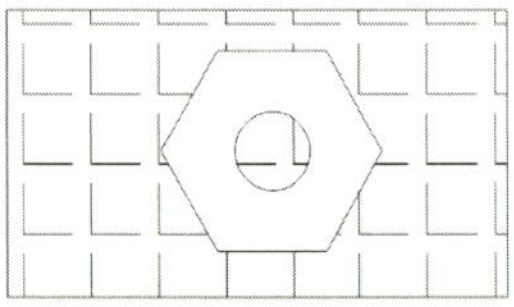

图 7-34　孤岛普通样式填充

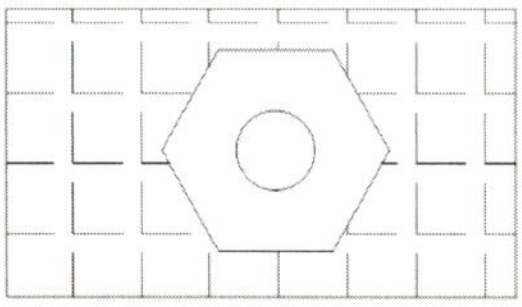

图 7-35　孤岛外部样式填充

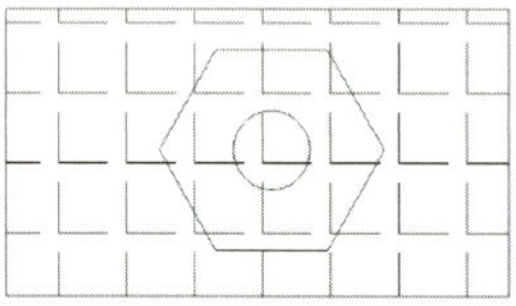

图 7-36　孤岛忽略样式填充

学习目标与重难点

学习目标	掌握矩形、多边形、填充命令使用方法
学习重点和难点	了解矩形、多边形、填充的概念及功能特点（重点）
	掌握矩形、多边形、填充命令操作步骤（重点）
	灵活运用矩形、多边形、填充命令绘制平面图形（难点）

任务实施

1. 绘制矩形

矩形命令（REC）除了绘制常规直角矩形，还可以绘制倒直角或倒圆角的矩形。

（1）绘制直角矩形，尺寸 800×400，如图 7-37 所示。命令行操作步骤如下：

```
命令：REC
RECTANG
指定第一个角点或 [倒角 (C)/标高 (E)/圆角 (F)/正方形 (S)/厚度 (T)/宽度 (W)]:
指定其他的角点或 [面积 (A)/尺寸 (D)/旋转 (R)]: D
输入矩形长度<800.0000> :
输入矩形宽度<400.0000> :
空格结束命令
```

图 7-37　直角矩形

(2)绘制倒直角矩形,尺寸 800×400,直角尺寸 60,如图 7-38 所示。命令行操作步骤如下:

命令:REC

RECTANG

指定第一个角点或 [倒角(C)/标高(E)/圆角(F)/正方形(S)/厚度(T)/宽度(W)]: C

指定所有矩形的第一个倒角距离<60.0000> :

指定所有矩形的第二个倒角距离<60.0000> :

指定第一个角点或 [倒角(C)/标高(E)/圆角(F)/正方形(S)/厚度(T)/宽度(W)]:

指定其他的角点或 [面积(A)/尺寸(D)/旋转(R)]: D

输入矩形长度<800.0000> :

输入矩形宽度<400.0000> :

空格结束命令

图 7-38 倒直角矩形

(3)绘制倒圆角矩形,尺寸 800×400,圆角距离 60,如图 7-39 所示。命令行操作步骤如下:

命令: REC

RECTANG

当前矩形模式: 圆角= 60.0000

指定第一个角点或 [倒角(C)/标高(E)/圆角(F)/正方形(S)/厚度(T)/宽度(W)]: F

指定所有矩形的圆角距离<60.0000> :

指定第一个角点或 [倒角(C)/标高(E)/圆角(F)/正方形(S)/厚度(T)/宽度(W)]:

指定其他的角点或 [面积(A)/尺寸(D)/旋转(R)]: D

输入矩形长度<800.0000> :

输入矩形宽度<400.0000> :

空格结束命令

图 7-39 倒圆角矩形

(4)绘制倒圆角矩形,线宽设置 30,尺寸 800×400,圆角距离 60,如图 7-40 所示。命令行操作步骤如下:

命令:REC
RECTANG
当前矩形模式: 圆角= 60.0000
指定第一个角点或 [倒角 (C)/标高 (E)/圆角 (F)/正方形 (S)/厚度 (T)/宽度 (W)]: W
指定矩形宽度或 [多段线宽缺省值 (D)]<0.0000> : 30
指定第一个角点或 [倒角 (C)/标高 (E)/圆角 (F)/正方形 (S)/厚度 (T)/宽度 (W)]: F
指定所有矩形的圆角距离<60.0000> :
指定第一个角点或 [倒角 (C)/标高 (E)/圆角 (F)/正方形 (S)/厚度 (T)/宽度 (W)]:
指定其他的角点或 [面积 (A)/尺寸 (D)/旋转 (R)]: D
输入矩形长度<800.0000> :
输入矩形宽度<400.0000> :
空格结束命令

图 7-40　倒圆角矩形设置线宽

2. 绘制多边形

正多边形(POL)命令可以绘制有 3～1024 条边的正多边形。有三种绘制方式,分别是边长方式、外切圆方式、内接圆方式。

(1)绘制正五边形(边长方式),设置边长为 1000 mm,如图 7-41 所示。命令行操作步骤如下:

命令: POL
POLYGON
输入边的数目<5> 或 [多个 (M)/线宽 (W)]: 5
指定正多边形的中心点或 [边 (E)]: E
指定边的第一个端点:
指定边的第二个端点: 1000
空格结束命令

(2)绘制正六边形(外切圆方式),外切圆半径为 1000 mm,如图 7-42 所示。命令行操作步骤如下:

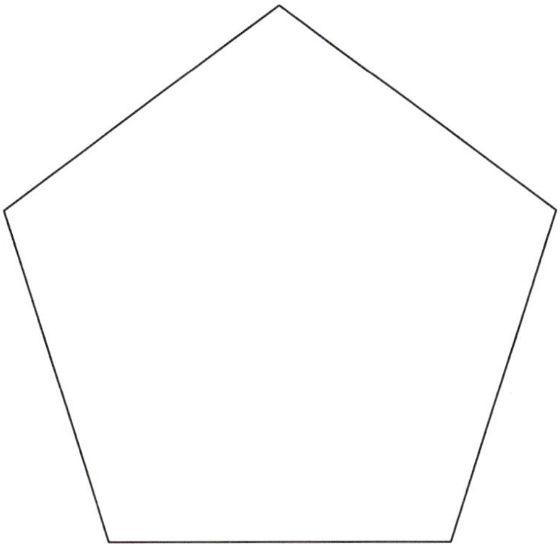

图 7-41　正五边形

命令：POL

POLYGON

输入边的数目<5> 或 [多个(M)/线宽(W)]：6

指定正多边形的中心点或 [边(E)]：

输入选项 [内接于圆(I)/外切于圆(C)] <C> ：C

指定圆的半径：1000

空格结束命令

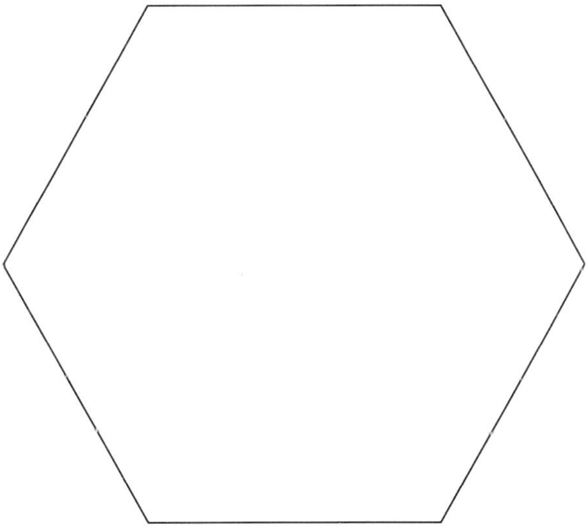

图 7-42　正六边形

3. 填充

图案填充(H)命令可以对图形中的某些指定区域进行图案填充，系统提供了多种预定义图案以供选择，用户也可以自定义，例如填充地面砖等，用户可以自己设置尺寸大小。

(1)孤岛普通样式填充面板如图 7-43 所示，填充效果如图 7-44 所示。命令行操作步骤如下：

命令：H

BHATCH

拾取内部点或[选择对象(S)/删除边界(B)]:

正在选择所有可见对象...

正在分析所选数据...

正在分析内部孤岛...

拾取内部点或[选择对象(S)/删除边界(B)/放弃(U)]:

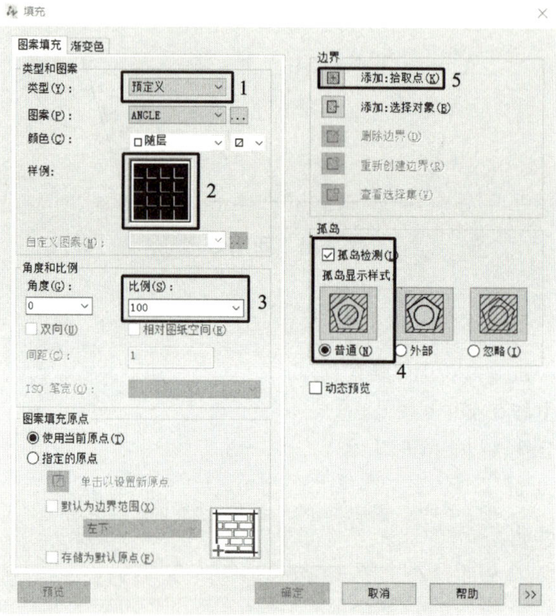

图 7-43　孤岛普通样式填充面板

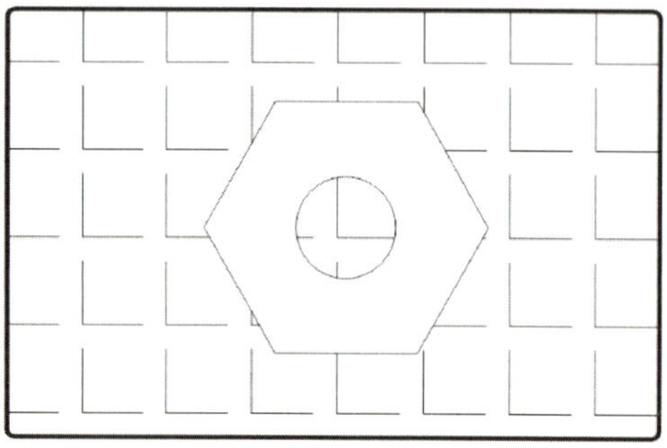

图 7-44　预定义填充普通模式

(2)孤岛外部样式填充面板如图 7-45 所示，填充效果如图 7-46 所示。命令行操作步骤如下：

命令：H

BHATCH

拾取内部点或[选择对象(S)/删除边界(B)]:

正在选择所有可见对象...

正在分析所选数据...

正在分析内部孤岛...

拾取内部点或[选择对象(S)/删除边界(B)/放弃(U)]:

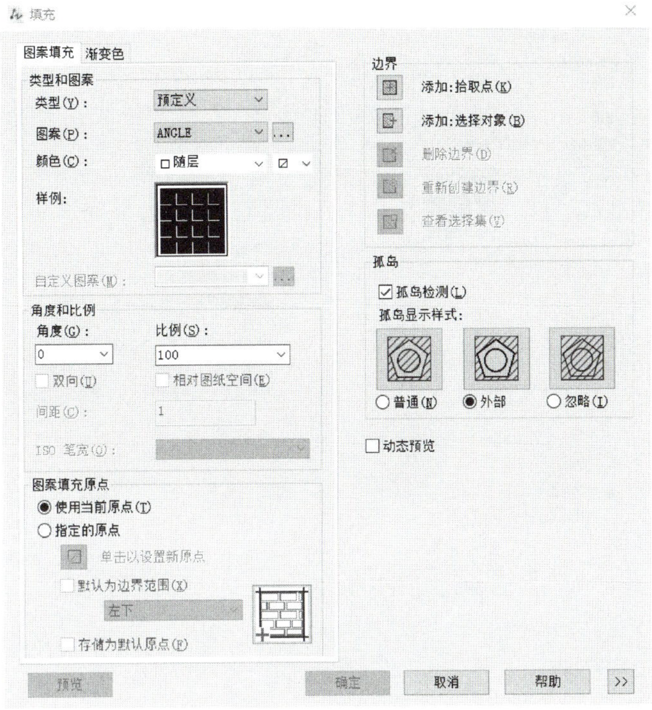

图 7-45　孤岛外部样式填充面板

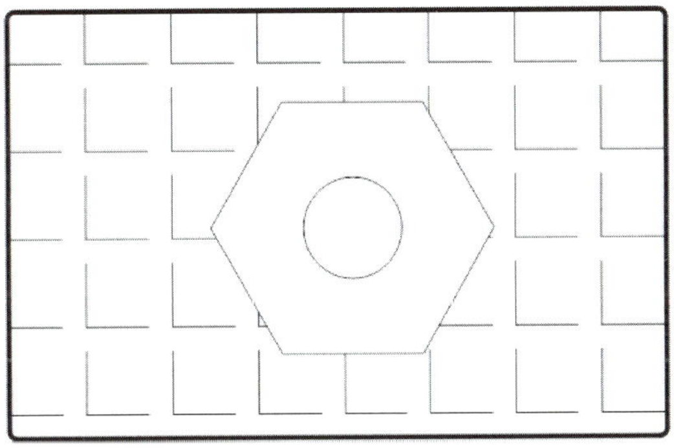

图 7-46　预定义填充外部模式

(3)孤岛忽略样式填充面板如图 7-47 所示，填充效果如图 7-48 所示。命令行操作步骤如下：

命令：H

BHATCH

拾取内部点或[选择对象(S)/删除边界(B)]：

正在选择所有可见对象...

正在分析所选数据...

正在分析内部孤岛...

拾取内部点或[选择对象(S)/删除边界(B)/放弃(U)]：

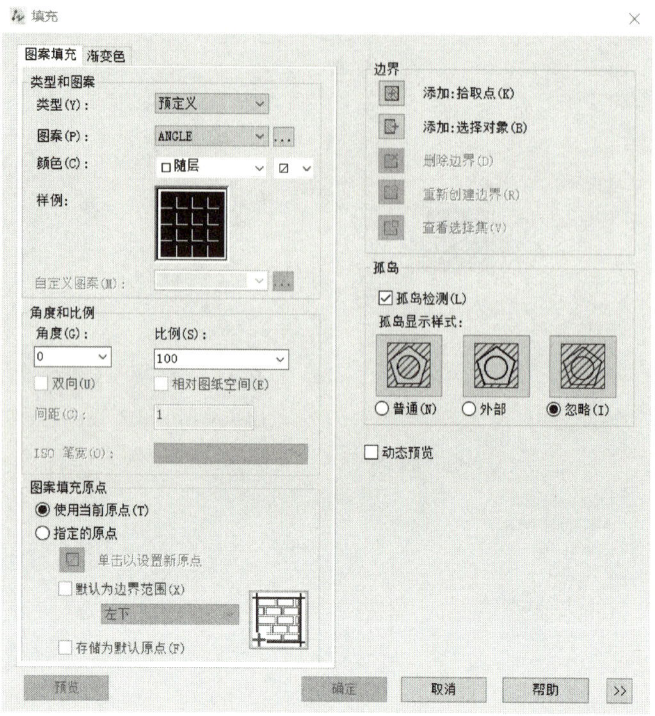

图 7-47　孤岛忽略样式填充面板

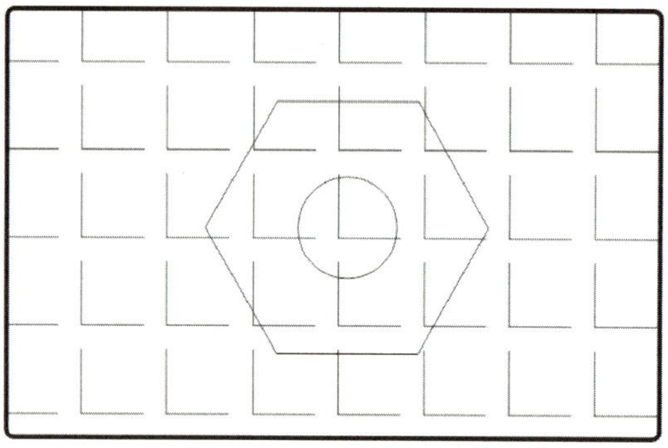

图 7-48　预定义填充忽略模式

任务小结

绘制矩形时注意查看命令行提示，倒角在命令行都有提示，根据提示输入快捷命令和数值即可。填充图案在选择拾取点时要注意选取物体应是闭合状态，没有闭合的图形使用选取点的方式没办法完全填充图案。

任务拓展

了解地面铺装内容、建筑装饰材料、规格等，根据房屋面积、使用功能进行合理设计。可以临摹图 7-49 所示案例，也可以通过案例学习重新进行构思设计。

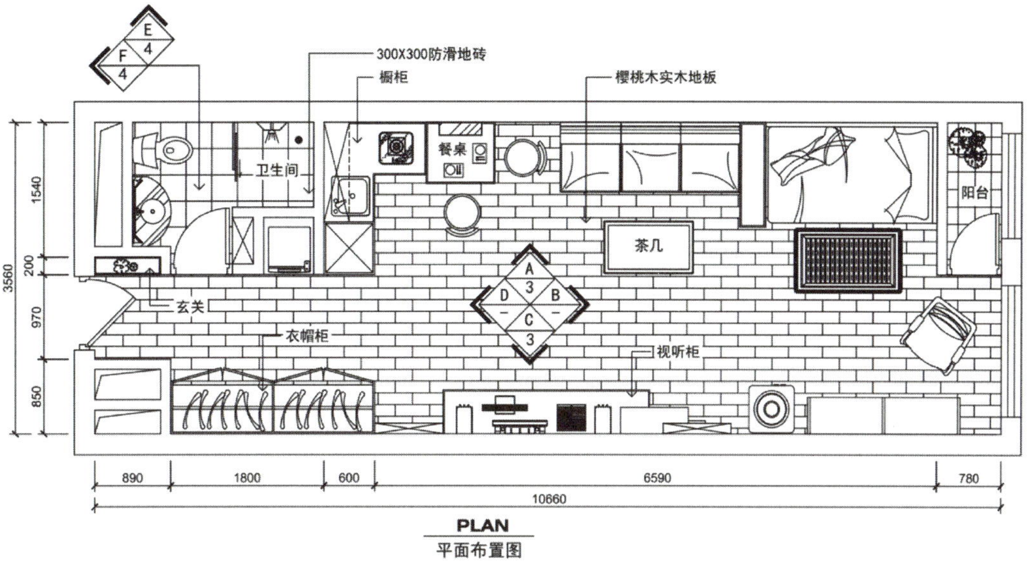

图 7-49　地面铺装图

7.4　移动、复制、旋转命令

课前学习

(1)通过中望教育云平台了解中望 CAD 软件功能。

(2)了解移动、复制、旋转命令的使用方法。

课堂学习任务

CAD 软件在强大的绘图功能基础上，还具有丰富的图形编辑功能，包括对图形进行移动、复制、旋转等操作。本任务介绍这几种图形编辑命令的使用方法。

学习目标与重难点

学习目标	掌握移动、复制、旋转命令使用方法
学习重点和难点	了解移动、复制、旋转的概念及功能特点(重点)
	掌握移动、复制、旋转命令操作步骤(重点)
	灵活运用移动、复制、旋转命令辅助绘图(难点)

任务实施

1. 移动命令

移动命令(MOVE)可以将选择的物体移动到新的位置。移动命令是 CAD 绘图中常使用的基础的编辑命令。移动操作如图 7-50、图 7-51 所示。

以基点移动物体，操作步骤如下：

第一步，输入快捷命令 M，空格，此时命令行出现“选择对象”。

图 7-50　移动命令操作过程

图 7-51　移动命令完成效果

第二步，选择需要移动的对象，可以使用框选或者点选，按空格键确认。

第三步，命令行出现“指定基点或[位移(D)]”，用户指定基点或者输入位移数值。

命令行操作步骤如下：

命令：M

选择对象：

找到 1 个

选择对象：

指定基点或 [位移(D)] <位移> ：

指定第二点的位移或者<使用第一点当作位移> ：

注：基点是物体移动的基准点，通过捕捉的配合将物体的基准点对齐，可以指定绘图区的任意一点为基点。

位移：方向向量，输入坐标值（x,y,z），二维平面中 z 不需输入，系统自动赋值为 0。

2. 复制命令

复制命令(COPY) 可以将选择的对象做一次或者多次复制。复制命令是 CAD 中使用非常频繁的命令，也是最基础的编辑命令。复制操作如图 7-52、图 7-53 所示。

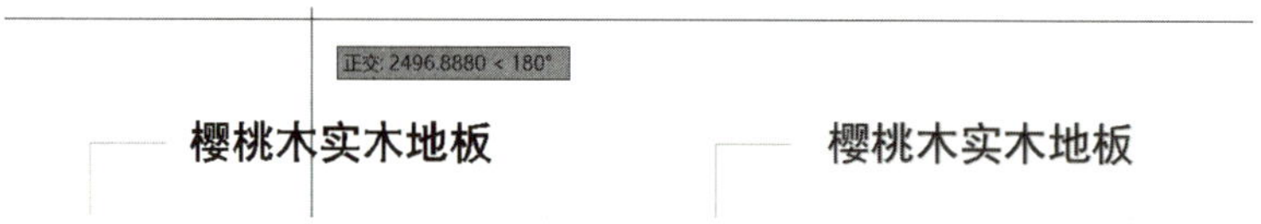

图 7-52　复制命令操作过程

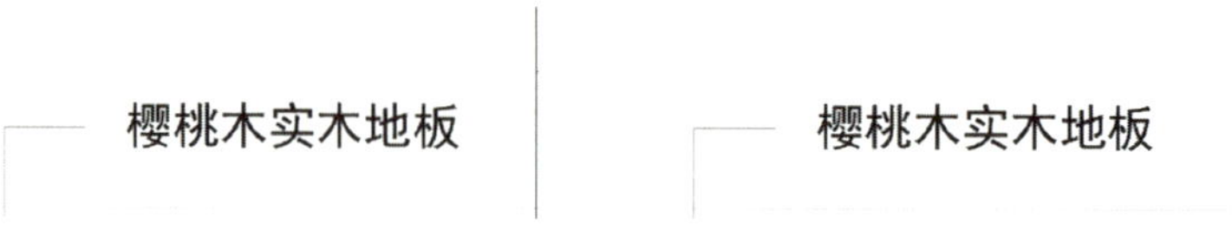

图 7-53　复制命令完成效果

复制命令具体操作步骤如下：

第一步，输入快捷命令 CO，空格，此时命令行出现“选择对象”。

第二步，选择需要复制的对象，可以使用框选或者点选，按空格键确认。

第三步，命令行出现“指定基点或[位移(D)/模式(O)]”，用户指定基点或者输入位移数值。选择模式(O)可以选择复制单个或者多个。

命令行操作步骤如下：

命令:CO

选择对象:

找到 1 个

选择对象:

指定基点或 [位移(D)/模式(O)] <位移> :

指定第二点的位移或者 [阵列(A)] <使用第一点当作位移> :

(注:指定第二点可以输入位移的数值,也可以通过捕捉点的方式移动到对应的点上。)

指定第二个点或 [阵列(A)/退出(E)/放弃(U)] <退出> :

(注:当命令行出现指定第二个点时,可以连续点击绘图区绘制多个相同的物体,不需要重复输入复制命令。空格退出完成复制。)

3. 旋转命令

旋转命令（ROTATE）用于将指定对象绕给定的基点进行旋转。旋转命令操作如图7-54和图 7-55 所示。

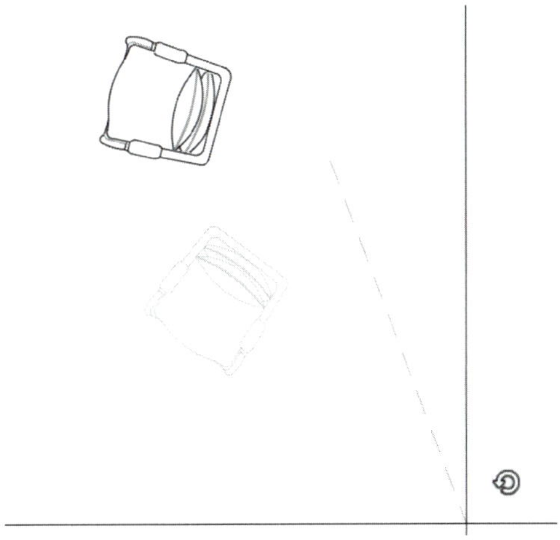

图 7-54　旋转命令操作过程

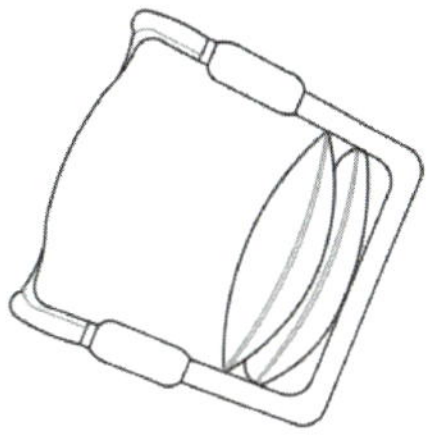

图 7-55　旋转命令完成效果

旋转命令操作步骤如下：

第一步,输入快捷命令 RO,空格确认,此时命令行出现“选择对象”。

第二步,选择需要旋转的对象,可以使用框选或者点选,按空格键确认。

第三步,命令行出现“指定基点”,用户指定基点。

第四步,命令行出现“指定旋转角度或[复制(C)/参照(R)]”,指定旋转角度,用户可以输入角度数值,按空格键结束,选定的对象会围绕原来指定的基点旋转;复制(C),选择复制旋转,既在原位置保留原对象,又复制创建了新角度的对象;参照(R),以参照的方式旋转对象。

命令行操作步骤如下：

命令:RO

ROTATE

选择对象:

找到 1 个

选择对象:

指定基点:

指定旋转角度或 [复制(C)/参照(R)] <0> :

任务小结

移动(MOVE)、复制(COPY)、旋转(ROTATE)是 CAD 软件常用的快捷命令，在使用的过程中可以直接输入快捷命令，配合空格键、Enter 键进行确认，激活命令。移动、复制、旋转命令在操作过程中都会借助捕捉功能来选择目标，需要提前设置捕捉点。在绘图区还可以使用 Ctrl+C 对物体进行复制，使用 Ctrl+V 对物体进行粘贴。

7.5 镜像、偏移、阵列命令

课前学习

(1)通过中望教育云平台了解中望 CAD 软件功能。

(2)了解镜像、偏移、阵列命令的使用方法。

课堂学习任务

CAD 软件在强大的绘图功能基础上，还具有丰富的图形编辑功能，包括对图形进行镜像、偏移、阵列等操作。本任务介绍这几种图形编辑命令的使用方法。

学习目标与重难点

学习目标	掌握镜像、偏移、阵列命令使用方法
学习重点和难点	了解镜像、偏移、阵列的概念及功能特点(重点)
	掌握镜像、偏移、阵列命令操作步骤(重点)
	在绘图中灵活运用镜像、偏移、阵列命令辅助绘图(难点)

任务实施

1. 镜像命令

对于对称图形，可以先绘制一半，另一半使用镜像命令(MIRROR)来完成，也可以翻转对象创建关于直线对称的图形。镜像命令操作如图 7-56 至图 7-58 所示。

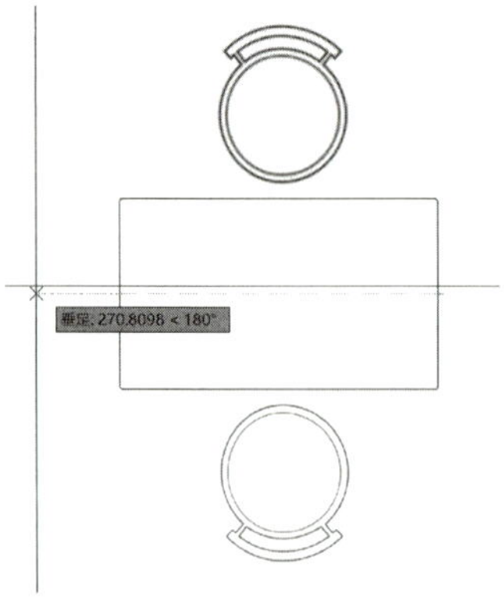

图 7-56 镜像命令操作过程

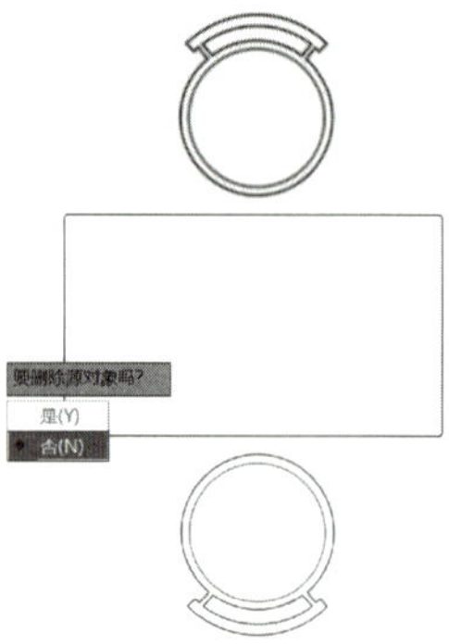

图 7-57 镜像命令操作过程

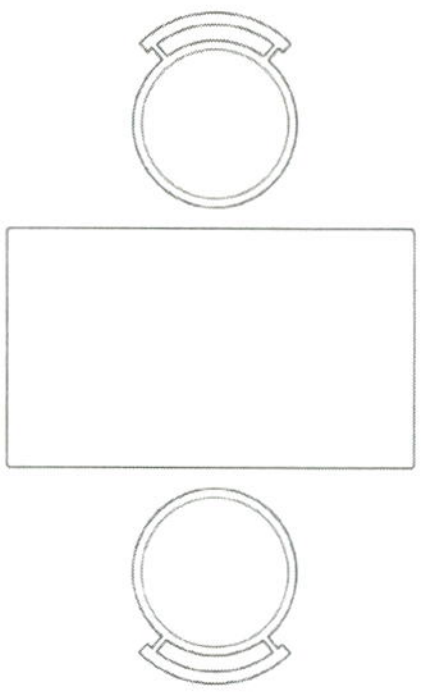

图 7-58 镜像命令完成效果

镜像命令操作步骤如下：

第一步，输入快捷命令 MI，空格，此时命令行出现“选择对象”。

第二步，选择需要镜像的对象，可以使用框选或者点选，按空格键确认。

第三步，命令行出现“指定镜像线的第一点”，用户点击第一点。

第四步，命令行出现“指定镜像线的第二点”，用户点击第二点。

第五步，命令行出现“要删除源对象吗？[是(Y)/否(N)]”，如果需要删除源对象，输入 Y，并确认；如果要保留源对象，可以直接按空格键结束。

命令行操作步骤如下：

```
命令：MI
MIRROR
选择对象：找到 1 个
选择对象：
指定镜像线的第一点：
指定镜像线的第二点： <正交开>
要删除源对象吗？[是(Y)/否(N)] <否> ：N
```

注：在镜像命令使用中，文字镜像时不能改变文字的方向，如果需要翻转文字，可以在命令行中输入 MirrText，将系统默认变量值 0 设置为 1，此时文字不可读，再对文字进行镜像。因此，在绘图中遇到文字镜像后不可读时，可更改 MirrText 系统变量。

2. 偏移命令

在 CAD 中，偏移命令(OFFSET)是用于快速复制和平移线段或图形的工具，可以等距离复制。偏移命令操作如图 7-59 和图 7-60 所示。

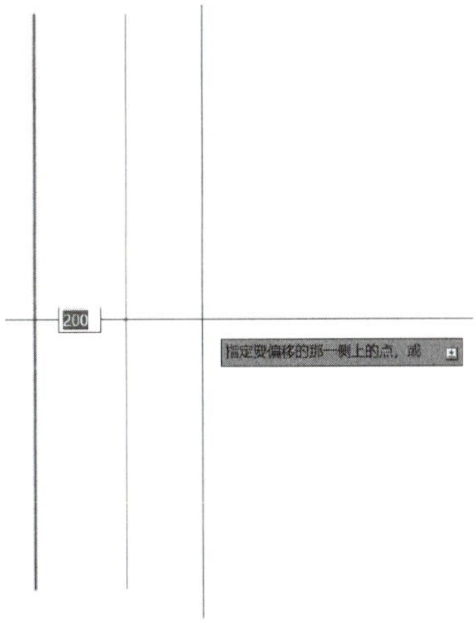

图 7-59　偏移命令操作过程

图 7-60　偏移命令完成效果

偏移命令具体操作步骤如下：

输入快捷命令 O，空格，此时命令行出现“指定偏移距离或 [通过(T)/删除(E)/图层(L)]”。出现两种偏移情况：

第一种指定偏移距离，输入偏移数值，按空格键确认。此时命令行提示“选择要偏移的对象，或 [退出(E)/放弃(U)]”，用户选择要偏移的对象。此时命令行提示“指定偏移方向”，用户可以选择偏移的方向，直接用鼠标左键点击即可。

第二种通过(T)，用户在命令行中输入 T，空格确认。此时命令行中提示“选择要偏移的对象，或[退出(E)/放弃(U)]”，用户选择要偏移的对象。此时命令行提示“指定通过点或[退出(E)/多个(M)/放弃(U)]”，用户在绘图区指定一点，完成对象的偏移，且通过该点。

第一种偏移情况的命令行操作步骤如下：

命令：O

OFFSET

当前设置：删除源= 否图层= 源　OFFSETGAPTYPE= 0

指定偏移距离或 [通过(T)/删除(E)/图层(L)] <1000.0000> ： 1000

选择要偏移的对象，或 [退出(E)/放弃(U)] <退出> ：

指定要偏移的那一侧上的点，或[退出(E)/多个(M)/放弃(U)] <退出> ：

选择要偏移的对象，或 [退出(E)/放弃(U)] <退出> ：

3. 阵列命令

阵列命令 (ARRAY)即多次重复选择对象并把这些副本按矩形或环形排列。把副本按矩形排列称为建立矩形阵列，把副本按环形排列称为建立极轴阵列。建立极轴阵列时，应该控制复制对象的次数和对象是否被旋转；建立矩形阵列时，应该控制行和列的数量以及对象副本之间的距离。使用阵列命令可以建立矩形阵列、极轴阵列和路径阵列。

阵列命令操作步骤如下：

第一步，输入快捷命令 AR，空格确认，此时命令行出现“选择对象：输入阵列类型”(见图 7-61)。

图 7-61　输入快捷命令

第二步，选择阵列类型，这里有三种类型。

第一种阵列类型，矩形阵列，将选定对象的副本分布到行数、列数和层数的任意组合。点击矩形阵列，命令行中出现图 7-62 所示的参数设置，用户可以根据绘图需要逐个点开进行设置。设置完成后绘图区会生成设置好的矩形阵列图。按空格键结束命令。

图 7-62　矩形阵列参数

矩形阵列如图 7-63 所示。

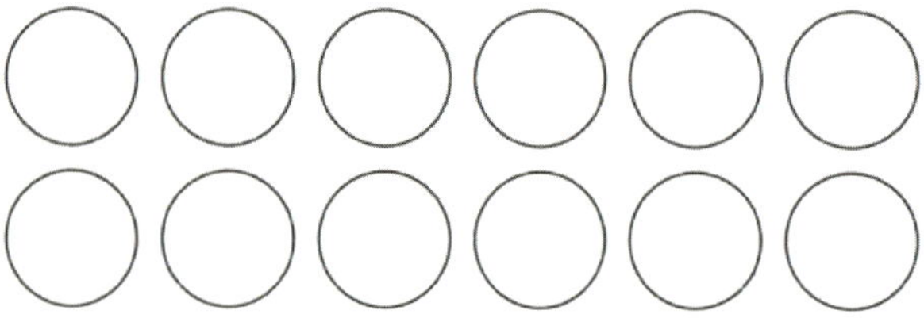

图 7-63　矩形阵列

矩形阵列命令行操作步骤如下：

命令：AR

ARRAY

选择对象：找到 1 个

选择对象： 输入阵列类型 [矩形(R)/路径(PA)/极轴(PO)] <极轴> ：R

类型 = 矩形　　关联 = 是

选择夹点以编辑阵列或 [关联 (AS)/基点 (B)/计数 (COU)/间距 (S)/列数 (COL)/行数 (R)/层数 (L)/退出 (X)] <退出> : COU

输入列数数或 [表达式 (E)] <2> : 6

输入行数数或 [表达式 (E)] <3> : 2

选择夹点以编辑阵列或 [关联 (AS)/基点 (B)/计数 (COU)/间距 (S)/列数 (COL)/行数 (R)/层数 (L)/退出 (X)] <退出> : S

指定列之间的距离或 [单位单元 (U)] <125.9065> : 100

指定行之间的距离<125.9065> :100

选择夹点以编辑阵列或 [关联 (AS)/基点 (B)/计数 (COU)/间距 (S)/列数 (COL)/行数 (R)/层数 (L)/退出 (X)] <退出> :

输入阵列中的项目数或 [表达式 (E)] <6> : 8

选择夹点以编辑阵列或 [关联 (AS)/基点 (B)/项目 (I)/项目间角度 (A)/填充角度 (F)/行 (ROW)/层 (L)/旋转项目 (ROT)/退出 (X)] <退出> : ROW

输入行数数或 [表达式 (E)] <1> : 2

指定行数之间的距离或 [总计 (T)/表达式 (E)] <25.1552> :

指定行数之间的标高增量或 [表达式 (E)] <0> :

选择夹点以编辑阵列或 [关联 (AS)/基点 (B)/项目 (I)/项目间角度 (A)/填充角度 (F)/行 (ROW)/层 (L)/旋转项目 (ROT)/退出 (X)] <退出> :

第二种阵列类型，路径阵列，沿路径或部分路径均匀分布选定对象的副本（与 ARRAYPATH 命令相同）。如果选择了路径阵列，还需要直线、多段线、三维多段线、样条曲线、螺旋线、圆弧、圆或椭圆以用作路径。点击路径后会出现默认路径下的阵列图形，此时命令行会出现编辑阵列，可以根据绘图需要进行参数设置（见图 7-64）。按空格键结束命令。

ARRAY 选择夹点以编辑阵列或 [关联(AS) 方法(M) 基点(B) 切向(T) 项目(I) 行(R) 层(L) 对齐项目(A) z 方向(Z) 退出(X)]
<退出>:

图 7-64　路径阵列参数

路径阵列如图 7-65 所示。

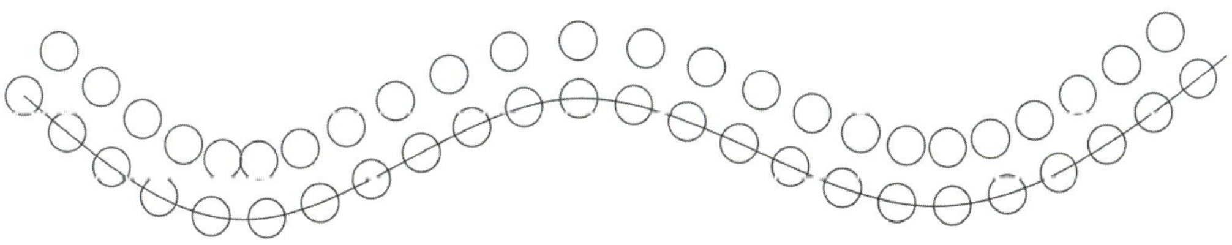

图 7-65　路径阵列

路径阵列命令行操作步骤如下：

命令：AR

ARRAY

选择对象：找到 1 个

选择对象：　输入阵列类型 [矩形 (R)/路径 (PA)/极轴 (PO)] <路径> : PA

类型 = 路径　　关联 = 是

选择路径曲线：

选择夹点以编辑阵列或 [关联(AS)/方法(M)/基点(B)/切向(T)/项目(I)/行(R)/层(L)/对齐项目(A)/z 方向(Z)/退出(X)] <退出> : R

输入行数数或 [表达式(E)] <1> : 2

指定行数之间的距离或 [总计(T)/表达式(E)] <36.1166> :

指定行数之间的标高增量或 [表达式(E)] <0> :

选择夹点以编辑阵列或 [关联(AS)/方法(M)/基点(B)/切向(T)/项目(I)/行(R)/层(L)/对齐项目(A)/z 方向(Z)/退出(X)] <退出> :

输入阵列中的项目数或 [表达式(E)] <6> : 8

选择夹点以编辑阵列或 [关联(AS)/基点(B)/项目(I)/项目间角度(A)/填充角度(F)/行(ROW)/层(L)/旋转项目(ROT)/退出(X)] <退出> : ROW

输入行数数或 [表达式(E)] <1> : 2

指定行数之间的距离或 [总计(T)/表达式(E)] <25.1552> :

指定行数之间的标高增量或 [表达式(E)] <0> :

选择夹点以编辑阵列或 [关联(AS)/基点(B)/项目(I)/项目间角度(A)/填充角度(F)/行(ROW)/层(L)/旋转项目(ROT)/退出(X)] <退出> :

第三种阵列类型，极轴阵列，在绕中心点或旋转轴的环形阵列中均匀分布对象副本（与 ARRAYPOLAR 命令相同）。选择极轴阵列，命令行会提示“指定阵列的中心点或［基点(B)/旋转轴(A)］”，指定基点，系统默认出现环形阵列，接着根据绘图需要在命令行中调整项目间角度和数量（见图 7-66）。按空格键结束命令。

图 7-66　极轴阵列参数

极轴阵列中指定基点操作如图 7-67 所示，指定旋转轴操作如图 7-68 所示。

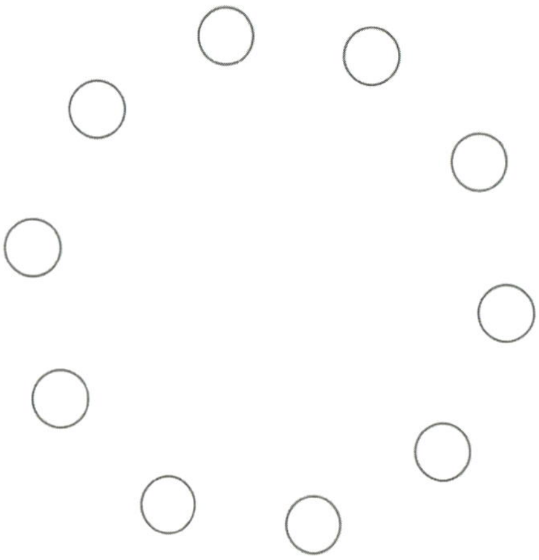

图 7-67　极轴阵列指定基点

图 7-68　极轴阵列指定旋转轴

极轴阵列指定基点，命令行操作步骤如下：

命令：AR

ARRAY

选择对象：找到 1 个

选择对象： 输入阵列类型 [矩形(R)/路径(PA)/极轴(PO)] <极轴> : PO

类型 = 极轴　　关联 = 是

指定阵列的中心点或 [基点 (B)/旋转轴 (A)]: B

指定基点或 [关键点 (K)] <质心> :

指定阵列的中心点或 [基点 (B)/旋转轴 (A)]:

需要点或选项关键字。

指定阵列的中心点或 [基点 (B)/旋转轴 (A)]:

选择夹点以编辑阵列或 [关联 (AS)/基点 (B)/项目 (I)/项目间角度 (A)/填充角度 (F)/行 (ROW)/层 (L)/旋转项目 (ROT)/退出 (X)] <退出> : I

输入阵列中的项目数或 [表达式 (E)] <6> : 10

选择夹点以编辑阵列或 [关联 (AS)/基点 (B)/项目 (I)/项目间角度 (A)/填充角度 (F)/行 (ROW)/层 (L)/旋转项目 (ROT)/退出 (X)] <退出> : ROW

输入行数数或 [表达式 (E)] <1> : 1

指定行数之间的距离或 [总计 (T)/表达式 (E)] <2852.9093> :

指定行数之间的标高增量或 [表达式 (E)] <0> :

选择夹点以编辑阵列或 [关联 (AS)/基点 (B)/项目 (I)/项目间角度 (A)/填充角度 (F)/行 (ROW)/层 (L)/旋转项目 (ROT)/退出 (X)] <退出> :

当选择旋转轴进行阵列时,命令行提示"指定旋转轴上的第一个点""指定旋转轴上的第二个点",指定完成后绘图区会出现默认的图形,根据绘图要求在命令行的提示下选择需要调整的参数。按空格键结束命令。

极轴阵列指定旋转轴,命令行操作步骤如下:

命令: C

CIRCLE

指定圆的圆心或 [三点 (3P)/两点 (2P)/切点、切点、半径 (T)]:

指定圆的半径或 [直径 (D)] <950.9698> :

命令: * 取消*

命令: AR

ARRAY

选择对象: 找到 1 个

选择对象: 输入阵列类型 [矩形 (R)/路径 (PA)/极轴 (PO)] <极轴> : PO

类型 = 极轴 关联 = 是

指定阵列的中心点或 [基点 (B)/旋转轴 (A)]: A

指定旋转轴上的第一个点:

指定旋转轴上的第二个点: <正交开>

选择夹点以编辑阵列或 [关联 (AS)/基点 (B)/项目 (I)/项目间角度 (A)/填充角度 (F)/行 (ROW)/层 (L)/旋转项目 (ROT)/退出 (X)] <退出> :

任务小结

镜像命令是以对称方式进行复制,在操作过程中配合正交命令使用。

偏移命令一次只能选择一个对象,选择的对象只能是直线、多段线、矩形、圆、圆弧、正多边形等,不能对点、块进行偏移复制。偏移相当于将图形平移复制,源对象不变。

阵列命令可以用于建筑剖面图楼梯绘制、立面图门窗的绘制。

任务拓展

综合运用镜像、偏移、阵列命令绘制剖面图,首先确定哪些部分可以使用镜像、偏移、阵列命令,然后按照绘图步骤完成剖面图绘制,如图 7-69 所示。

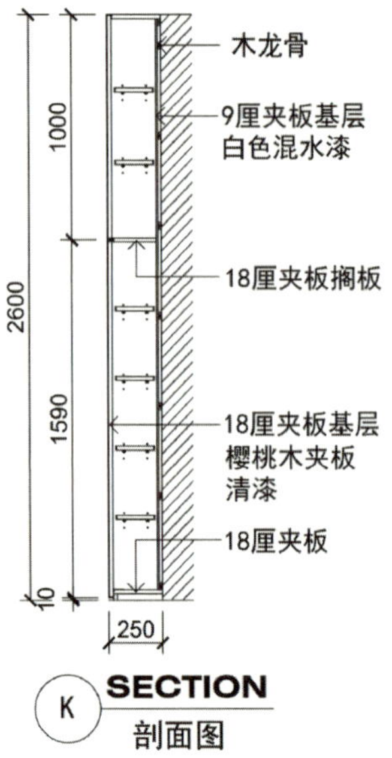

图 7-69　剖面图绘制

7.6　缩放、拉伸、修剪、延伸命令

课前学习

(1)通过中望教育云平台了解中望 CAD 软件功能。

(2)了解缩放、拉伸、修剪、延伸命令的使用方法。

课堂学习任务

CAD 软件在强大的绘图功能基础上，还具有丰富的图形编辑功能，包括对图形进行缩放、拉伸、修剪、延伸等操作。本任务介绍这几种图形编辑命令的使用方法。

学习目标与重难点

学习目标	掌握缩放、拉伸、修剪、延伸命令使用方法
学习重点和难点	了解缩放、拉伸、修剪、延伸的概念及功能特点(重点)
	掌握缩放、拉伸、修剪、延伸命令操作步骤(重点)
	灵活运用缩放、拉伸、修剪、延伸命令绘制图形(难点)

任务实施

1. 缩放命令

缩放即放大和缩小选定的对象，放大和缩小后保持对象的比例不变。

缩放命令(SCALE)操作步骤如下：

第一步，输入快捷命令 SC，空格，此时命令行出现“选择对象”。

第二步，选择需要缩放的对象，可以使用框选或者点选，按空格键确认。

第三步，命令行出现提示“指定基点”，用户指定基点。

第四步，命令行提示“指定比例因子或［复制(C)/参照(R)］”。

指定比例因子：确定缩放比例因子为默认项，若执行该项，即输入比例因子后按空格键确认，对象将按该比例相对于基点放大或缩小。当比例因子＞1 时，放大选定对象；当 0＜比例因子＜1 时，缩小选定对象。

复制(C)：以复制的形式缩放对象，即创建一个缩放对象，同时源对象仍在原位置保留。

参照(R)：以参照的方式缩放对象。

2. 拉伸命令

拉伸命令(STRETCH) 用于拉伸或压缩指定对象，使其长度和形状发生变化，如图 7-70 所示。

图 7-70　拉伸命令操作

拉伸命令具体操作步骤如下：

第一步，输入快捷命令 S，空格确认，此时命令行出现“选择对象”。

第二步，选择需要拉伸的对象，使用交叉选取的方式选择需要拉伸的图形，按空格键确认。

第三步，命令行提示“指定基点或［位移(D)］”，用户指定基点。

第四步，命令行提示“指定第二个点或＜使用第一个点作为位移＞”。

用户指定第一个基点后，将对象沿着基点向第二个点方向拉伸，可以任意拉伸，也可以输入拉伸数值。

命令行操作步骤如下：

```
命令：S
STRETCH
以交叉窗口或交叉多边形选择要拉伸的对象...
选择对象：
指定对角点：找到 1 个
选择对象：
指定基点或 [位移(D)] <位移> ：
指定第二个点或<使用第一个点作为位移> ：  1000
自动保存到 C:\Users\hp\appdata\local\temp\Drawing1_1_24588_4470.sv$  ...
```

3. 修剪命令

修剪命令 (TRIM) 先指定一个剪切边界，然后利用此边界去修剪指定的对象。

修剪命令操作步骤如下：

第一步，输入快捷命令 TR，空格确认，此时命令行出现“选择对象或＜全部选择＞”。

用户选择对象作为剪切边界，并确认。用户可连续选择多个对象作为边界。如直接按回车键，则选中当前图形中所有对象作为修剪边界。

第二步，选择需要修剪的对象，可以使用框选或者点选，按空格键确认。

第三步，命令行提示“选择要修剪的对象，或按住 Shift 键选择要延伸的对象，或［栏选(F)/窗交(C)/投影(P)/边(E)/删除(R)/放弃(U)］”。

选择要修剪的对象：此项为默认选项，用户可以直接选取需要修剪的对象。

命令选项：

边(E)：该选项可以设置隐含的延伸边界来修剪对象，实际上边界和修剪对象并没有真正相交，系统会假想将剪切边界延长，然后再进行修剪。

栏选(F)：以围栏方式选择，凡是与围栏相交的对象都被作为修剪对象。

窗交(C)：以窗口方式选择，凡是与窗口相交的对象都被作为修剪对象。

投影(P)：用来确定修剪执行的空间，此时可以将空间两个对象投影到某一平面上执行修剪操作。在二维平面绘图中不需要用到。

放弃(U)：取消上一次操作，用户可连续向前返回。

注：修剪命令在 CAD 操作中并不需要每种方法都使用，最基本最快捷的修剪方式为：输入快捷命令 TR，双击空格键，选择需要删除的对象即能达到修剪的目的。

4. 延伸命令

延伸命令（EXTEND）先指定一个图形对象延伸的边界，一般用于直线、圆弧、多段线等，如图 7-71 至图 7-73 所示。

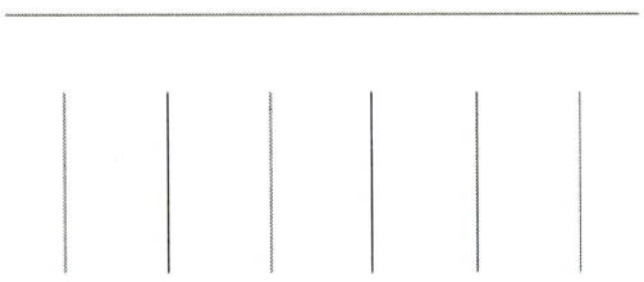

图 7-71　延伸命令操作过程

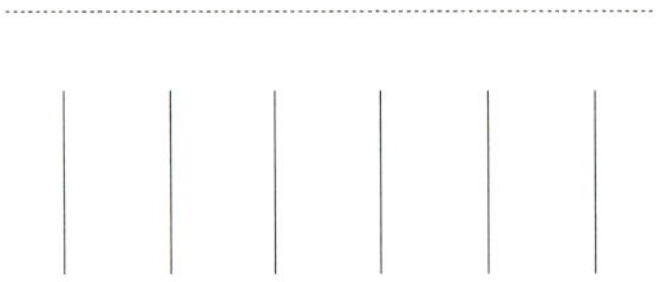

图 7-72　延伸命令操作过程

图 7-73　延伸命令完成效果

延伸命令操作步骤如下：

第一步，输入快捷命令 EX，空格确认，此时命令行出现“选取边界对象作延伸＜回车全选＞”。

用户选取边界对象作延伸，如图 7-71 中的横线，并按空格键确认。

第二步，命令行提示“选择要延伸的实体，或按住 Shift 键选择要修剪的实体，或［边缘模式(E)/围栏(F)/窗交(C)/投影(P)/放弃(U)］”。

用户框选或交叉选择需要延伸的实体(如图 7-72 中的六条竖向线条)即可完成延伸。

命令行操作步骤如下：

```
命令:EX
EXTEND
选取边界对象作延伸<回车全选>：
找到 1 个
选取边界对象作延伸<回车全选>：
选择要延伸的实体，或按住 Shift 键选择要修剪的实体，或［边缘模式(E)/围栏(F)/窗交(C)/投影(P)/放弃(U)]:
指定对角点：
找到 6 个
选择要延伸的实体，或按住 Shift 键选择要修剪的实体，或［边缘模式(E)/围栏(F)/窗交(C)/投影(P)/放弃(U)]:
```

延伸命令行选项：

按住 Shift 键选择要修剪的实体：将选择的对象修剪到边界而不是将其延伸。

边缘模式(E)：当边界太短且延伸对象后不能与其直接相交时，就在命令行输入 E，此时系统假想将边界延长，然后延伸线条到边界。

围栏(F):用户绘制连续折线,与折线相交的对象被延伸。

窗交(C):利用交叉窗口选择对象。

投影(P):在三维空间作图时,用户可以通过该选项将两个交叉对象投影到 xy 平面或在当前视图平面内执行延伸操作。

放弃(U):取消上一次操作。

任务小结

掌握缩放、拉伸、修剪、延伸快捷命令的使用方法,其中延伸命令按住 Shift 键同样可以对图形进行修剪,修剪命令在以输入快捷命令的方式操作时需要双击空格键才能进行修剪。延伸命令在操作过程中注意要先选取边界对象,也可以作辅助线作为边界对象进行延伸,完成操作后将辅助线删除。

任务拓展

分别使用拉伸、延伸命令将图 7-74 中的填充线填充完整,效果如图 7-75 所示。

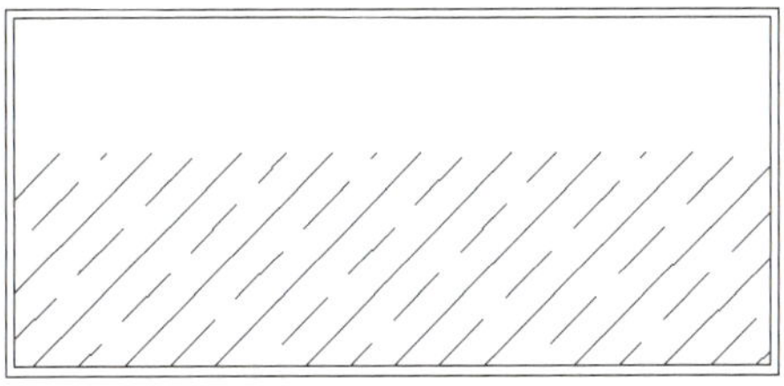

图 7-74 操作案例

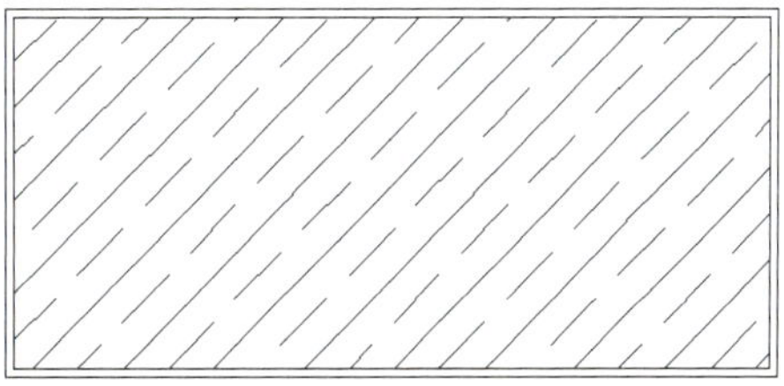

图 7-75 操作案例完成效果

7.7 打断、合并、夹点编辑命令

课前学习

(1)通过中望教育云平台了解中望 CAD 软件功能。

(2)了解打断、合并、夹点编辑命令的使用方法。

课堂学习任务

CAD 软件在强大的绘图功能基础上,还具有丰富的图形编辑功能,包括打断、合并、夹点编辑等操作。本任务介绍这几种修改命令的使用方法。

学习目标与重难点

学习目标	掌握打断、合并、夹点编辑命令使用方法
学习重点和难点	了解打断、合并、夹点编辑的概念及功能特点(重点)
	掌握打断、合并、夹点编辑命令操作步骤(重点)
	灵活运用打断、合并、夹点编辑命令绘制图形(难点)

任务实施

1. 打断命令

打断对象是指将已有的线段分离成两段，被分离的线段只能是单独线条，不能打断任何组合形体，如图块。打断对象又分为一点打断和两点打断两种方式，下面介绍两种方式的操作步骤。

(1)打断于一点命令操作步骤如下：

第一步，输入快捷命令 REC 绘制一个矩形，如图 7-76 所示。

图 7-76 绘制矩形

第二步，在菜单栏中找到“修改”选项卡，点击下拉菜单，选择“打断”命令，如图 7-77 所示。

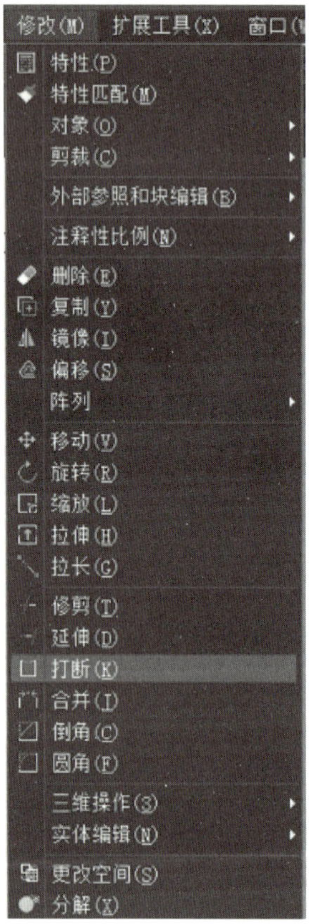

图 7-77 “打断”命令

第三步，命令行出现“选取切断对象”，选择矩形。

第四步，命令行提示“指定第二切断点或［第一切断点(F)］”，直接在矩形上选择一点进行打断，操作完成后如图 7-78 所示。

图 7-78　打断于一点命令操作

(2)打断于两点命令将图形对象从两点处断开，一般用于打通墙体。打断于两点命令具体操作步骤如下：

第一步，绘制 T 形连接墙体，如图 7-79 所示。

图 7-79　绘制墙体

第二步，在菜单栏中找到“修改”选项卡，点击下拉菜单，选择“打断”命令。

第三步，命令行出现“选取切断对象”，如图 7-80 所示。

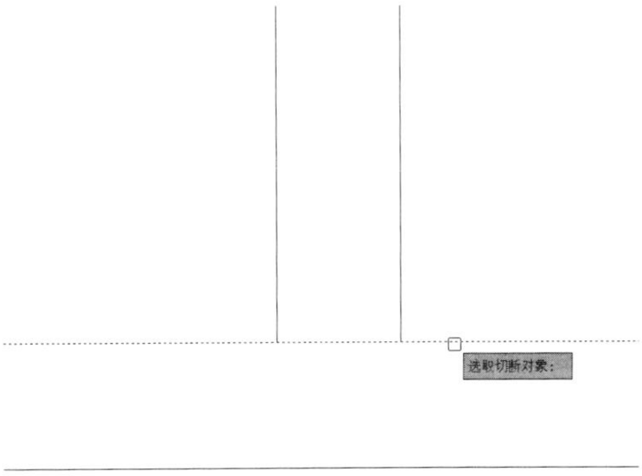

图 7-80　选取切断对象

第四步，命令行提示“指定第二切断点或［第一切断点(F)］”，输入 F 指定第一点，如图7-81 所示。

第五步，指定第二点，点击，如图 7-82 所示，完成效果如图 7-83 所示。

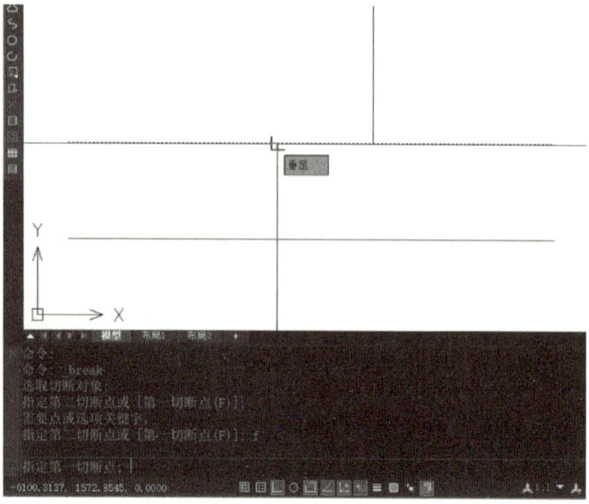

图 7-81 指定第一切断点

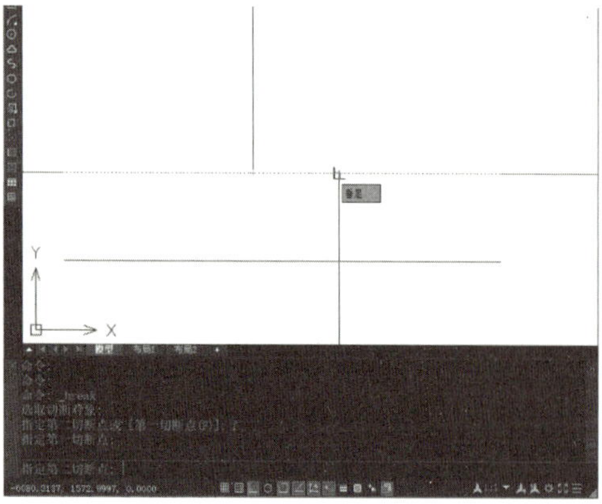

图 7-82 指定第二切断点

图 7-83 打断于两点完成效果

2. 合并命令

合并对象是指将相似的对象合并以形成一个完整的对象。合并对象包括直线、多段线、圆弧、椭圆、样条曲线，要合并的对象必须是相似的对象并且在一个水平面上。

合并命令操作步骤如下：

第一步，绘制两条不相连的直线段，如图 7-84 所示。

图 7-84 绘制两条不相连直线段

第二步，在菜单栏中找到“修改”选项卡，点击下拉菜单，选择“合并”命令，如图 7-85 所示。

第三步，命令行提示“选择源对象或要一次合并的多个对象”，一次点选两条要合并的直线段，如图 7-86 和图 7-87 所示。

第四步，选择需要合并的直线段后，按空格键完成合并操作，如图 7-88 所示。

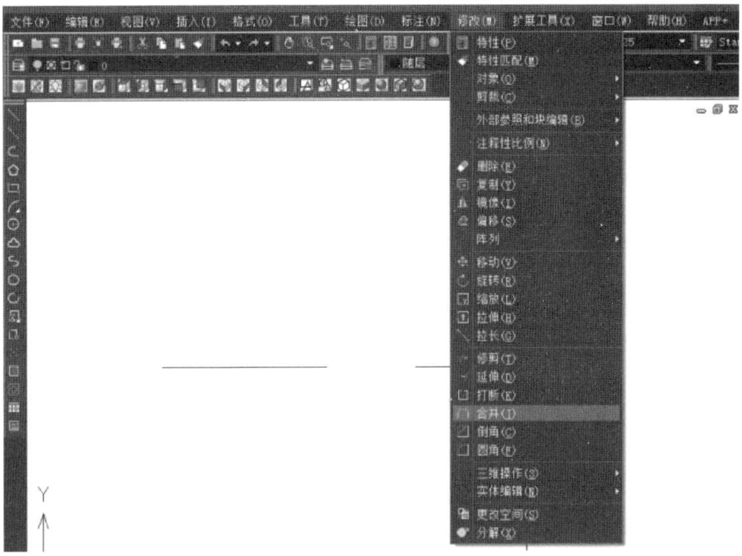

图 7-85 “合并”命令

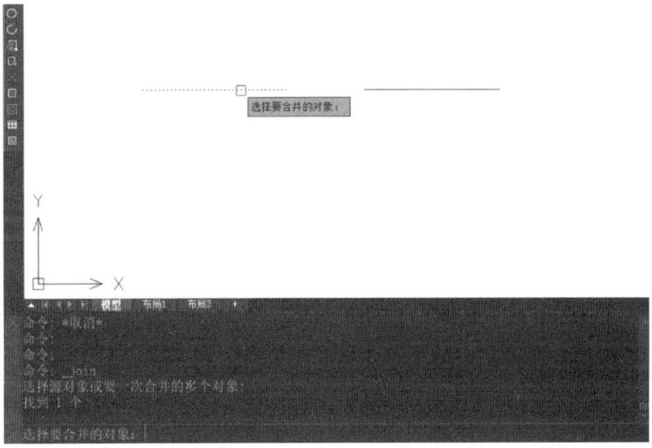

图 7-86 选取第一条直线段

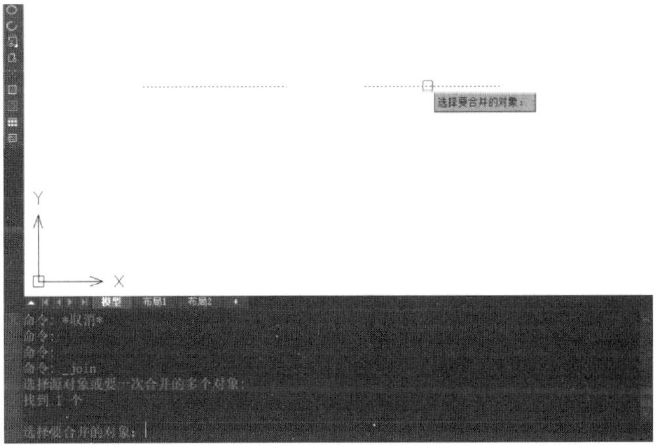

图 7-87 选取第二条直线段

图 7-88　合并完成效果

3. 夹点编辑命令

夹点编辑是指当系统处于等待命令的状态下，选择直线、多段线、圆、矩形等对象时，将显示图形对象的夹点，拖动任意夹点可以调整图形大小、方向、角度等，如图 7-89 所示。

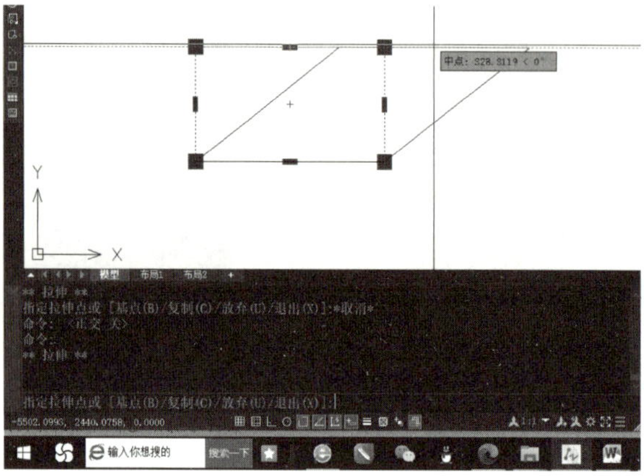

图 7-89　夹点显示

将光标悬停于夹点上，将弹出快捷菜单，可以选择快捷菜单中的命令进行操作，如图 7-90 所示。

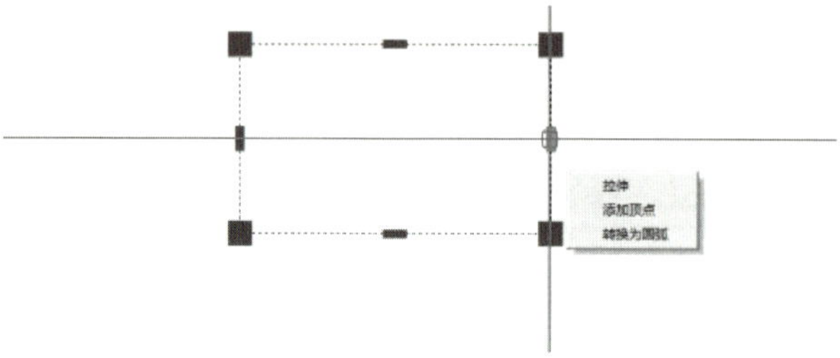

图 7-90　夹点编辑菜单

任务小结

打断快捷键 BR，打断有三种用法：第一种，任意打断；第二种，精准打断，可以输入打断距离数值；第三种，打断于点，断开却不分离。快速合并：选择需要合并的图形对象，输入快捷命令 J，空格，即可完成图形合并。

7.8　倒角、分解、查询距离命令

课前学习

（1）通过中望教育云平台了解中望 CAD 软件功能。

（2）了解倒角、分解、查询距离命令的使用方法。

课堂学习任务

CAD 软件在强大的绘图功能基础上，还具有丰富的图形编辑功能，包括倒角、分解、查询距离等操作。本任务介绍这几种修改命令的使用方法。

学习目标与重难点

学习目标	掌握倒角、分解、查询距离命令使用方法
学习重点和难点	了解倒角、分解、查询距离的概念及功能特点（重点）
	掌握倒角、分解、查询距离命令操作步骤（重点）
	灵活运用倒角、分解、查询距离命令绘制图形（难点）

任务实施

1. 倒角命令

使用倒角命令可以通过延伸或修剪的方法，用一条斜线或弧线连接两个对象。

倒角快捷命令 CHA，此命令只能倒直角（见图 7-91），在 CAD 中倒圆角使用 F 命令（见图 7-92）。下面讲解这两种倒角命令的使用方法。

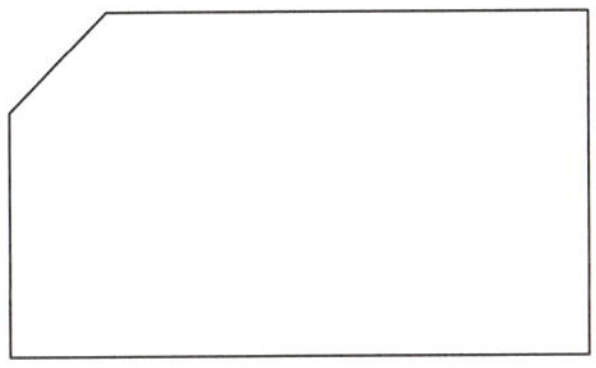

图 7-91 倒直角

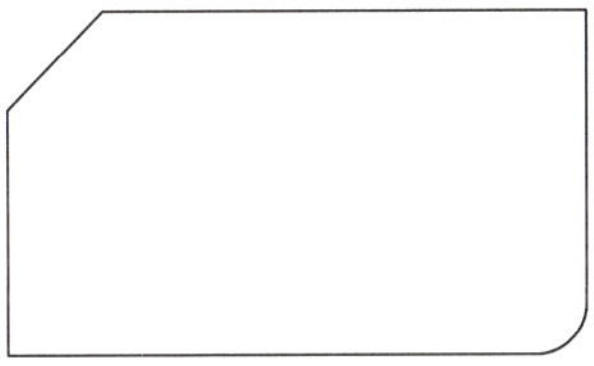

图 7-92 倒圆角

倒直角命令行操作步骤如下：

```
命令：CHA
CHAMFER
（“修剪”模式）当前倒角长度 = 60.0000，角度 = 60
选择第一条直线或 [放弃(U)/多段线(P)/距离(D)/角度(A)/修剪(T)/方式(E)/多个(M)]:D
指定第一个倒角距离<0.0000> : 200
指定第二个倒角距离<200.0000> :
选择第一条直线或 [放弃(U)/多段线(P)/距离(D)/角度(A)/修剪(T)/方式(E)/多个(M)]:
选择第二条直线，或按住 Shift 键选择直线以应用角点或 [距离(D)/角度(A)/方法(M)]:
```

倒圆角命令行操作步骤如下：

```
命令：F
FILLET
当前设置：模式 = 修剪，半径 = 60.0000
选择第一个对象或 [放弃(U)/多段线(P)/半径(R)/修剪(T)/多个(M)]:R
指定圆角半径<60.0000> : 100
选择第一个对象或 [放弃(U)/多段线(P)/半径(R)/修剪(T)/多个(M)]:
选择第二个对象，或按住 Shift 键选择对象以应用角点或 [半径(R)]:
```

两条平行线倒圆角方法如图 7-93 和图 7-94 所示。

```
命令: F
FILLET
当前设置: 模式 = 修剪,半径 = 0.0000
选择第一个对象或 [放弃(U)/多段线(P)/半径(R)/修剪(T)/多个(M)]:
选择第二个对象,或按住 Shift 键选择对象以应用角点或 [半径(R)]:
```

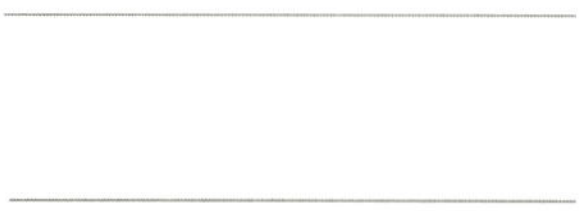

图 7-93　绘制两条平行线

图 7-94　倒圆角完成效果

2. 分解命令

分解对象是指将组合实体分解为单独的图元对象。使用分解命令可以将矩形、多边形、图块分解为单独的个体。

分解命令操作步骤:

输入分解快捷命令 X,选择要分解的对象,然后按空格键确定,如图 7-95 和图 7-96 所示。

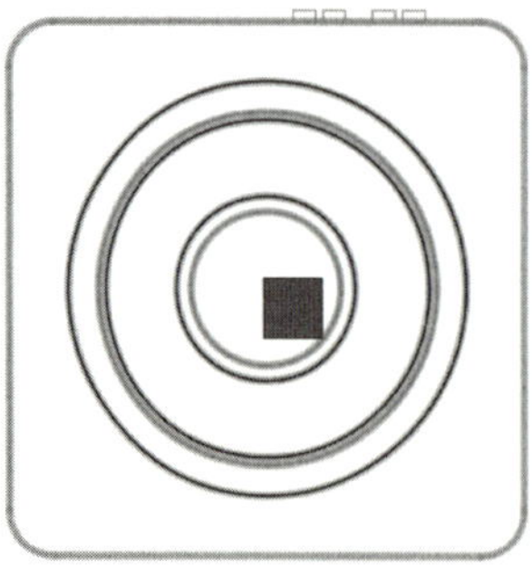

图 7-95　分解前图形

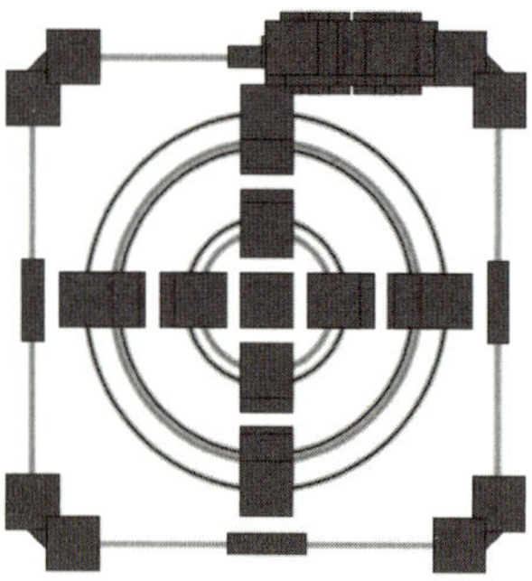

图 7-96　分解后图形

3. 查询距离命令

查询距离命令(DIST)用于查询对象间距离。

查询距离命令操作步骤:

输入查询距离快捷命令 DI,选择要查询距离的图形,选择第一点、第二点,图上直接显示距离,如图 7-97 所示。

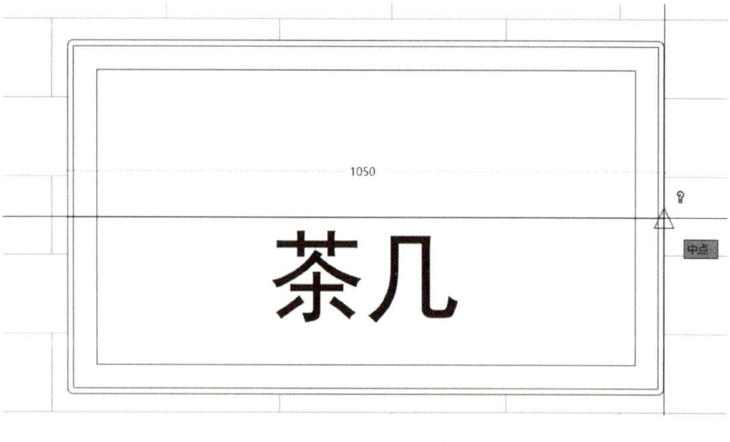

图 7-97　查询距离

任务小结

倒角命令在图形编辑中比较常用，想要形成直角或者圆角可以使用 CHA 或 F 快捷命令，在实际运用中需要多加练习。分解命令在图形修改中经常用到，当图形是块或者是整体形式想要修改时需要使用分解命令。查询距离命令主要用于查询两点间距离、点之间相对位置的夹角。

项目8　建筑平面图绘制

8.1　创建样板文件

课前学习

（1）通过中望教育云平台了解中望CAD软件功能。

（2）了解CAD的界面组成。

（3）掌握绘图环境设置、图框标题栏及虚拟打印设置。

课堂学习任务

用户通常是在系统默认的环境下进行工作的，但有时为了使用特殊的定点设备、打印机，或由于工作需要，常常需要设置绘图的单位、界限等，以提高绘图效率。所以，在设计时，往往需要先设置绘图环境、创建样板文件。

（1）设置绘图环境参数。

①设置图形单位中长度、角度、精度保留的小数点位数。

②根据绘图习惯，调整绘图选项板中十字光标大小、自动捕捉标记大小、靶框大小、拾取框大小和夹点大小。

③自定义草图设置。

（2）设置图层、文字样式、标注样式。

①图层设置至少包括轴线、墙体、门窗、楼梯踏步、散水坡道、标注、文字、填充等。图层颜色自定，图层线型和线宽应符合建筑制图国家标准要求。

②设置标注样式。尺寸标注样式名为“BZ”，其中文字样式用“XT”，其他参数请根据国标的相关要求进行设置。

③设置两个文字样式，分别用于汉字及数字和字母的注释，所有字体均为直体字，宽度因子为0.7。

a.用于汉字的文字样式：文字样式命名为“HZ”，字体选择仿宋。

b.用于数字和字母的文字样式：文字样式命名为“XT”，字体选择simplex.shx。

（3）模型空间、布局空间参数设置。

①在模型空间和布局空间分别按1∶1比例放置符合国标的A2横向图框，并按照出图比例进行缩放。设置布局名称为“PDF-A2”。

②按照出图比例设置视口大小，并锁定浮动视口比例及大小尺寸。

（4）绘制属性块标题栏。

①按图8-1所示的标题栏样式，在0层中绘制，不标注尺寸。

“（图名）”“（文件夹名）”“（SCALE）”和“（TH）”均为属性。字高：“（图名）”为6，其余文字为4，所有属性和文字在指定格内均居中。

图 8-1 标题栏

②将标题栏连同属性一起定义为块，块名为“BTL”，基点为标题栏右下角点。

③插入图块“BTL”于图框的右下角，分别将属性“(图名)”和“(文件夹名)”的值改为“基本设置”和“文件夹的具体名称”。

(5)打印设置。

配置打印机/绘图仪名称为 DWG TO PDF. pc5；纸张幅面为 A2，横向；可打印区域页边距设置为 0，采用单色打印，打印比例为 1∶1，图形绘制完成后按照出图比例进行布局出图。

(6)文件保存要求。

将文件命名为“A2 样板文件”，保存至电脑桌面，保存格式为. dwt。

学习目标与重难点

学习目标	根据任务要求创建样板文件
学习重点和难点	CAD 绘图环境基本操作，绘图单位、选项面板、草图设置(重点)
	图层、标注样式、文字样式设置(重点)
	模型空间、布局空间设置(重点)
	打印出图设置，保存样板文件(重点)
	根据任务要求完成样板文件创建(难点)

任务实施

1. 设置绘图环境参数

(1)单位设置(UN)，如图 8-2 所示。

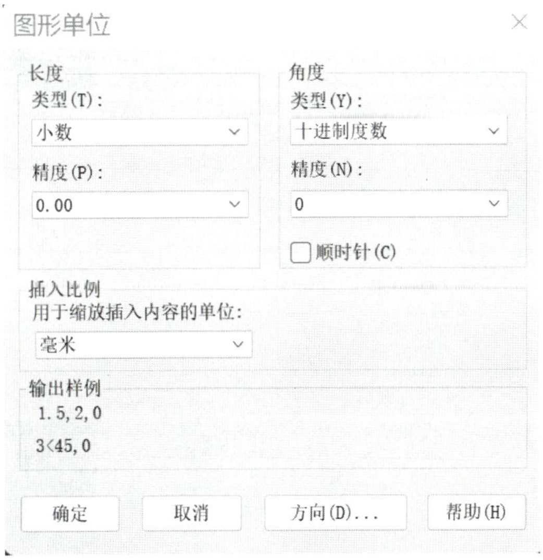

图 8-2 单位设置

注意长度精度设置为 0.00 是因为在文字样式设置中宽度因子为 0.7，这里精度为 0 的话，宽度因子无法设置。规范中字体要求瘦长体。

(2)选项设置(OP)。

①文件保存格式调整为低版本，高版本软件可以打开低版本文件，低版本软件打不开高版本文件。

自动保存间隔分钟数可以调整，建议调整为 10 分钟，保存间隔时间短，保存过于频繁，容易导致电脑死机，如图 8-3 所示。

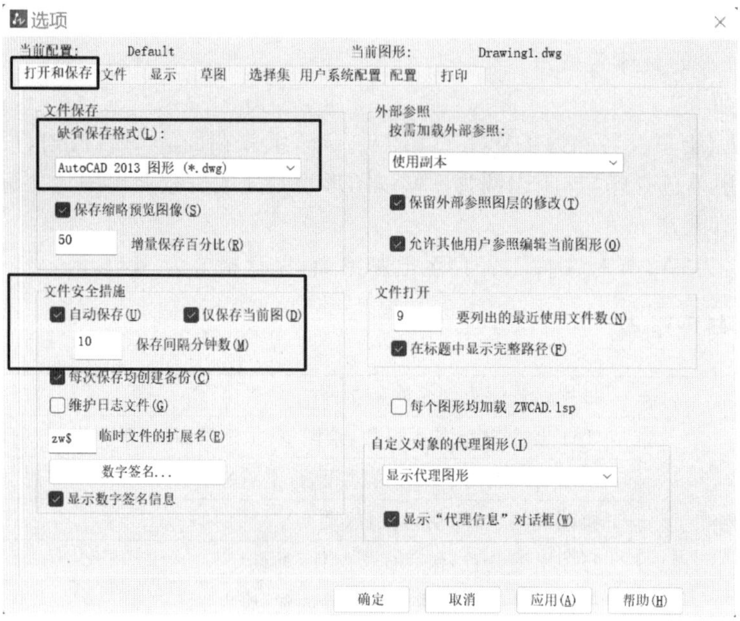

图 8-3 “打开和保存”设置

②点击“显示”选项卡，点击“颜色”按钮，打开“图形窗口颜色”面板，可以调整二维模型空间、模型布局的颜色。这里为了方便操作，我们把模型空间的背景颜色调整为黑色。其他内容的颜色，我们可以根据自己的需求进行调整。调整十字光标大小，如图 8-4 所示。

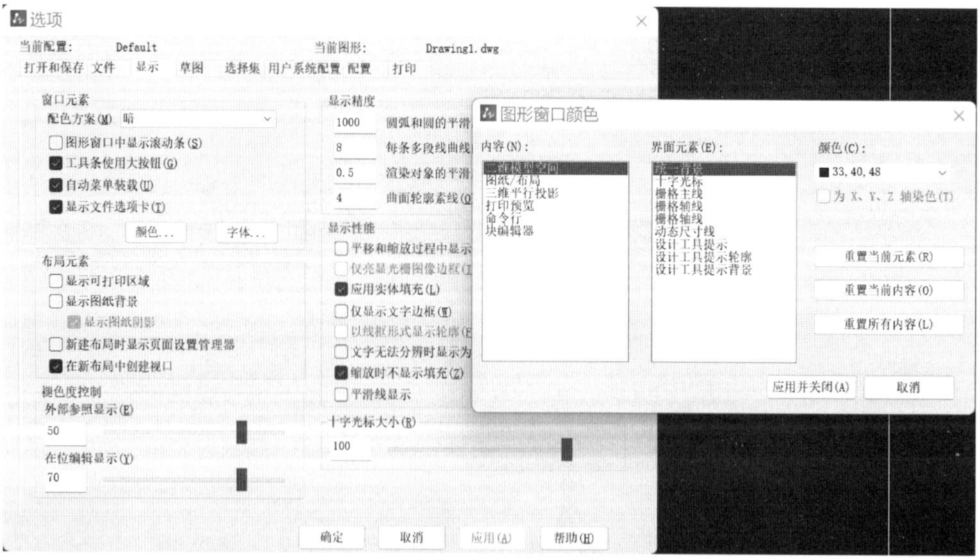

图 8-4 调整背景颜色和十字光标大小

③在“草图”选项卡下将自动捕捉标记大小、靶框大小调整到合适位置，方便捕捉，如图8-5所示。

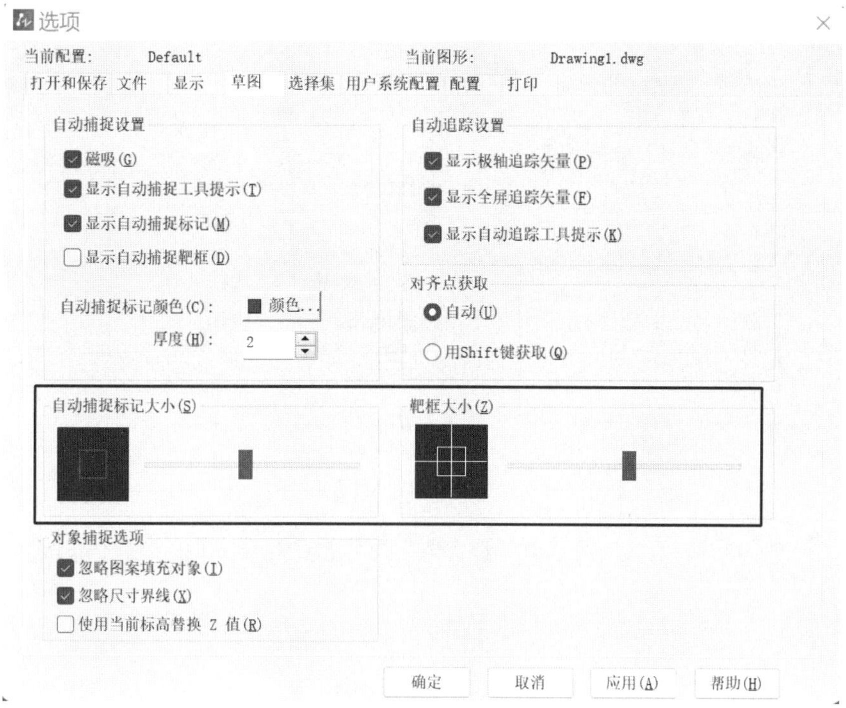

图 8-5 自动捕捉标记和靶框大小设置

④选择集：将拾取框、夹点调整为合适大小，如图 8-6 所示。

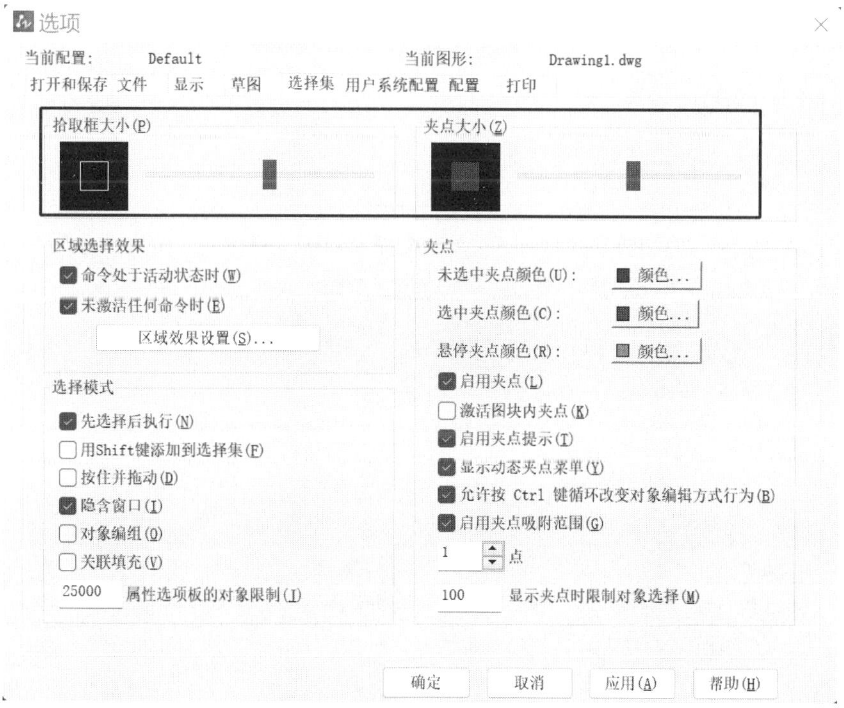

图 8-6 拾取框、夹点大小设置

⑤用户系统配置：检查源内容单位是否为毫米，如图 8-7 所示。

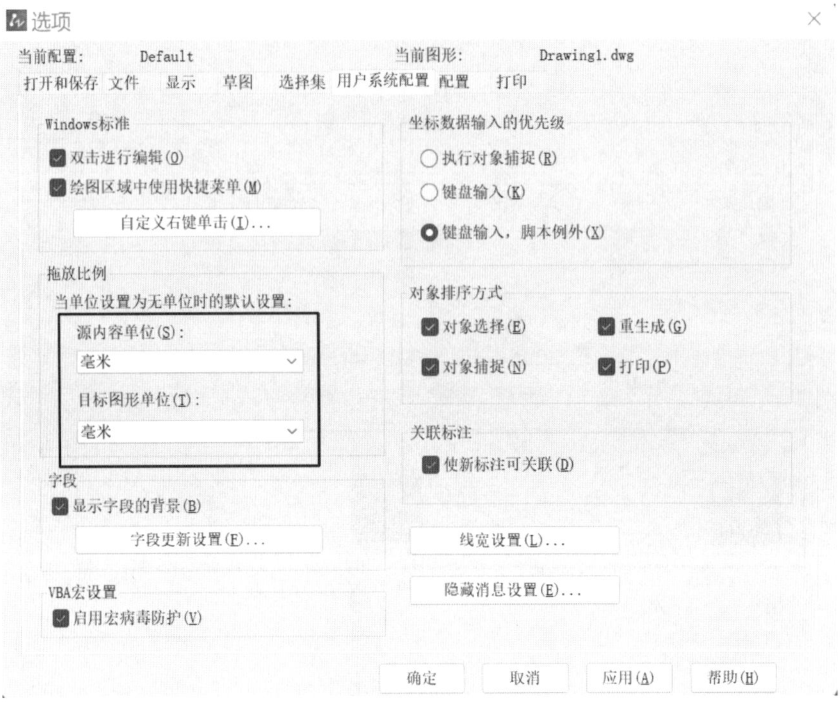

图 8-7 单位设置

(3)草图设置(SE)。

①捕捉和栅格：可以捕捉到栅格点上，通过调整 X、Y 间距可以不同间距捕捉栅格，捕捉快捷键“F9”。栅格快捷键“F7”，平时绘图一般是关闭状态，无论栅格是否关闭都不影响栅格的捕捉。输入快捷键可以开启或关闭捕捉和栅格功能，如图 8-8 所示。

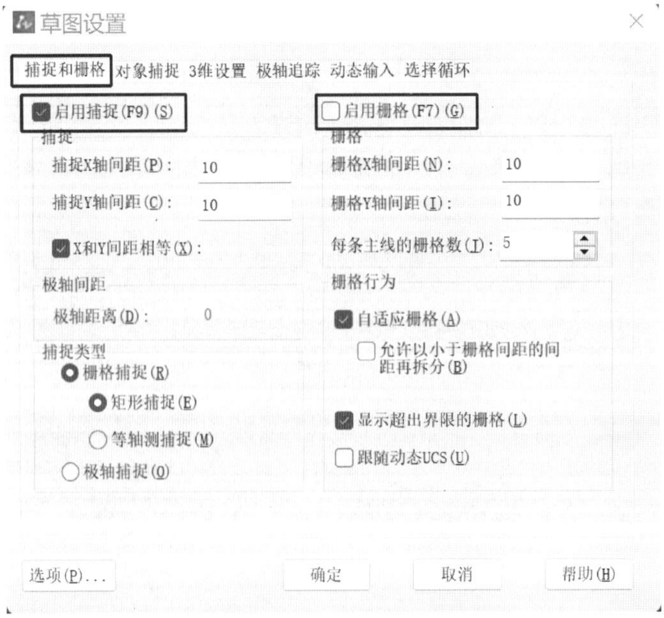

图 8-8 捕捉和栅格设置

②对象捕捉(F3):如图 8-9 所示,启用对象捕捉并全部选择可以捕捉到模型中任意点,也可以根据绘图需要有目的地选择模型更精准的捕捉点。对象捕捉追踪的快捷键为“F11”,将光标放置在端点上两秒钟,鼠标移动,要追踪的方向会出现一条虚线。在绘图时建议选取常用的捕捉点,方便识别选取点(端点、中点、圆心、节点、垂足、交点)。

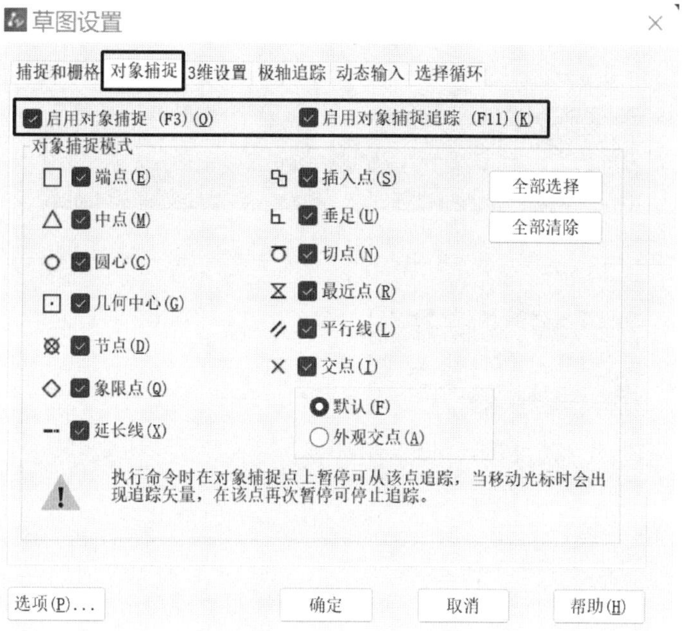

图 8-9 对象捕捉设置

③极轴追踪(F10):启用极轴追踪,设置角度,可以捕捉到不同的角度点,如图 8-10 所示。

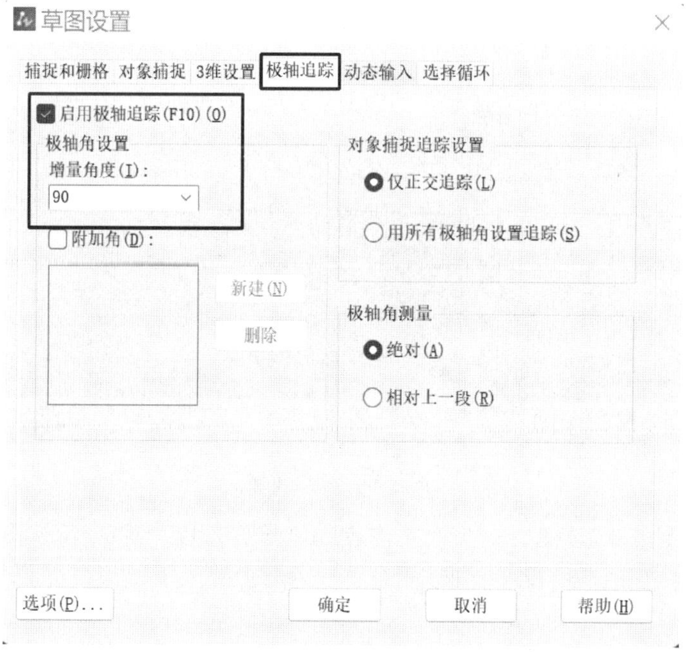

图 8-10 极轴追踪设置

④动态输入：启用动态输入，指针会出现白色框，输入命令时会显示操作过程提示，如图8-11所示。

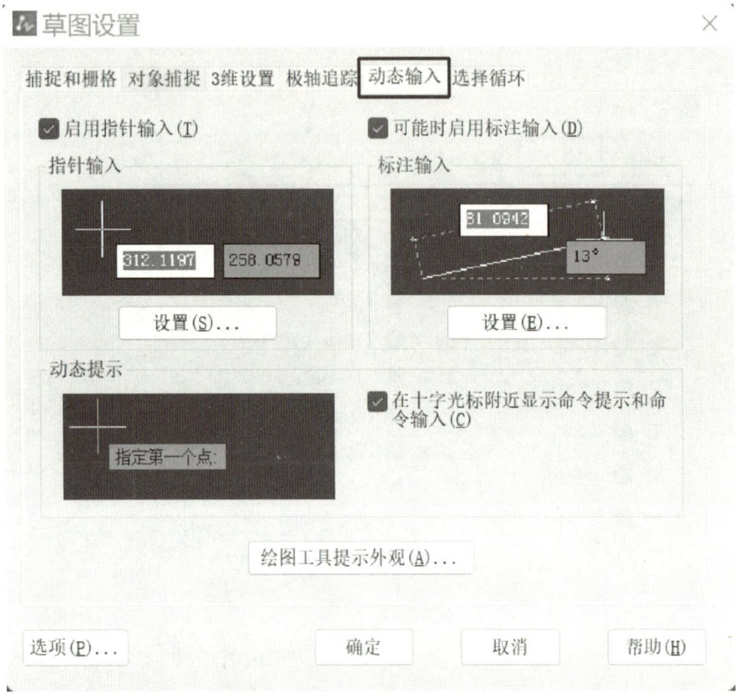

图 8-11　动态输入设置

2. 设置图层、文字样式、标注样式

(1)设置图层。

①输入快捷命令 LA，空格，打开"图层特性管理器"面板，点击 0 图层下方空白区域，输入快捷命令"Alt+N"，根据任务要求新建 8 个图层，如图 8-12 所示。

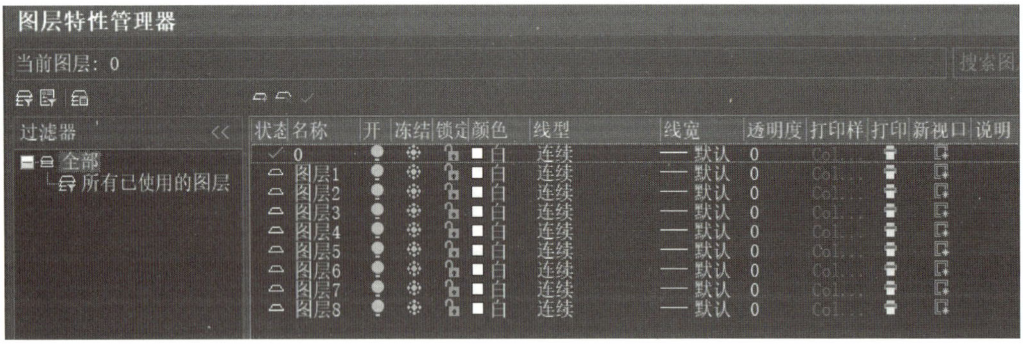

图 8-12　新建图层

②根据任务要求双击"图层 1"修改名称；点击"开""冻结""锁定"后该图层将不能使用或隐藏；图层颜色自定，规范中没有要求；轴线线型需要设置为 CENTER2 Center(0.5x)，如图8-13所示。

③图层设置完成如图 8-14 所示，设置完成后关闭当前窗口。绘图时要先选择当前图层，如图 8-15 所示。

图 8-13 轴线线型设置

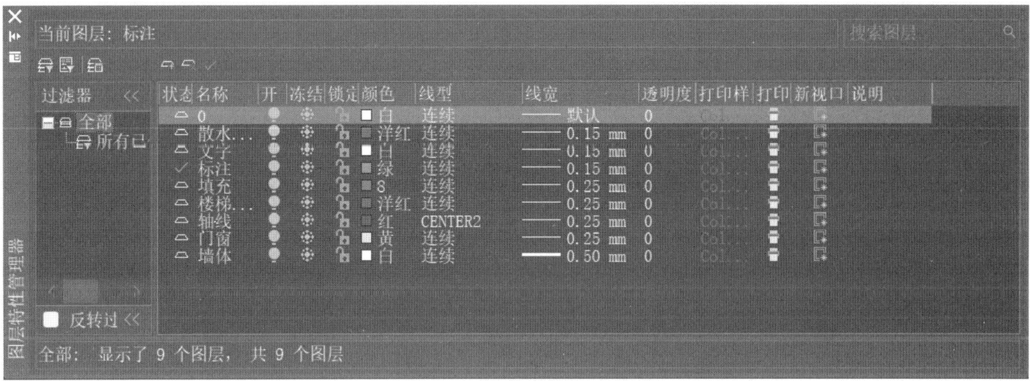

图 8-14 图层设置完成效果

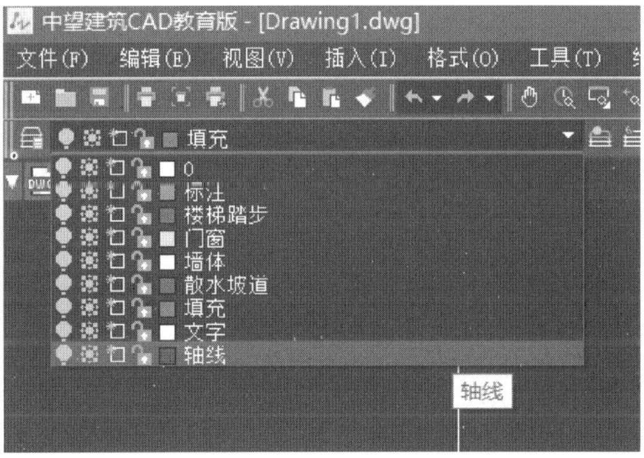

图 8-15 选择图层绘图

图层设置参数列表如表 8-1 所示。

表 8-1　图层设置参数列表

图层名称	线型	颜色	线宽
轴线	CENTER2 Center(0.5x)	1	0.25
标注	连续	3	0.15
墙体	连续	7	0.5
门窗	连续	2	0.25
楼梯踏步	连续	6	0.25
散水坡道	连续	6	0.15
文字	连续	7	0.15
填充	连续	8	0.25

(2)设置标注样式。

①输入快捷命令“D”打开“标注样式管理器”,点击“新建”按钮,弹出“新建标注样式”对话框,新样式命名为“BZ”,点击“继续”按钮,如图 8-16 所示。

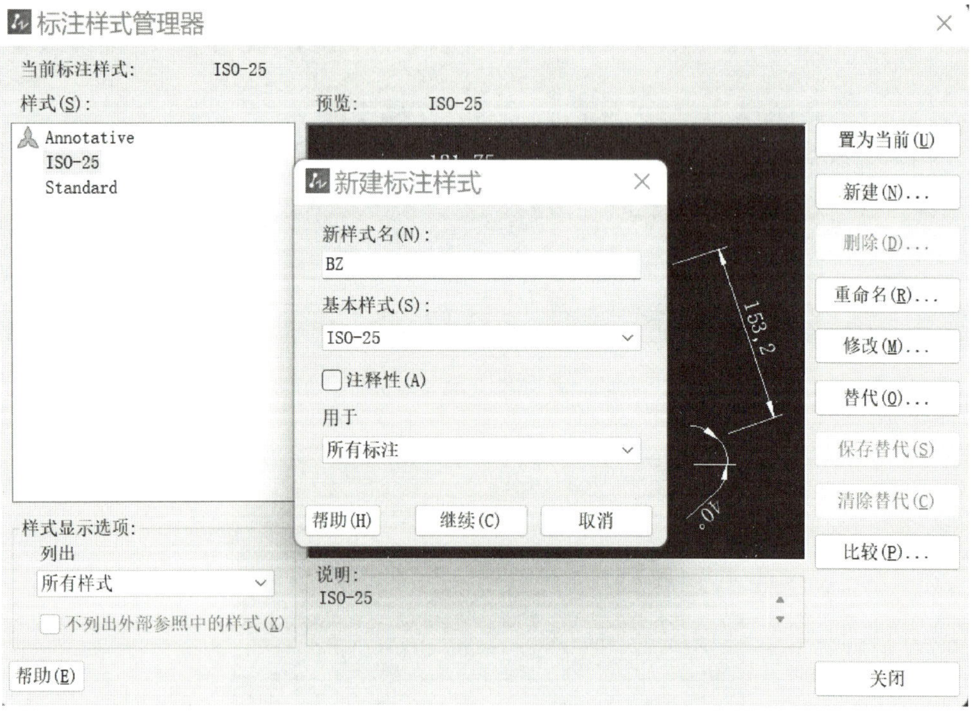

图 8-16　新建标注样式

②在“新建标注样式:BZ”对话框中按照规范要求设置标注线,如图 8-17 所示。

③在“新建标注样式:BZ”对话框中按照规范要求设置符号和箭头,如图 8-18 所示。

④在“新建标注样式:BZ”对话框中按照规范要求设置文字,如图 8-19 所示。

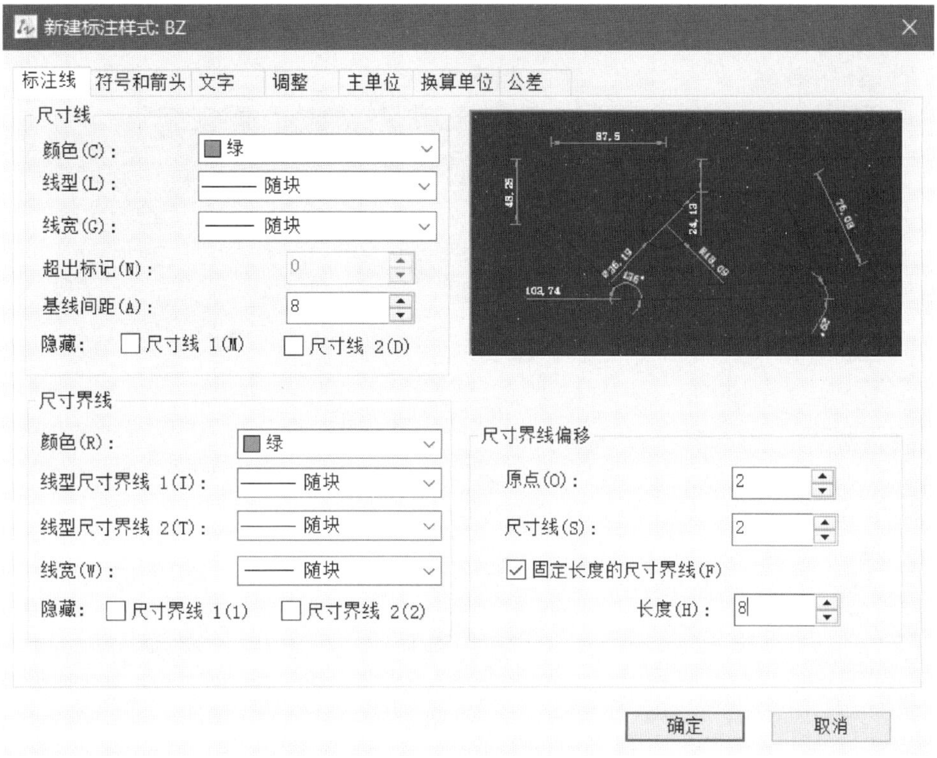

图 8-17 标注线设置

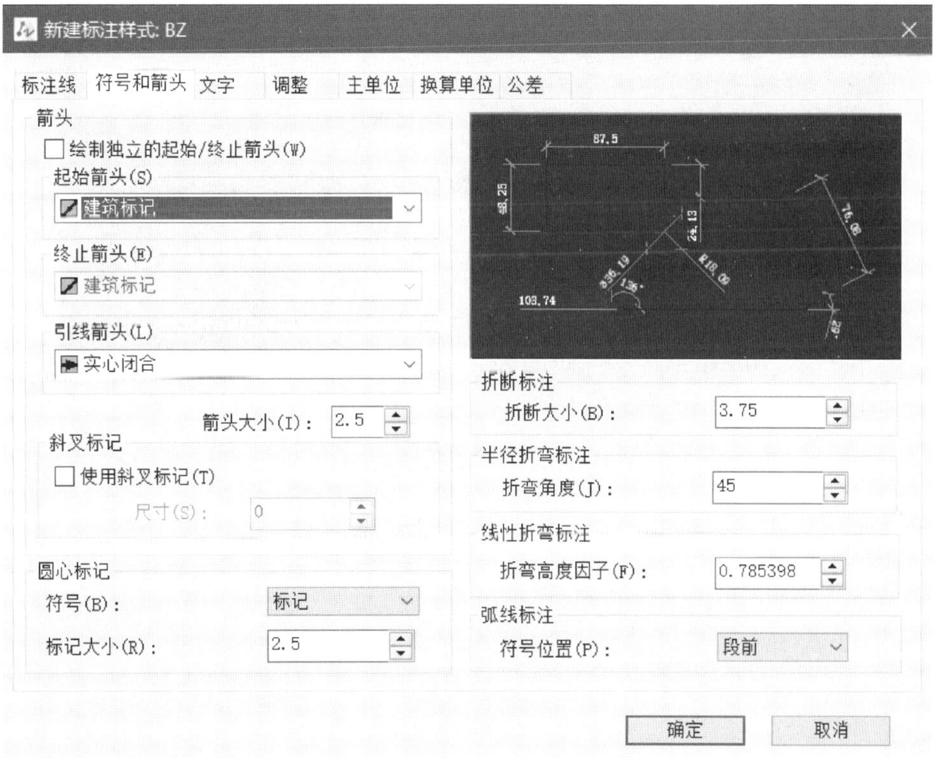

图 8-18 符号和箭头设置

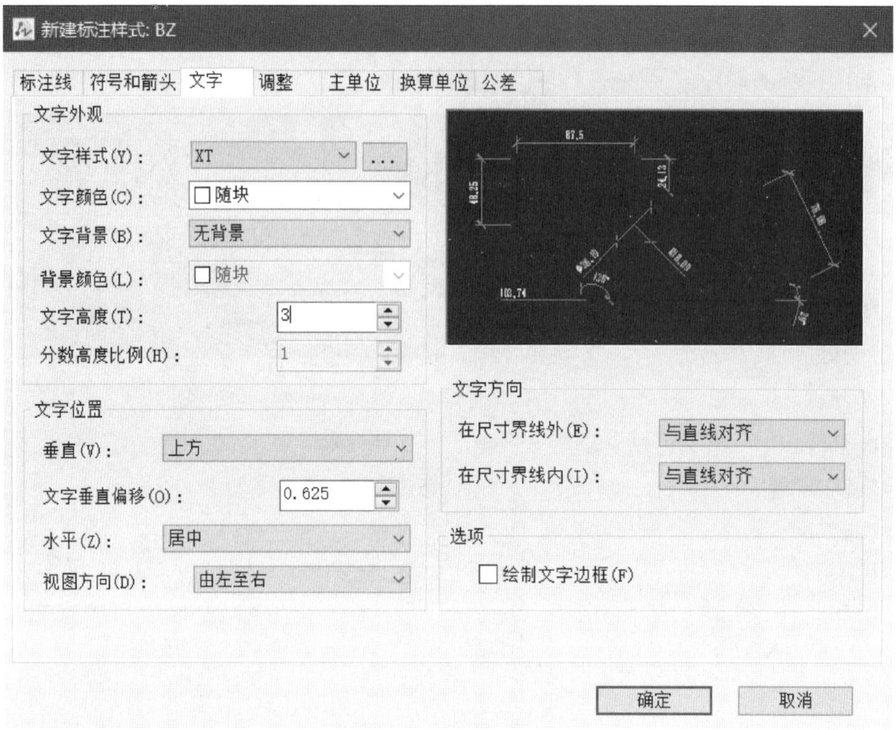

图 8-19　文字设置

⑤在“新建标注样式:BZ”对话框中按照规范要求设置调整,如图 8-20 所示。

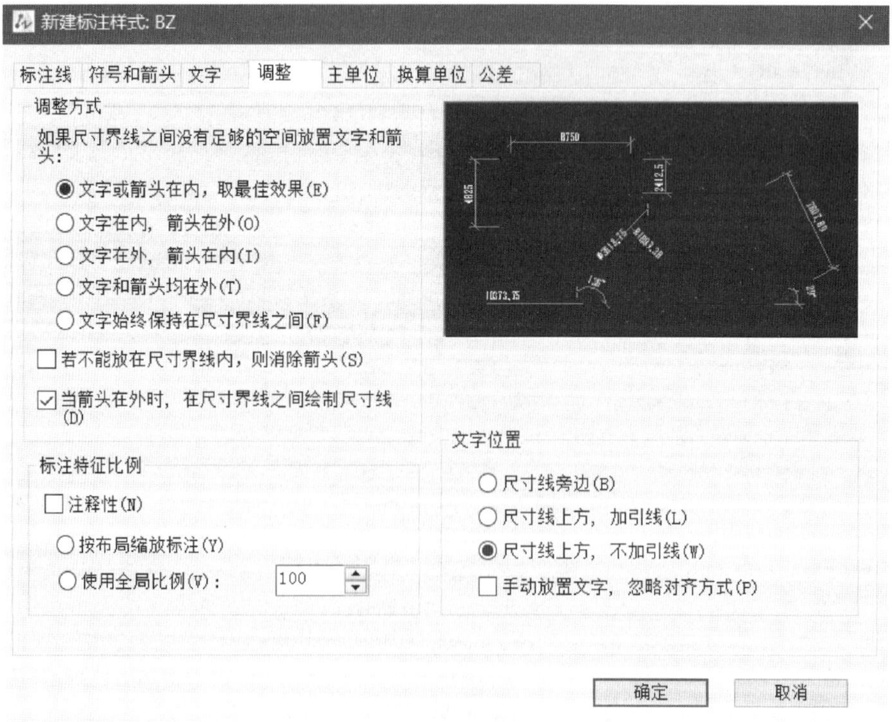

图 8-20　调整设置

⑥在“新建标注样式:BZ”对话框中按照规范要求设置主单位,如图 8-21 所示。

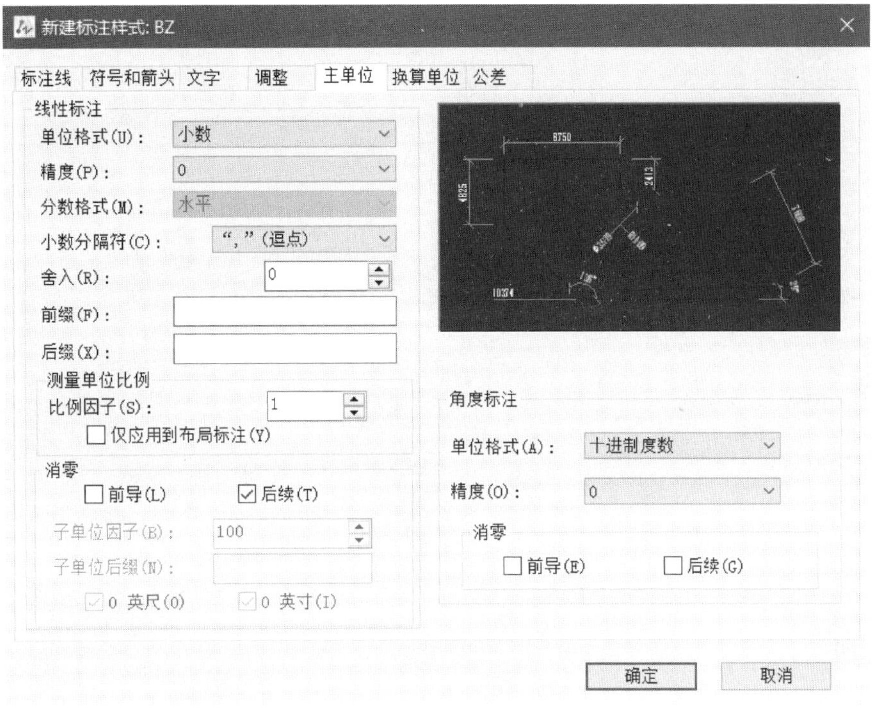

图 8-21 主单位设置

(3)设置文字样式。

①输入快捷命令 ST,按确认键,弹出“文字样式管理器”对话框,如图 8-22 所示。点击“新建”设置汉字样式,样式名称为“HZ”,如图 8-23 所示;点击“确定”后选择文本字体名称“仿宋”,语言默认为“CHINESE_GB2312”,宽度因子为“0.7”,如图 8-24 所示。

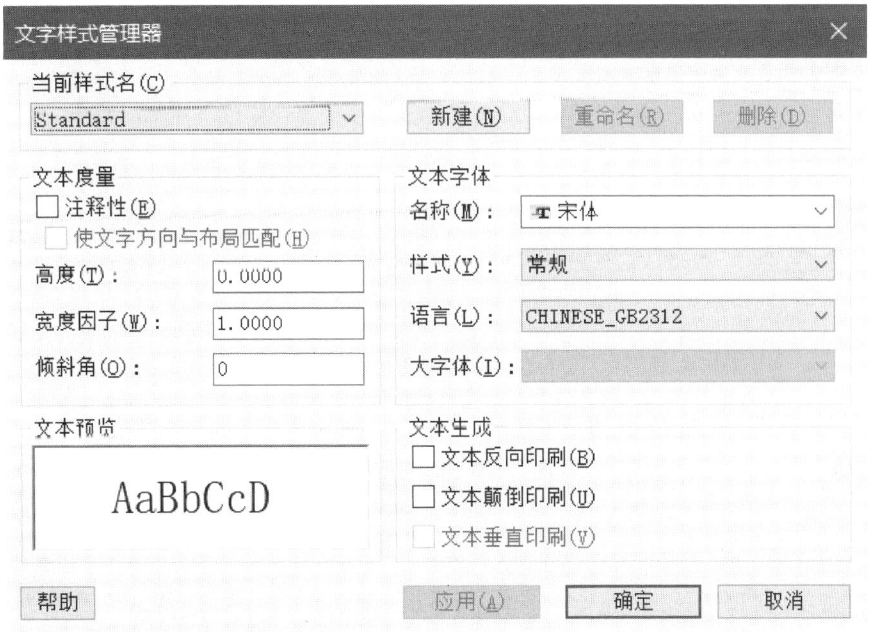

图 8-22 文字样式管理器

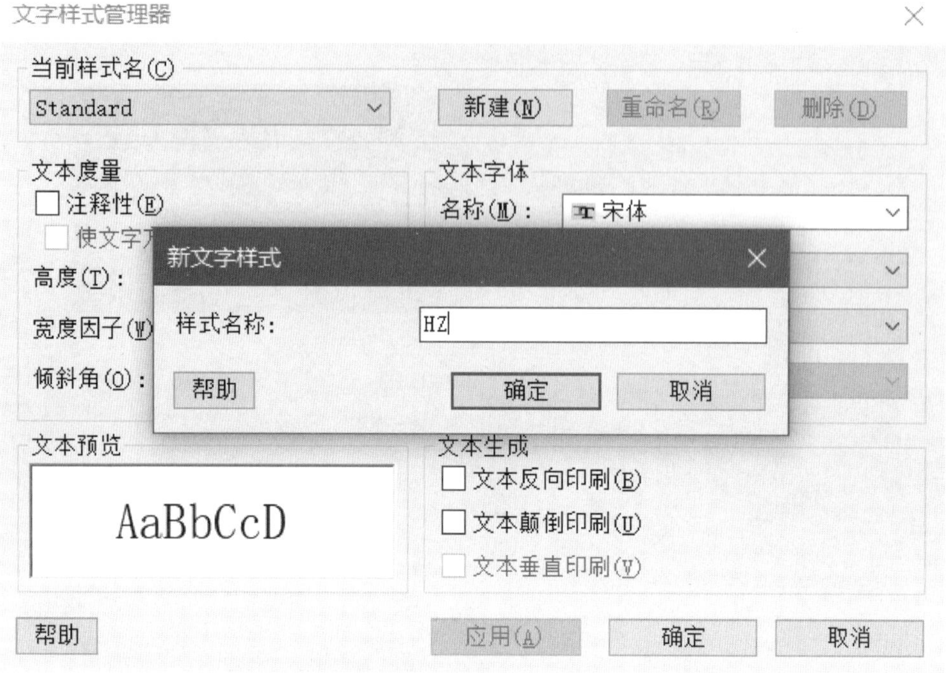

图 8-23　新建汉字样式

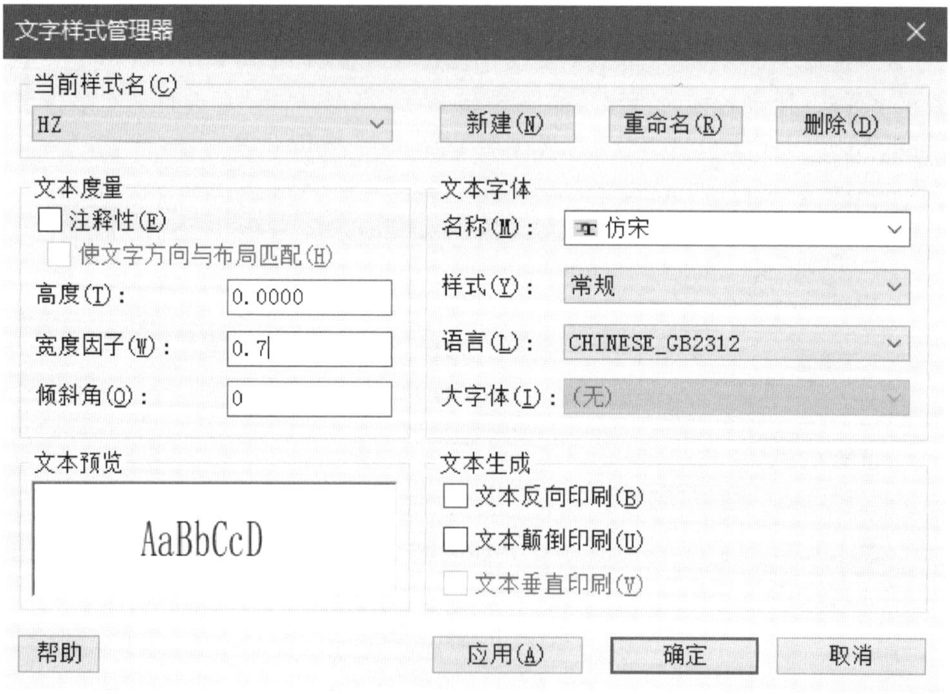

图 8-24　汉字样式设置效果

②再次点击“新建”，弹出“新文字样式”对话框，设置非汉字样式，样式名称为“XT”，如图 8-25 所示。确定后选择文本字体名称“simplex. shx”，大字体为“HZTXT. SHX”，宽度因子设置为“0.7”，如图 8-26 所示。

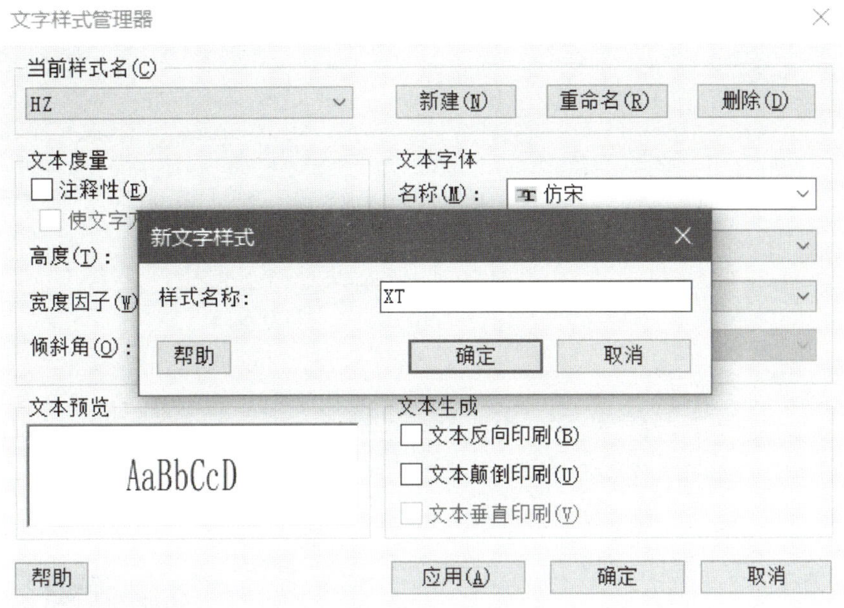

图 8-25 新建非汉字样式

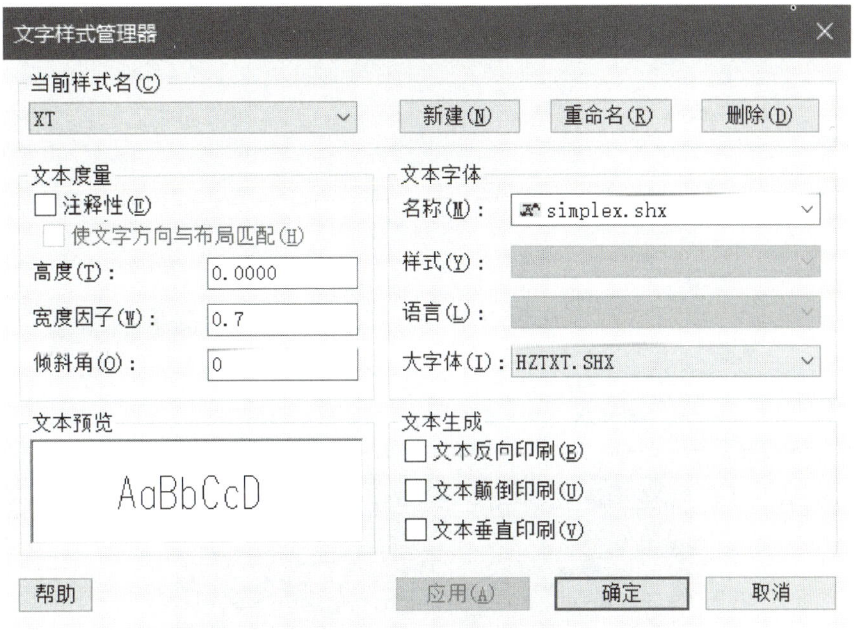

图 8-26 非汉字样式设置效果

③文字样式设置可以在设置标注样式的同时进行。点击“文字”下“文字样式”后面的“...”按钮，弹出文字样式管理器，进行非汉字设置，如图 8-27 所示，同样可新建汉字样式，如图 8-28 所示。

3. 模型空间、布局空间参数设置

(1)创建“PDF-A2”布局。右键单击“布局 1”，点击“重命名”，如图 8-29 所示；将布局名称更改为“PDF-A2”，如图 8-30 所示；点击“确定”，如图 8-31 所示。

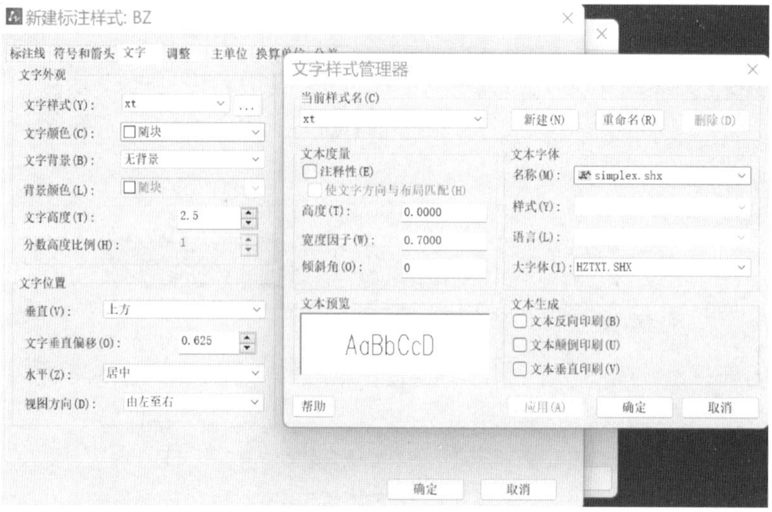

图 8-27　在设置标注样式时新建非汉字样式

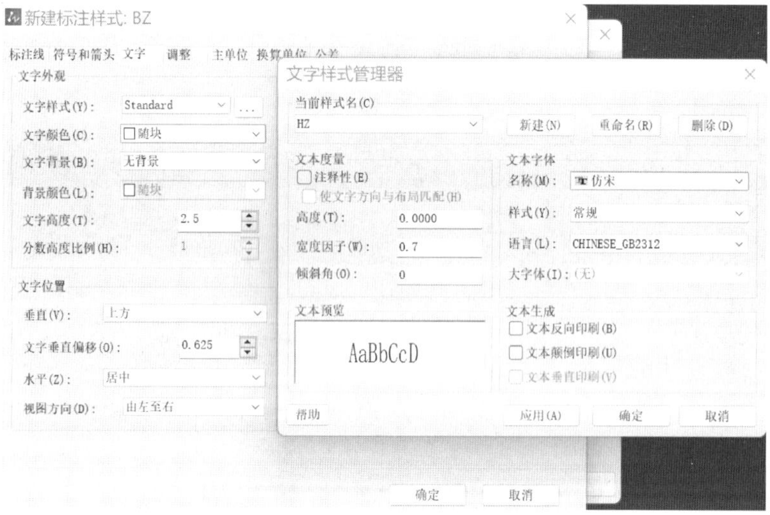

图 8-28　在设置标注样式时新建汉字样式

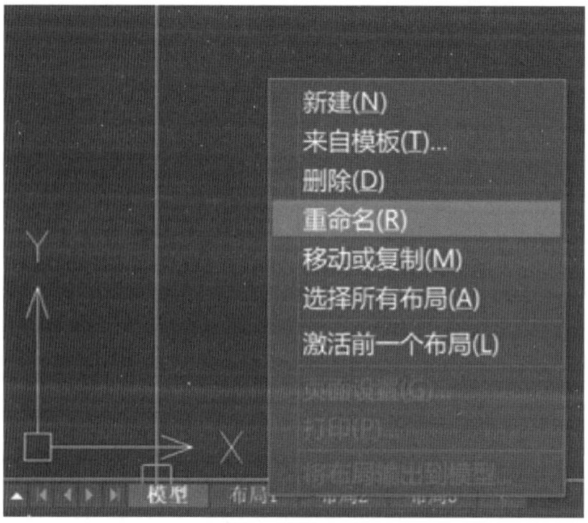

图 8-29　点击“重命名”

图 8-30　重命名

(2)打印样式设置。右键单击“PDF-A2”,点击“页面设置”,如图 8-32 所示;弹出页面设置管理器,选中“PDF-A2”,点击“修改”按钮(见图 8-33),弹出“打印设置”对话框,按任务要求设置参数,如图 8-34 所示。

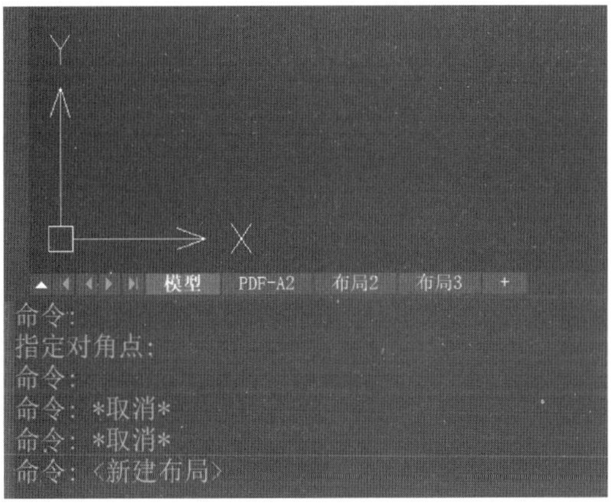

图 8-31　重命名后效果

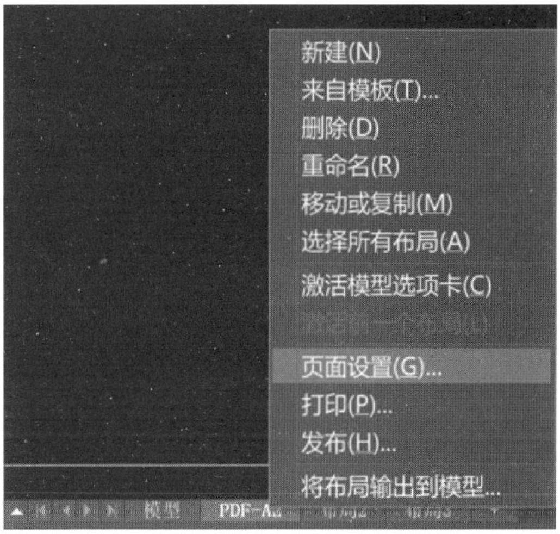

图 8-32　点击“页面设置”

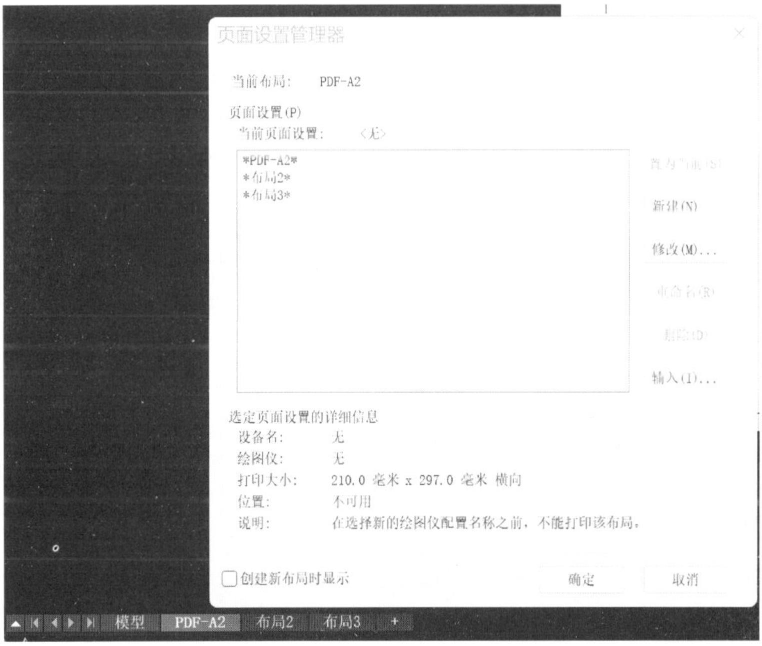

图 8-33　点击“修改”按钮

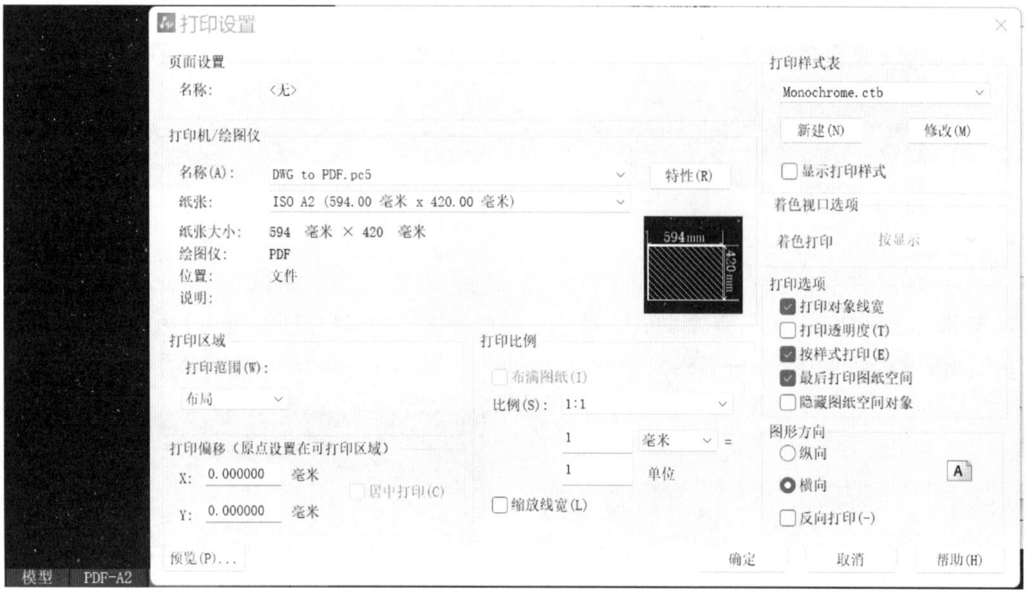

图 8-34 “打印设置”对话框

选择打印机/绘图仪名称“DWG to PDF. pc5”，点击“特性”按钮，弹出绘图仪配置编辑器，点击“修改标准图纸尺寸(可打印区域)”，在“修改标准图纸尺寸”中选择“ISO A2(594.00 毫米×420.00 毫米)”，点击“修改”，如图 8-35 所示。确定后弹出“自定义图纸尺寸-可打印区域”对话框，上下左右参数修改为“0”，如图 8-36 所示。点击“下一页”确定，如图 8-37 所示，完成打印设置后回到页面设置管理器，“PDF-A2”为蓝色说明是在当前操作，点击“确定”，打印设置完成，如图 8-38 所示。完成后布局空间 A2 图框打印区域虚线显示为“0”，如图 8-39 所示。

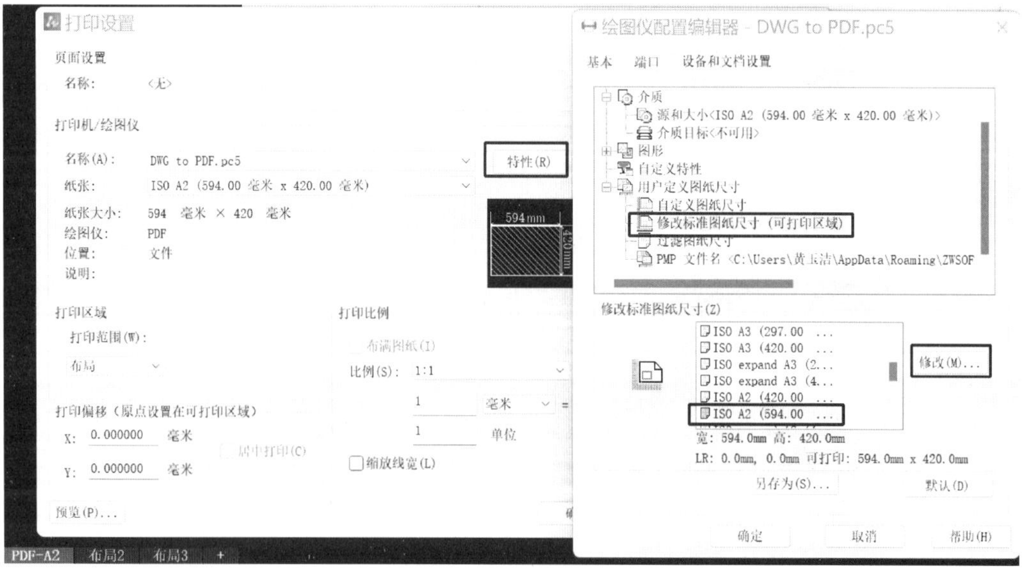

图 8-35 修改标准图纸尺寸

图 8-36　打印区域设置

图 8-37　确定后效果

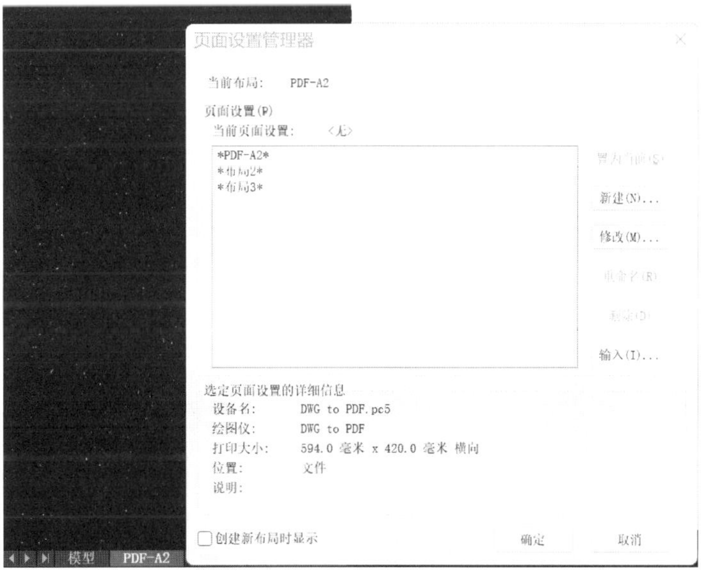

图 8-38　打印设置完成后效果

图 8-39　完成后布局空间效果

(3)图框绘制。在布局“PDF-A2”中按 1∶1 比例绘制符合国标的 A2 横向图框,如图 8-40 所示。

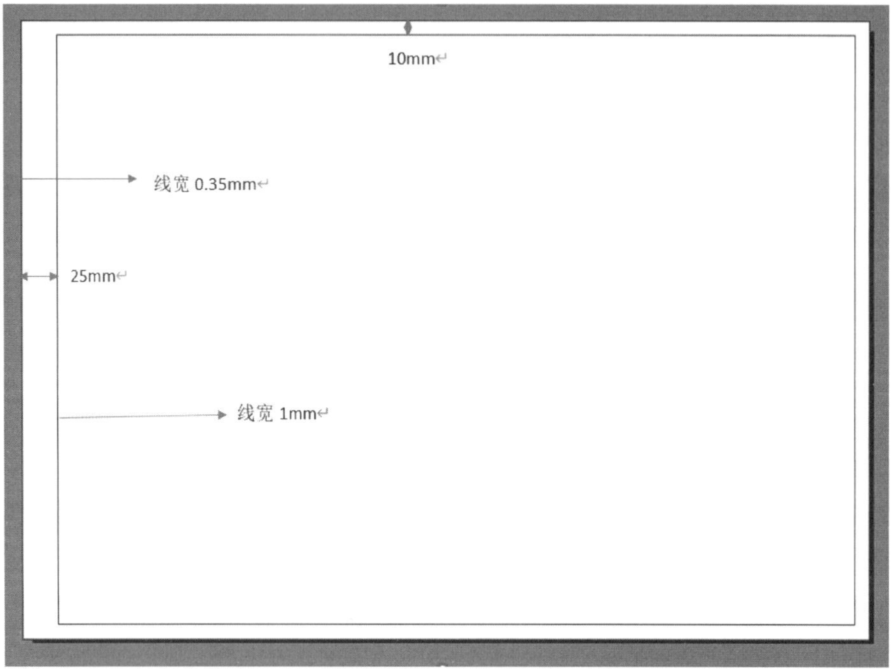

图 8-40　图框设置参数

①外边框绘制。输入矩形快捷命令 REC,空格,此时外边框为虚线。输入原点和 A2 图框尺寸:“0,0”,空格,“594,420”,空格,绘制完成 A2 图框外边框。设置外边框线宽为 0.35 mm,如图 8-41 所示。完成后外边框为实线。

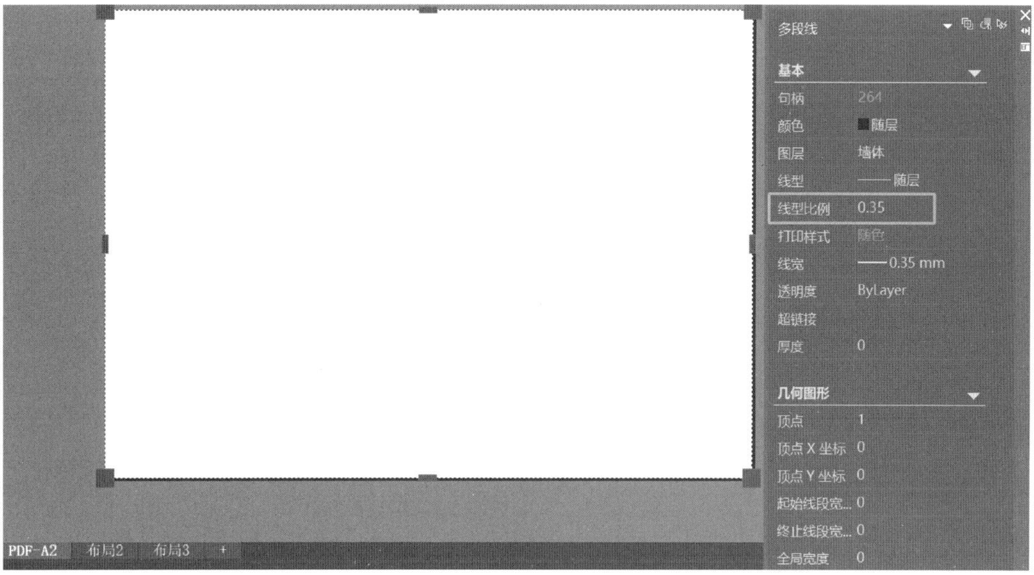

图 8-41　绘制 A2 图框外边框

②内边框绘制。输入快捷命令 O，向内偏移 10 mm，输入分解快捷命令 X，向内偏移 15 mm，输入倒角命令快捷键倒直角，删除多余线条，完成内框绘制，内框线宽 1 mm，如图 8-42 所示。

图 8-42　内框绘制

(4)按照出图比例设置视口大小，并锁定浮动视口比例及大小尺寸。输入快捷命令 MV，空格，框选外边框，空格，双击图框内白色区域进入视口，如图 8-43 所示。按照 1∶100 修改图纸比例，如图 8-44 所示，点击“自定义”按钮可以增加图纸比例。点击锁定按钮，视口锁定，如图 8-45 所示，图纸固定在视口内不能移动，再次点击锁定按钮即可解锁。

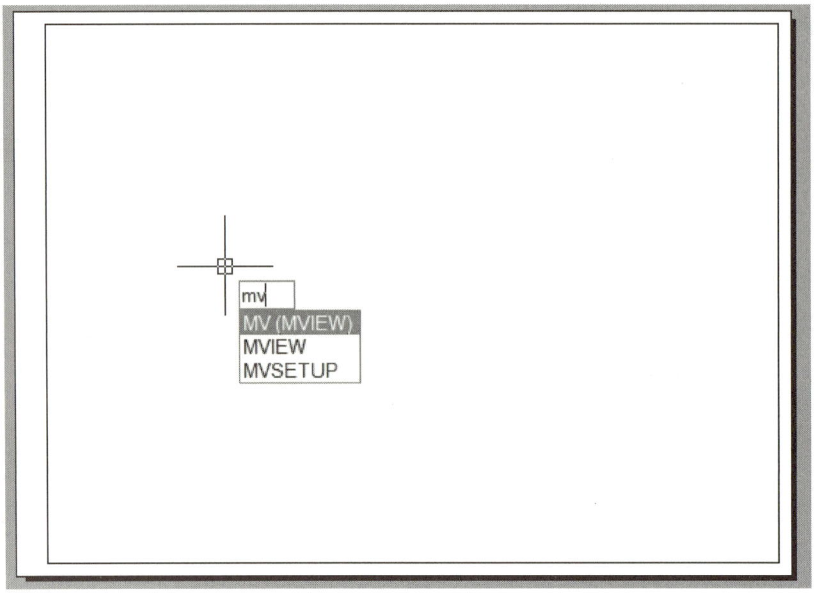

图 8-43　输入 MV 视口命令

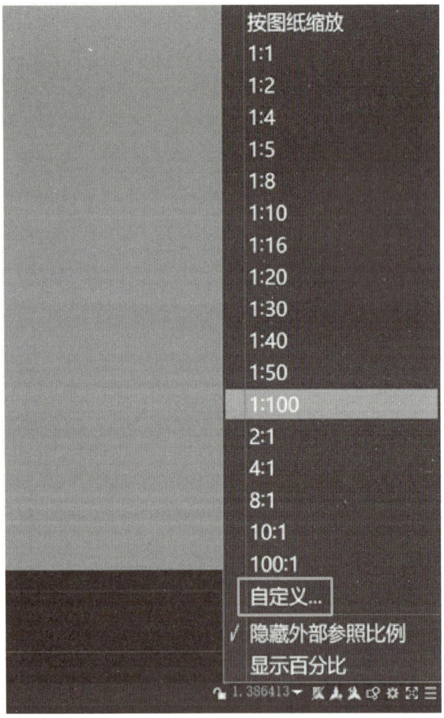

图 8-44　比例设置

图 8-45　锁定视口

4. 标题栏绘制

按图 8-1 所示的标题栏，在 0 层中绘制，不标注尺寸。

(1)绘制标题栏框。输入矩形快捷命令 REC，空格，指定第一点，命令行提示输入尺寸“D”(130，24)。将矩形分解，输入快捷键 X，按顺序从左到右使用偏移命令，输入快捷键 O，偏移 20、45、20、45，从上到下偏移 8、8、8。设置标题栏外框线宽 0.7 mm，内框线宽 0.35 mm，如

图 8-46 所示。小技巧分享：在命令操作过程中，相同的命令只需要输入一次，只需要按空格键即可再次操作，不需要再次输入快捷命令。

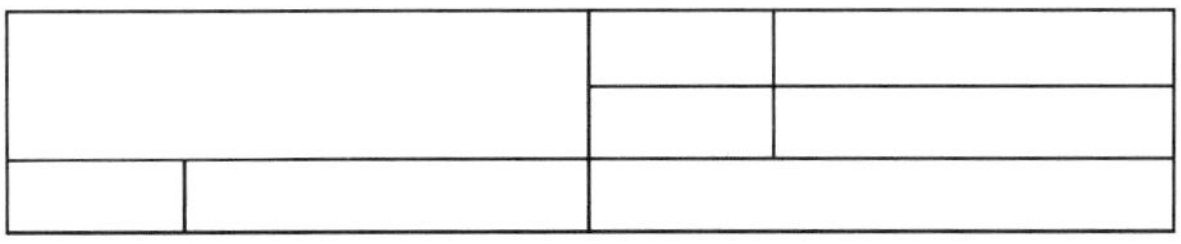

图 8-46　绘制标题栏框

(2)定义属性块。绘制辅助线，如图 8-47 所示。输入快捷键 ATT，输入图名，设置文字样式 HZ，居中，字体高度为 6；比例、图号、制图一次输入完成(其余字体高度为 4)。输入文字(T)需要输入命令(J)对正，最后全选组块(BTL)，拾取点，确定，弹出编辑图块属性，更改对应属性。

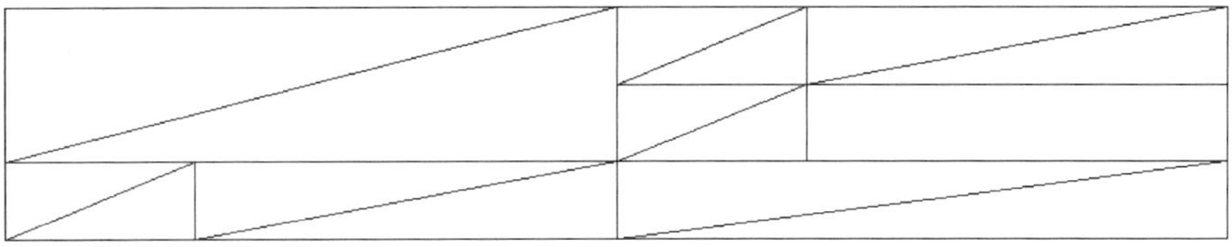

图 8-47　绘制标题栏辅助线

(3)输入文字。使用快捷键 ATT，弹出“定义属性”对话框，如图 8-48 所示，按任务要求设置参数。点击“定义”，找到辅助线的中点，点击后可以继续定义其他文字，全部完成后点击“定义并退出”，完成文字输入，如图 8-49 所示。

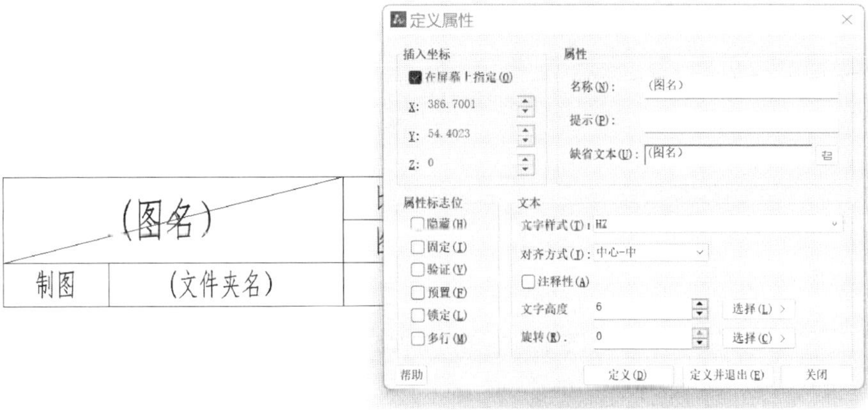

图 8-48　“定义属性”对话框

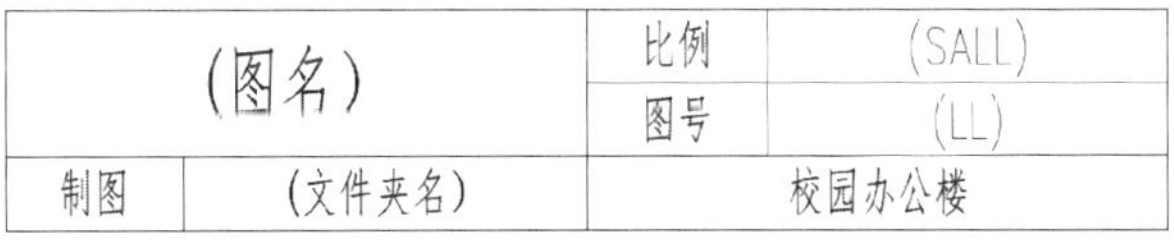

图 8-49　文字输入

(4)创建块。第一步，框选整个标题栏；第二步，输入块的快捷键 B，弹出块定义对话框，命名为“BTL”，选择“拾取基点”拾取标题栏右下角点，如图 8-50 所示。点击“确定”，弹出“编辑图块属性”对话框，填写对应图纸信息内容，如图 8-51 所示。点击“确定”后标题栏信息自动补全，如图 8-52 所示。

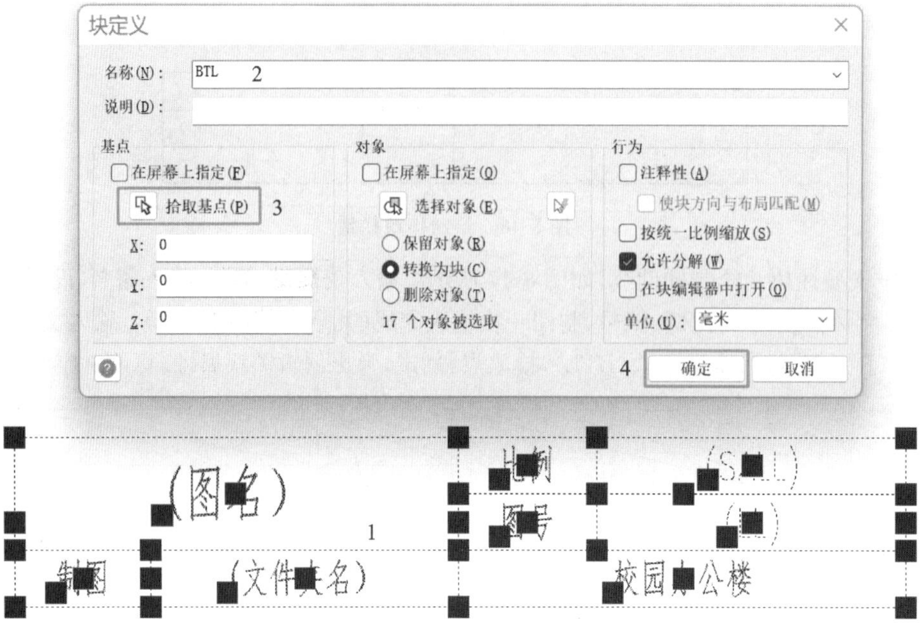

图 8-50　块定义

图 8-51　“编辑图块属性”对话框

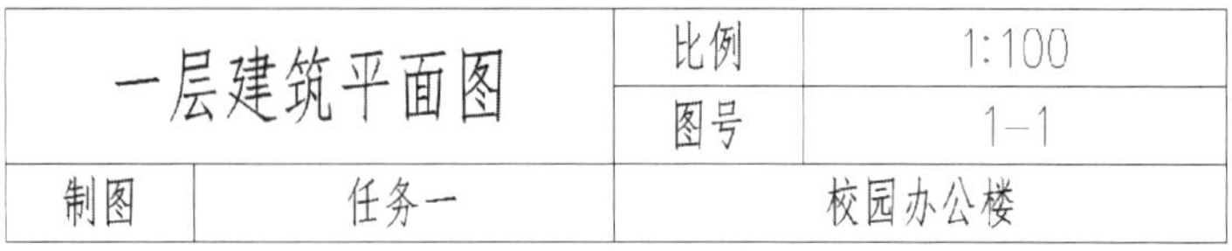

图 8-52　确定后标题栏效果

5. 打印出图

第一步，在设置好的布局空间按打印快捷键 Ctrl＋P，弹出设置好的打印页面，如图 8-53 所示。第二步，点击“确定”，弹出“浏览打印文件”对话框，选择桌面，将文件名改为“PDF-A2 样板文件”，保存类型为 PDF 格式，如图 8-54 所示。点击“保存”，显示最终出图打印效果，如图 8-55 所示。

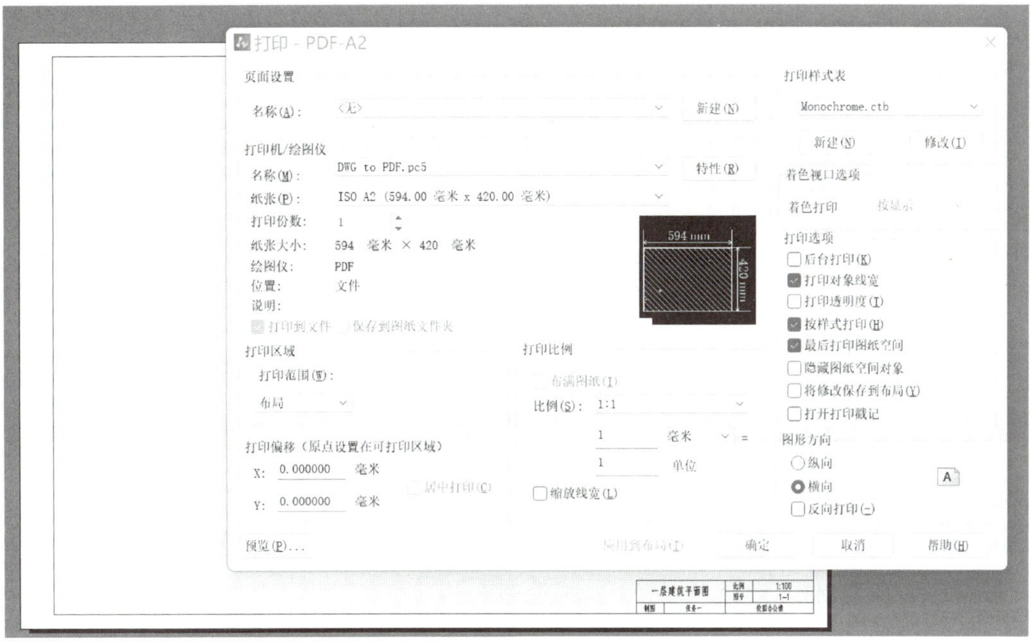

图 8-53 “页面设置”对话框

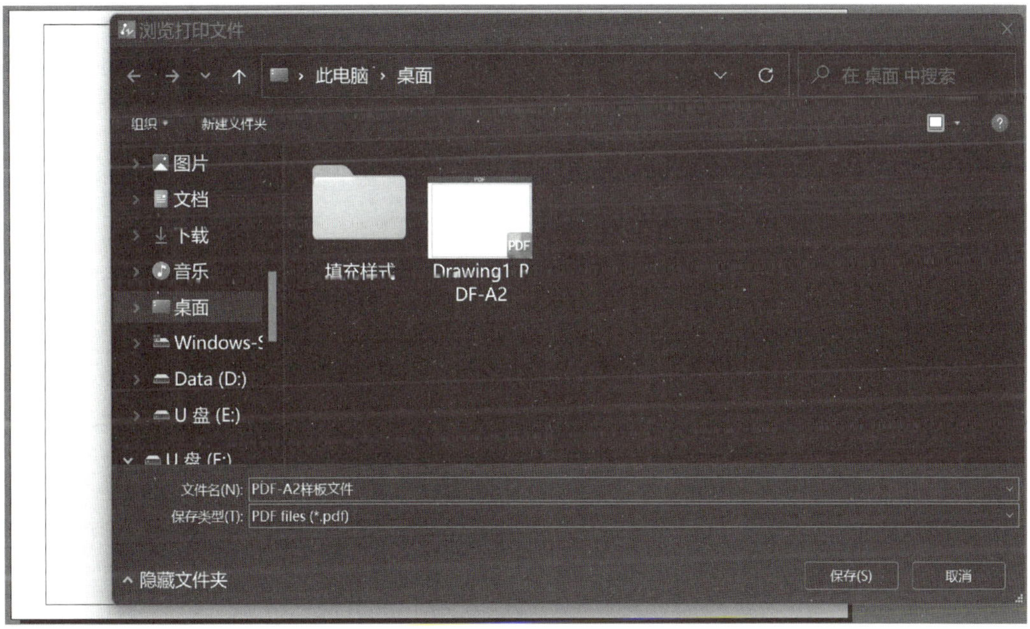

图 8-54 更改文件名称

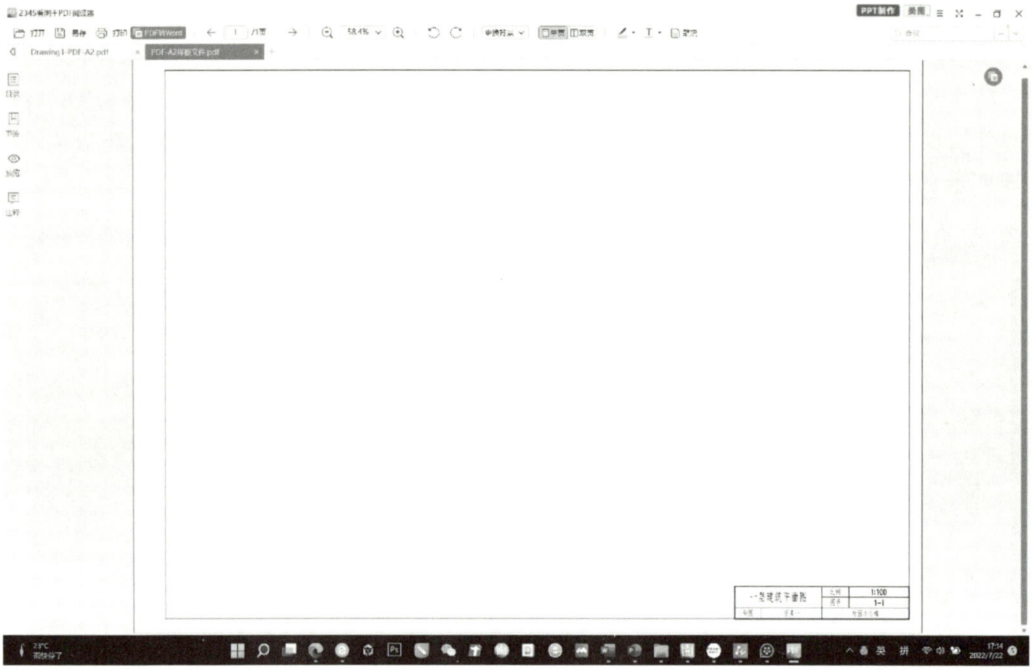

图 8-55　出图打印效果

6. 保存样板文件

点击菜单栏“文件”，选择“另存为”或者直接使用快捷命令“Ctrl＋Shift＋S”，弹出“图形另存为”对话框，选择要保存文件的位置，更改文件名为“A2 样板文件”，文件类型为“图形样板（＊.dwt）”，如图 8-56 所示，点击“保存”即可完成样板文件的保存。

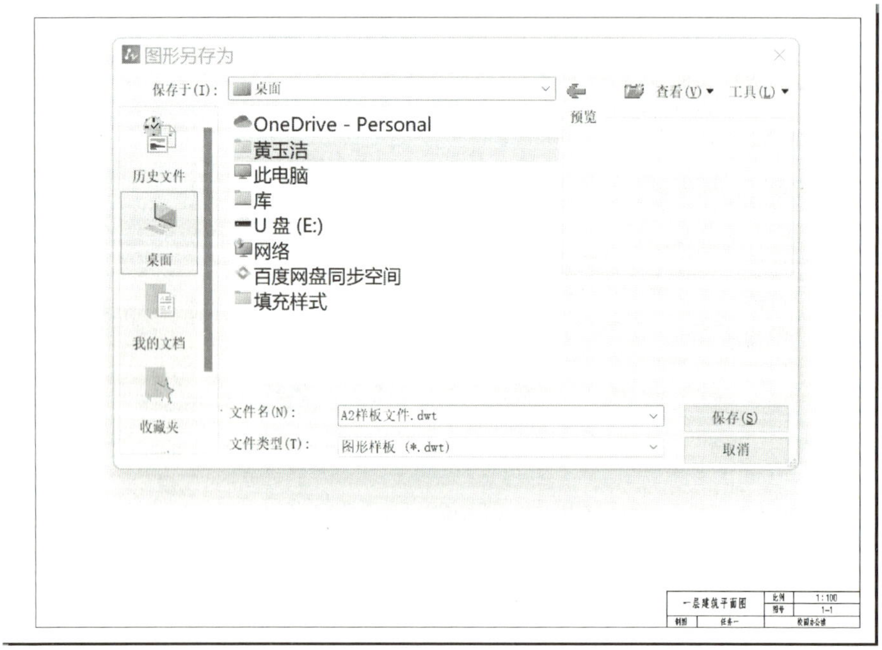

图 8-56　样板文件保存

任务小结

掌握绘图前环境设置，每次绘图前需要依据制图规范对绘图环境进行设置，注意标注样式、图层的设置，通过每次绘图前的练习熟练掌握图层、标注样式、文字样式的设置，掌握虚拟打印的方法。

任务拓展

创建样板文件：

(1)设置文字样式。

设置两个文字样式，分别用于汉字及数字和字母的注释，所有字体均为直体字，宽度因子为0.7。

①用于汉字的文字样式：文字样式命名为“HZ”，字体选择“仿宋”，语言为“CHINESE_GB2312”。

②用于数字和字母的文字样式：文字样式命名为“XT”，字体选择“simplex. shx”，大字体选择“HZTXT. SHX”。

(2)设置尺寸标注样式。

尺寸标注样式名为“BZ”，其中文字样式用“XT”，其他参数请根据国标的相关要求进行设置。

(3)创建布局。

①新建布局并更名为“PDF-A3”(大写)。

②打印设置：配置打印机/绘图仪名称为 DWG TO PDF. pc5；纸张幅面为 A3，横向；可打印区域页边距设置为 0，采用单色打印，打印比例为 1∶1。

(4)在布局“PDF-A3”中按 1∶1 比例绘制符合国标的 A3 横向图框。

(5)绘制属性块标题栏。

①按图 8-1 所示的标题栏，在 0 层中绘制，不标注尺寸。图 8-1 所示标题栏中的“(图名)”“(文件夹名)”“(SCALE)”和“(TH)”均为属性。字高：“(图名)”为 6，其余文字为 4，所有属性和文字均在指定格内居中。

②将标题栏连同属性一起定义为块，块名为“BTL”，基点为标题栏右下角点。

③插入图块“BTL”于图框的右下角，分别将属性“(图名)”和“(文件夹名)”的值改为“基本设置”和文件夹的具体名称(如“12345”)。

(6)样板文件的保存。

保存文件名为“TASK01. dwt”的样板文件到指定文件夹中。

8.2 建筑平面图绘制

课前学习

(1)学习掌握平面图制图规范。

(2)掌握绘制平面图的方法步骤。

课堂学习任务

平面图的绘制以某学校宿舍楼为例，要求如下：正确识读图纸，确定绘图内容；绘图前对绘图环境进行设置；确定抄绘图纸的顺序；完成平面图抄绘。

本任务采用学校宿舍楼为实际案例项目。绘图前同学们已经设置好样板文件（图形单位、选项面板、图层、标注、文字、布局、打印样式等的设置），并且在识图课程中掌握了平面图中轴号、文字、标高符号、指北针等的制图规范。为了能更快更好地完成平面图绘制，在这里将平面图绘制按照绘图步骤分解为六个小任务。这几个任务的顺序是可以变换的，但是整体上这样抄绘更清晰。同学们熟练之后可以按照自己的绘图习惯来绘制。

任务分解：

(1)抄绘尺寸标注；

(2)绘制轴网、轴号；

(3)绘制墙体；

(4)开门窗洞口，绘制门窗；

(5)绘制楼梯；

(6)标注文字。

学习目标与重难点

学习目标	掌握平面图绘制方法，能够抄绘一张规范的建筑平面图
学习重点和难点	CAD 绘图环境基本操作：绘图单位、选项面板、草图设置（重点）
	掌握绘图步骤（重点）
	掌握平面图的制图规范（重点）
	掌握常用命令的操作方法（重点）
	能够根据任务要求灵活运用制图规范、绘图命令、快捷键绘制一张建筑平面图（难点）

任务实施

1. 抄绘尺寸标注

第一步，选择“标注”为当前图层。

第二步，输入多段线快捷命令 PL 或直线命令 L，按 F8 键打开“正交”模式，依次抄绘平面图横向细部尺寸 100 mm、1000 mm、2500 mm、1000 mm、750 mm、2500 mm、750 mm、800 mm……100 mm。

第三步，输入基线标注快捷命令 DBA，绘制轴线间距以及总尺寸。这里需要注意输入 DBA 之后会出现尺寸关联，这时需要输入快捷命令 S 选取，断开关联，再开始绘制轴线间距尺寸和总尺寸。

第四步，输入连续标注快捷命令 DCO，这里同样会出现关联，按照第三步的操作方法取消关联，补全轴线间距尺寸，至此完成横向尺寸抄绘。抄绘标注在基础命令章节中有详细介绍。

竖向细部尺寸的抄绘方法与横向标注抄绘方法一致。抄绘尺寸效果如图 8-57 所示。

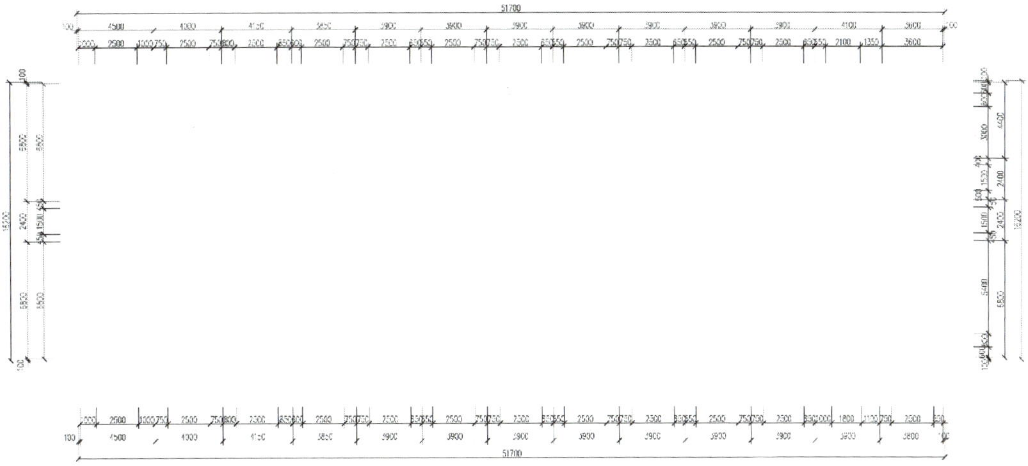

图 8-57　抄绘尺寸效果

2. 绘制轴网、轴号

第一步，选择“轴线”为当前图层。

第二步，绘制竖向轴线。输入构造线快捷命令 XL，空格，“V”竖直，直接点击轴线间距 4500 mm、4000 mm、4150 mm……3600 mm。

第三步，绘制横向轴线。输入构造线快捷命令 XL，空格，“H”水平，直接点击轴线间距 6800 mm、2400 mm、6800 mm。

第四步，输入修剪快捷命令 TR，双击空格键修剪多余的构造线，完成轴网绘制，如图 8-58 所示。

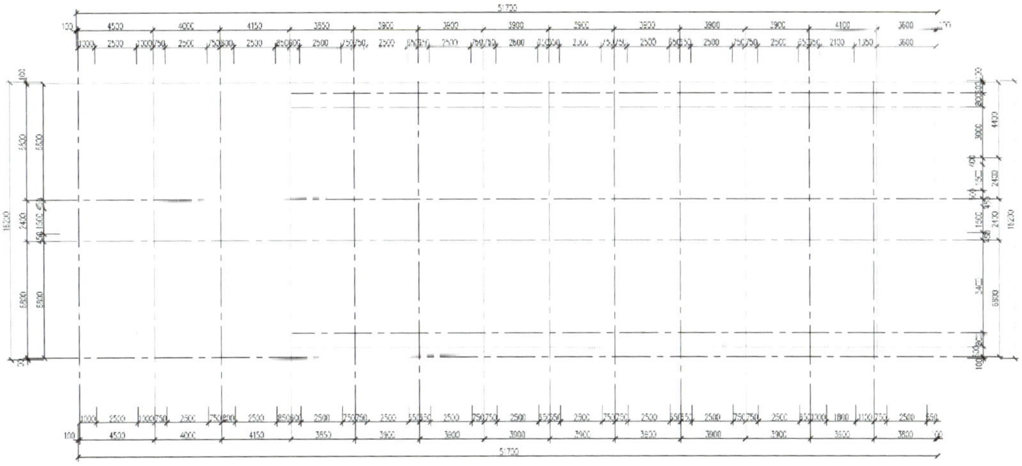

图 8-58　绘制轴网

第五步，绘制轴号。F3 捕捉打开，输入快捷命令 C，绘制直径为 800 mm 的圆（见图 8-59），圆中间的文字需要居中对齐，如图 8-60 所示。中间文字使用“定义属性”的方式绘制，输入快捷命令 ATT，弹出“定义属性”对话框，设置如图 8-61 所示。只绘制一个圆内文字，点击“定义并退出”，点击圆中心完成文字绘制。

完成一个轴号的绘制，剩下的轴号直接复制到对应的位置，如图 8-62 所示。制图规范要求横向轴号由数字组成，竖向轴号由字母组成。轴号复制完成后在菜单栏中找到“自动编号”工具，一次修改 1 轴到 7 轴，命令行操作步骤如下：

图 8-59　绘制圆

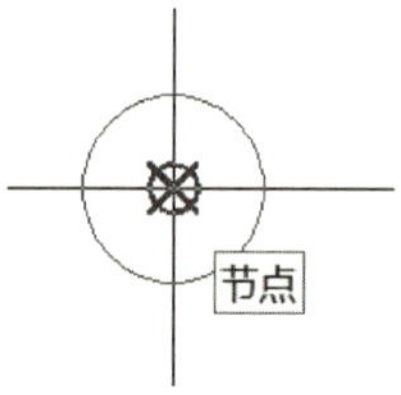

图 8-60　文字需要居中对齐

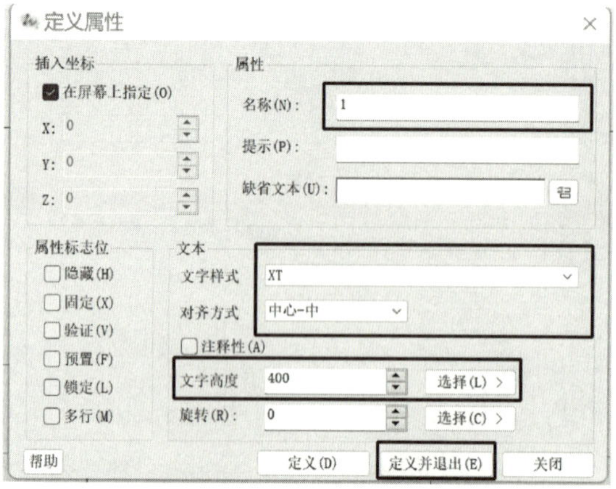

图 8-61　“定义属性”对话框

```
命令：_TCOUNT
请选择文字,多行文字或属性定义...
选择对象：
指定对角点：
找到 6 个,已过滤 12 个
选择对象：
排序选定对象的方式[X/Y/选择的顺序(S)]<X> :X
指定起始编号和增量(起始,增量)<1,1> :1
选择在文本中放置编号的方式 [覆盖(O)/前置(P)/后置(S)/查找并替换(F)] <前置> :O
```

完成 1～7 轴修改,如图 8-63 所示。

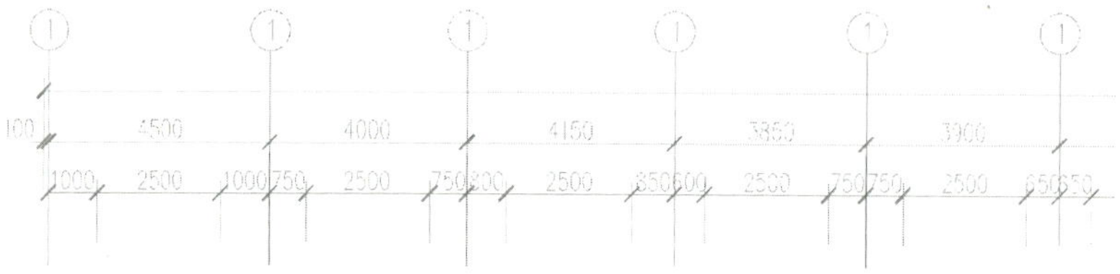

图 8-62　轴号复制

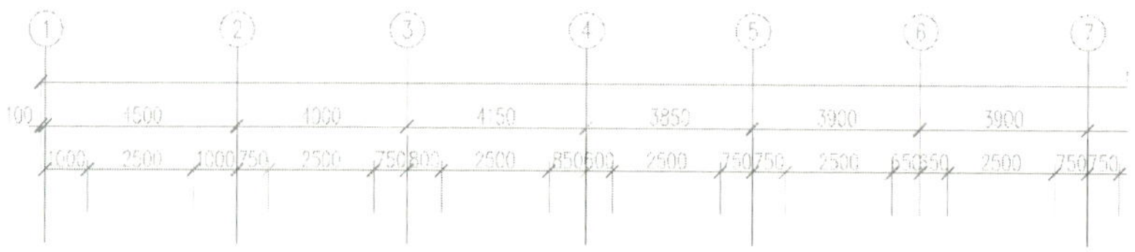

图 8-63　自动编号完成效果

3. 绘制墙体

第一步,选择墙体图层。在建筑平面图中墙体一般使用双线表示,案例中外墙厚度为 200 mm,内墙厚度为 100 mm。输入多线命令 MLST,弹出“新建多线样式”对话框,设置两种多线样式,如图 8-64 和图 8-65 所示。多线样式的新建设置在基础命令章节中有详细讲解。

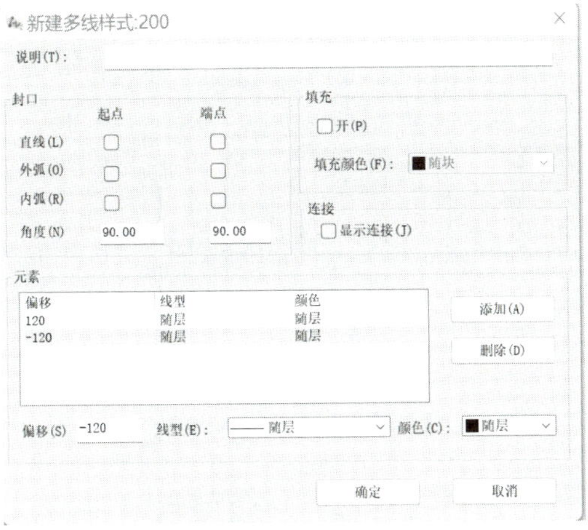

图 8-64　新建 200 墙

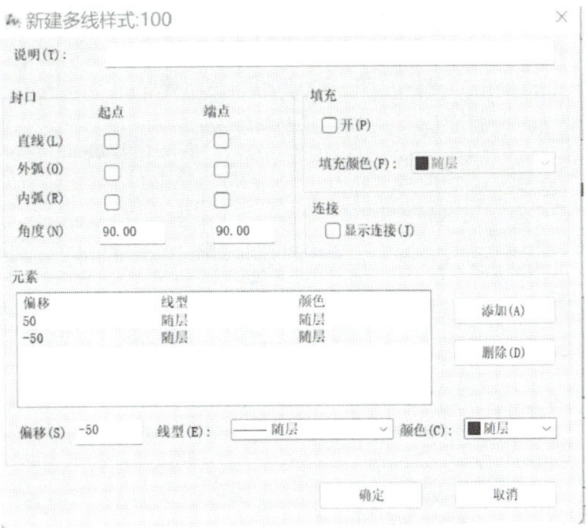

图 8-65　新建 100 墙

第二步，在命令行中输入 ML 绘制墙体。先绘制 200 mm 的外墙，命令行操作步骤如下：

命令：ML
MLINE
当前设置：对正 = 无，比例 = 1.0000，样式 = 200
指定起点或 [对正(J)/比例(S)/样式(ST)]:ST
输入多线样式名或 [?]: 200
当前设置：对正 = 无，比例 = 1.0000，样式 = 200
指定起点或 [对正(J)/比例(S)/样式(ST)]:J
输入对正类型 [上(T)/无(Z)/下(B)] <无> :Z
当前设置：对正 = 无，比例 = 1.0000，样式 = 200
指定起点或 [对正(J)/比例(S)/样式(ST)]:
指定下一点：
指定下一点或 [撤销(U)]:

第三步，绘制 100 mm 的墙体，命令行操作步骤如下：

命令：ML
MLINE
当前设置：对正 = 无，比例 = 1.0000，样式 = 200
指定起点或 [对正(J)/比例(S)/样式(ST)]:ST
输入多线样式名或 [?]:100
当前设置：对正 = 无，比例 = 1.0000，样式 = 100
指定起点或 [对正(J)/比例(S)/样式(ST)]:J
输入对正类型 [上(T)/无(Z)/下(B)] <无> :Z
当前设置：对正 = 无，比例 = 1.0000，样式 = 100
指定起点或 [对正(J)/比例(S)/样式(ST)]:
指定下一点：
指定下一点或 [撤销(U)]:

第四步，编辑墙线。墙体中间连接处相通，使用多线编辑工具进行修整。双击需要修剪的墙体会弹出“多线编辑工具”对话框，对照多线编辑工具样式选择要修整的样式。这里墙体修整用到“T 形打开”和“十字打开”，调整后如图 8-66 所示。多线编辑工具的应用在基础命令章节中有详细讲解。

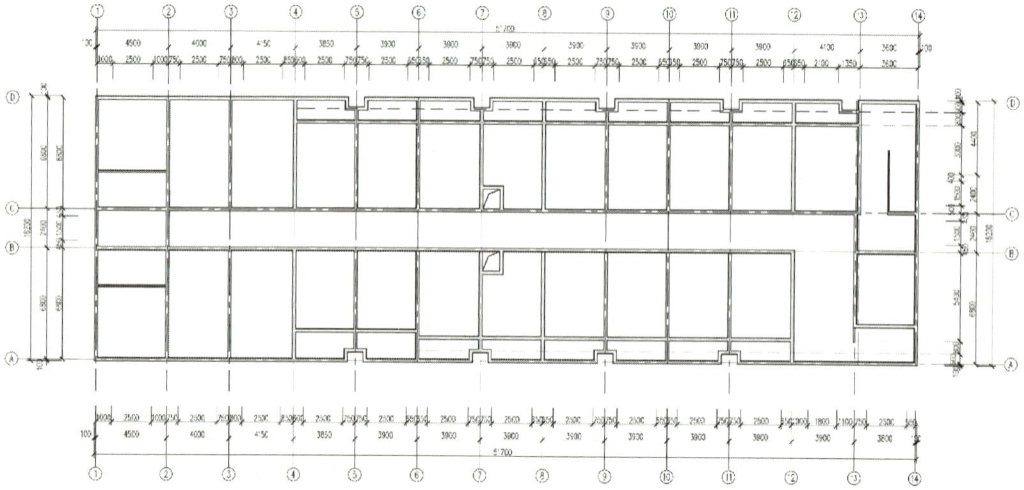

图 8-66　多线编辑墙体

4. 开门窗洞口，绘制门窗

（1）开门窗洞口。

门窗洞口根据图纸尺寸要求可以使用修剪命令。一张图纸中门窗洞口数量很多，怎样更方便快捷地开洞口呢？可以使用隔离图层的方式。

第一步，输入快捷命令 LAYISO，空格，选择要隔离图层上的对象墙体，点击墙体后按空格键，墙体以外的图层都处于锁定状态。

第二步，输入构造线快捷命令 XL，注意辅助线图层选择墙体图层，分别绘制门窗洞口位置的辅助线，如图 8-67 所示。构造线的操作技巧在基础命令章节中有详细介绍。

第三步，修剪洞口。输入快捷命令 TR，双击空格键，修剪出所有洞口，如图 8-68 所示。

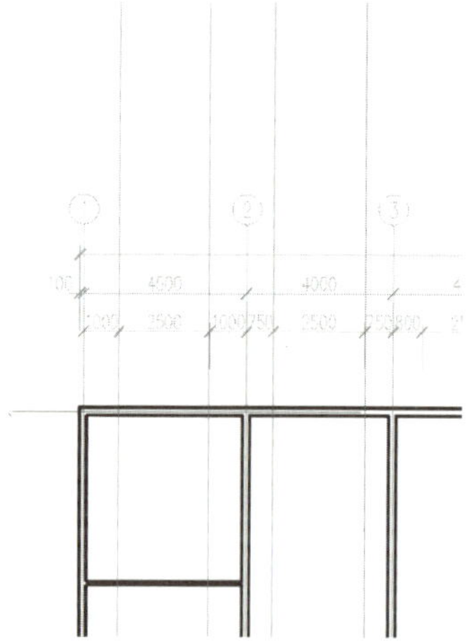

图 8-67　CAD 隔离图层辅助线

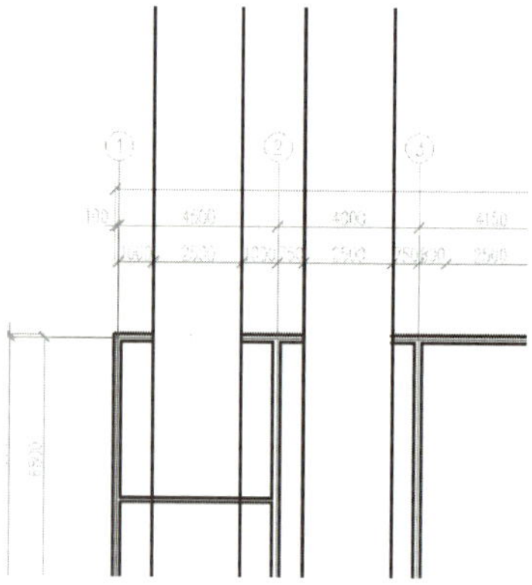

图 8-68　修剪墙洞口

第四步，框选所有墙体，输入快捷命令 X，将墙体分解。再次输入 TR 快捷命令，单击空格键，框选需要修剪多余辅助线的墙体，如图 8-69 所示。再次按空格键，再次框选需要修剪的墙体，墙体位置不同，可多次框选。这样就能一次完成墙体门窗洞口的修剪，如图 8-70 所示。全部洞口修剪完成如图 8-71 所示。

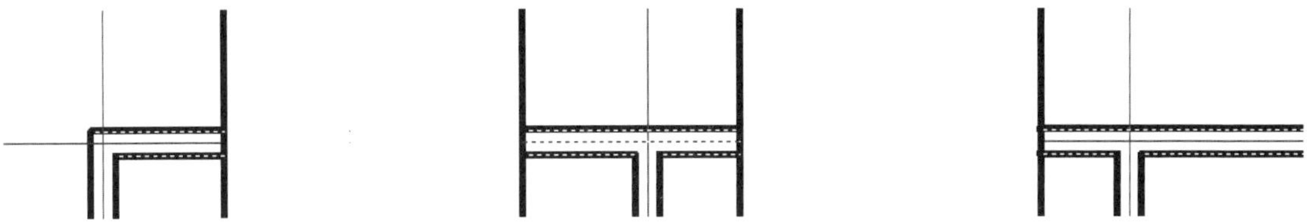

图 8-69　框选修剪效果

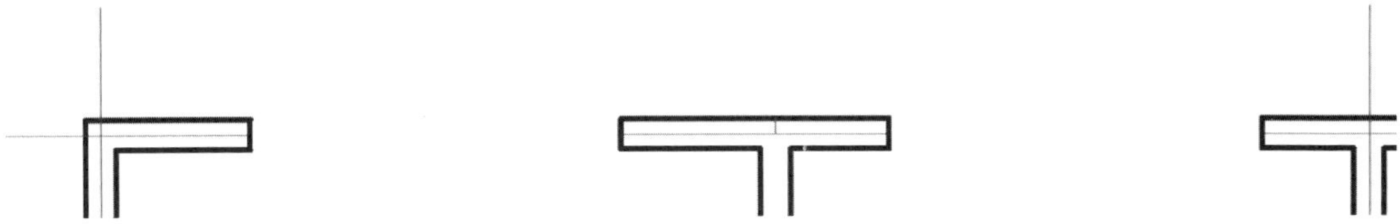

图 8-70　再次框选修剪多余线

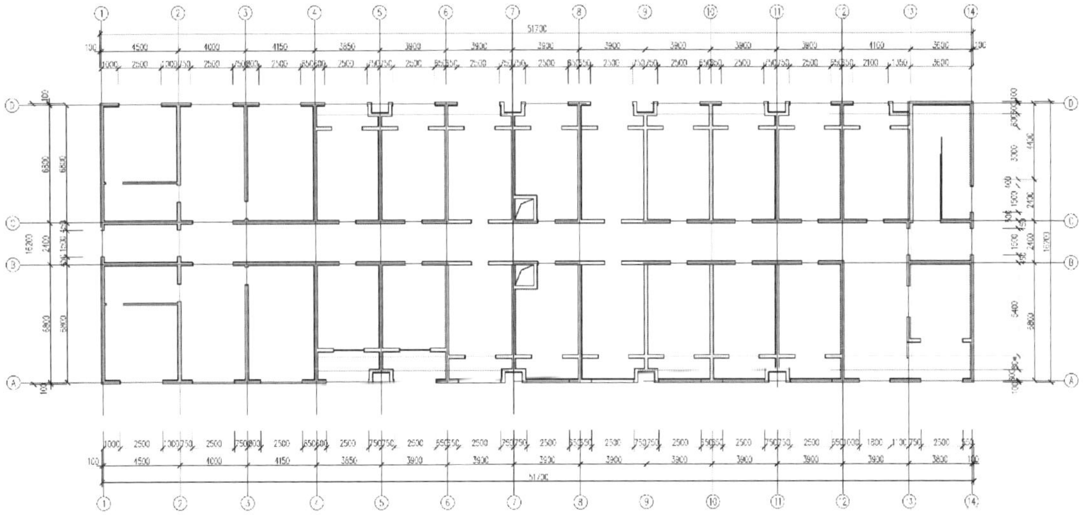

图 8-71　隔离图层方式修剪后效果

(2)绘制门。

绘制平开门和双开门。

第一步，选择门窗图层，绘制 1000 mm 宽的门，输入快捷命令 REC，根据命令行提示，输入矩形的长 40 mm 和宽 1000 mm，这里长宽的尺寸要根据矩形方向调整，如图 8-72 所示。命令行操作步骤如下：

命令：REC

RECTANG

指定第一个角点或 [倒角(C)/标高(E)/圆角(F)/正方形(S)/厚度(T)/宽度(W)]：

指定其他的角点或 [面积(A)/尺寸(D)/旋转(R)]：D

输入矩形长度<40.0000> ：40

输入矩形宽度<1000.0000> ：1000

指定其他的角点或 [面积(A)/尺寸(D)/旋转(R)]：

第二步，绘制门的弧度，如图 8-73 所示。命令行操作步骤如下：

命令：A
ARC
指定圆弧的起点或 [圆心(C)]：C
指定圆弧的圆心：
指定圆弧的圆心：
指定圆弧的起点：
指定圆弧的端点或 [角度(A)/弦长(L)]：A
指定包含角：-90

注意：A，空格，C，空格之后选择三点绘制圆弧，当出现方向问题时，需要输入角度去调整。

图 8-72　绘制门框

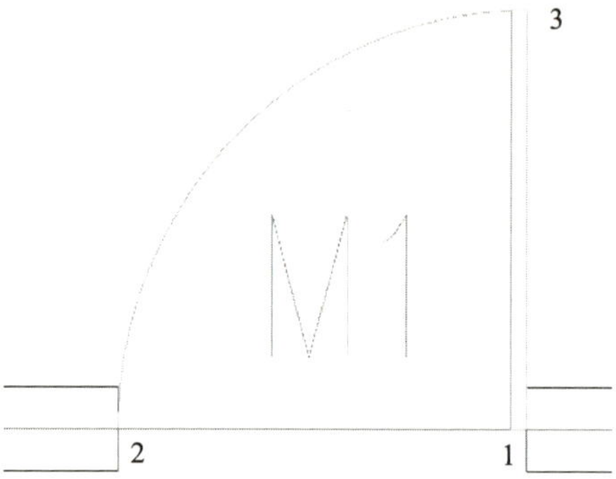

图 8-73　圆弧绘制

双开门的绘制方法与单开门绘制方法一样，只需要完成一次镜像，如图 8-74 和图 8-75 所示。使用镜像命令绘制双开门，命令行操作步骤如下：

命令：MI
MIRROR
选择对象：
指定对角点：
找到 4 个
选择对象：
指定镜像线的第一点：
指定镜像线的第二点：
是否删除源对象？[是(Y)/否(N)] <否> ：N

图 8-74　绘制双开门一侧

图 8-75　镜像绘制门另一侧

(3)绘制平面窗。

第一步,选择门窗图层,设置窗户多线样式,如图 8-76 所示。

第二步,输入快捷命令 ML,命令行操作步骤如下:

```
命令:ML
MLINE
当前设置:对正 = 无, 比例 = 1.0000, 样式 = C
指定起点或 [对正(J)/比例(S)/样式(ST)]:ST
输入多线样式名或 [?]:C
当前设置:对正 = 无, 比例 = 1.0000, 样式 = C
指定起点或 [对正(J)/比例(S)/样式(ST)]:S
输入多线比例<1.0000> : 200
当前设置:对正 = 无, 比例 = 200.0000, 样式 = C
指定起点或 [对正(J)/比例(S)/样式(ST)]:J
输入对正类型 [上(T)/无(Z)/下(B)] <无> : Z
当前设置:对正 = 无, 比例 = 200.0000, 样式 = C
指定起点或 [对正(J)/比例(S)/样式(ST)]:
指定下一点:
指定下一点或 [撤销(U)]:
```

完成图形如图 8-77 所示。注意放大比例跟墙体尺寸相同。依次完成墙体窗户绘制。

(4)推拉门的绘制。

将门洞尺寸平均分成两段,绘制两个相同的矩形即可,如图 8-78 所示。

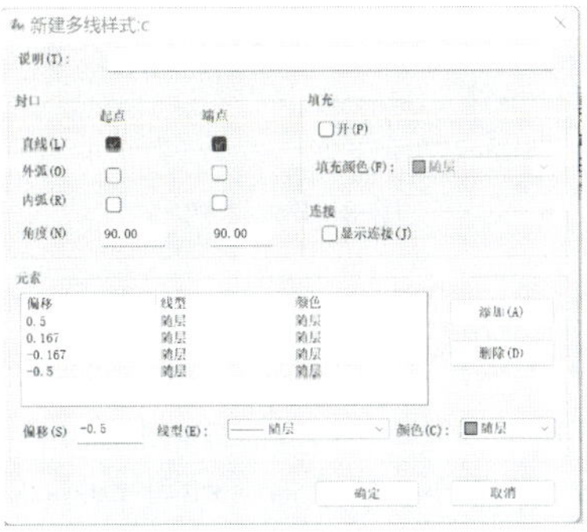

图 8-76　设置多线样式

图 8-77　窗户绘制

图 8-78　推拉门绘制

平面图中门窗绘制完成效果如图 8-79 所示。

5. 绘制楼梯

楼梯如图 8-80 所示。

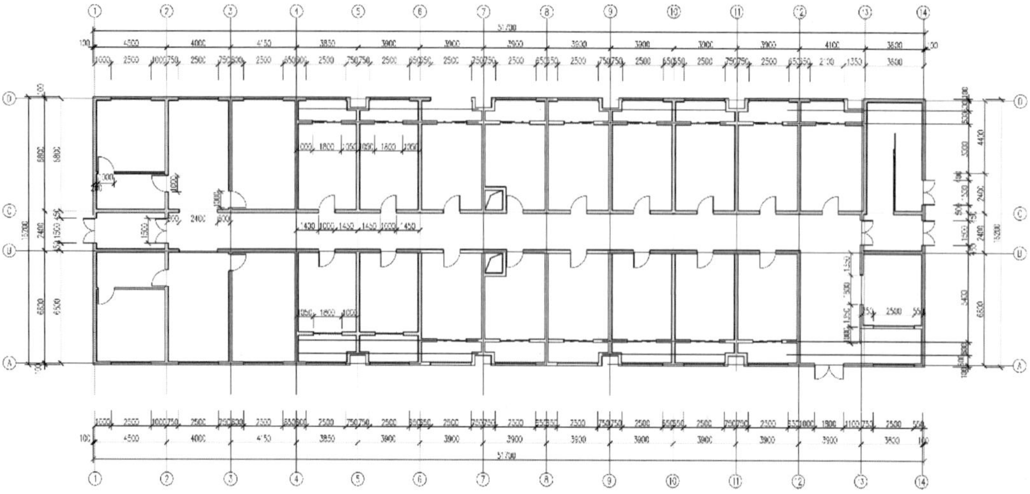

图 8-79　门窗绘制完成效果

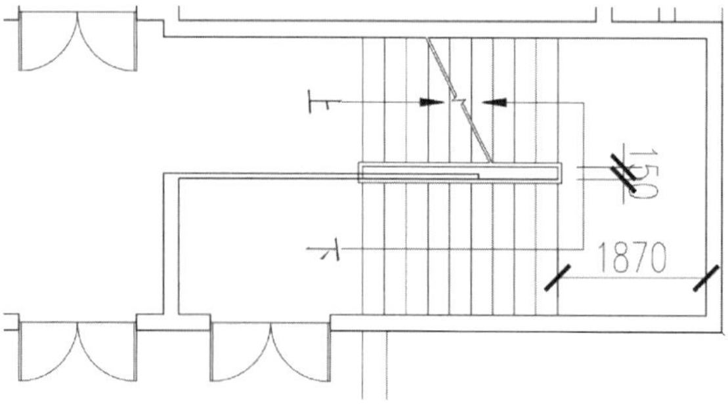

图 8-80　楼梯

第一步，选择楼梯为当前图层。

根据楼梯详图尺寸，从墙体位置输入快捷命令 O，偏移 1870 mm，绘制第一根踏步线条，空格，偏移楼梯踏步的宽度 270 mm，如图 8-81 所示。点击第一条踏步直线，线型转换为虚线后，命令行会提示指定目标点，选择多个，直接输入快捷命令 M，向下连续点击所需踏步线条数量，完成踏步平面绘制，如图 8-82 所示。

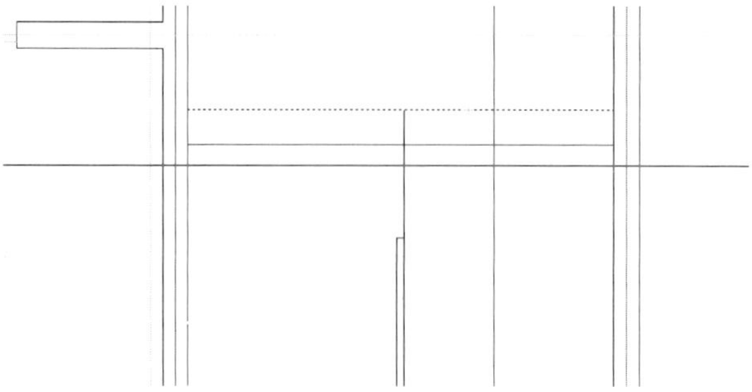

图 8-81　偏移踏步

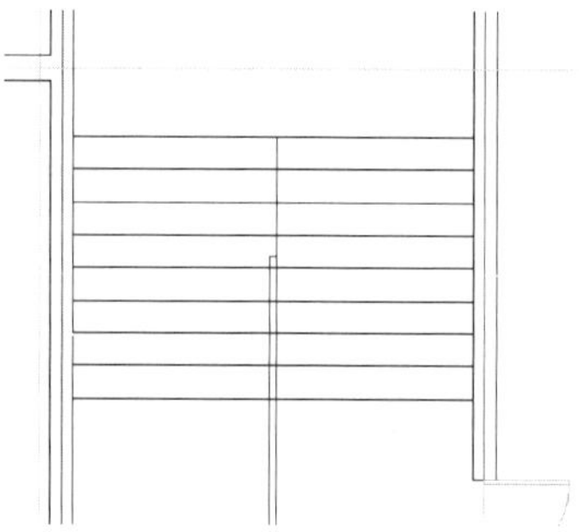

图 8-82　完成踏步效果

具体命令行操作步骤如下：

```
命令：O
OFFSET
指定偏移距离或 [通过(T)/擦除(E)/图层(L)] <270.0000> :
选择要偏移的对象或 [放弃(U)/退出(E)] <退出> :
指定目标点或 [退出(E)/多个(M)/放弃(U)] <退出> : M
指定目标点或 [退出(E)/放弃(U)] <下一对象> :
指定目标点或 [退出(E)/放弃(U)] <下一对象> :
指定目标点或 [退出(E)/放弃(U)] <下一对象> :
指定目标点或 [退出(E)/放弃(U)] <下一对象> :
指定目标点或 [退出(E)/放弃(U)] <下一对象> :
指定目标点或 [退出(E)/放弃(U)] <下一对象> :
指定目标点或 [退出(E)/放弃(U)] <下一对象> :
指定目标点或 [退出(E)/放弃(U)] <下一对象> :
指定目标点或 [退出(E)/放弃(U)] <下一对象> :
```

第二步，绘制楼梯扶手。

输入多段线快捷命令 PL，绘制宽度为 150 mm 的矩形，向外偏移出扶手距离 60 mm。多段线是一条完整的线条，在选取上更方便。

第三步，绘制折断线。

输入命令 BREAKLINE，指定起点、终点、中点，绘制完成如图 8-83 所示。命令行操作步骤如下：

```
命令：BREAKLINE
块= BRKLINE.DWG，块尺寸 = 1，延伸距 = 1.25
指定折线起点或[块(B)/尺寸(S)/延伸(E)]:
指定折线终点：<正交关>
指定折线符号的位置<中点(M)> :
```

图纸中的折断线是双线，需要分解，再偏移出一条直线，完成后右键单击选择“组”，如图 8-84 所示。

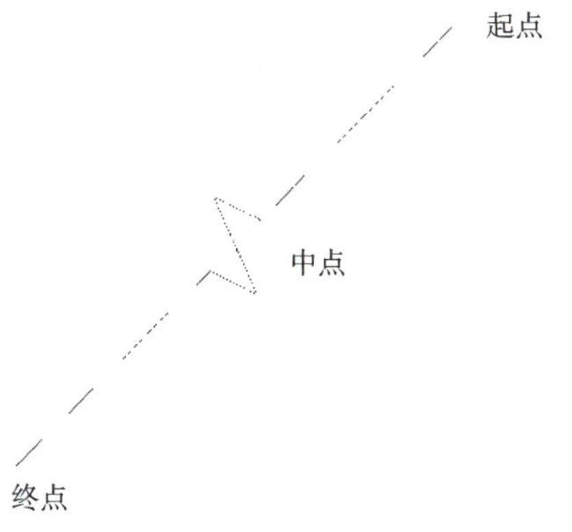

图 8-83　折断线绘制

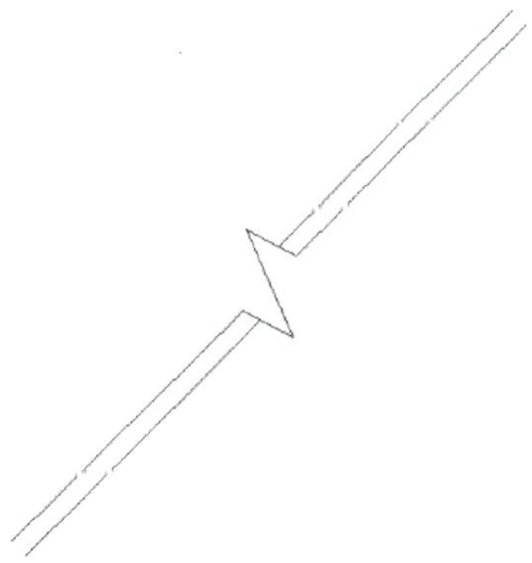

图 8-84　折断线绘制完成效果

6. 标注文字

平面图中包含的文字有汉字和非汉字两种类型，文字样式的设置在样板文件的设置中已经详细讲解，这里创建单行文字，以案例中文字进行示范，如图 8-85 和图 8-86 所示。

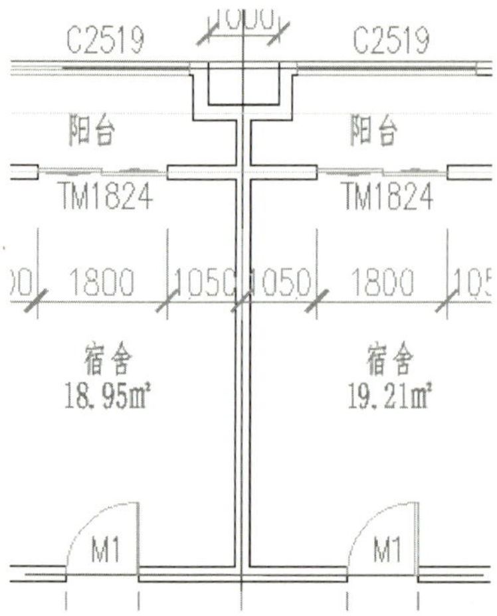

图 8-85　平面图内文字标注

图 8-86　平面图命名绘制

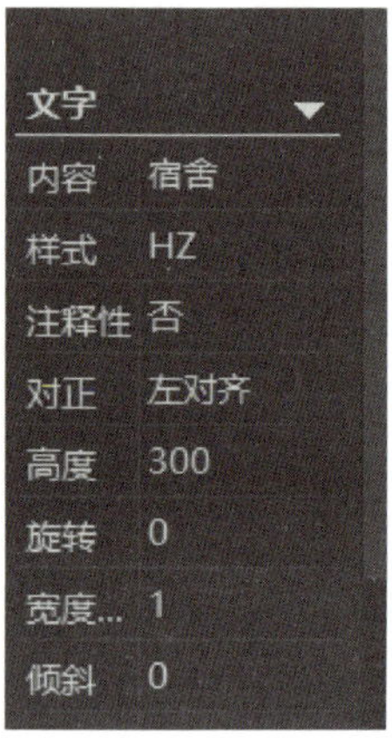

图 8-87　特性快捷面板

第一步，使用单行文字的快捷命令 DT，按空格键激活命令，此时命令行提示指定文字起点，在输入文字区域单击左键。

第二步，命令行提示指定文字高度，输入汉字高度 350，空格。

第三步，命令行提示指定文字旋转角度，这里默认指定为 0，空格。

第四步，在绘图区的矩形框内输入汉字，“宿舍”效果：宿舍。鼠标在矩形框外单击，完成文字的输入。

第五步，此时观察文字的比例不对，使用 Ctrl+1 调用特性快捷面板（见图 8-87），调整文字的宽度为 0.7，完成效果：宿舍。

命令行具体操作步骤如下：

命令：DT

TEXT

当前文字样式：“HZ”　　文字高度：2.5　　注释性：否

指定文字的起点或［对正（J）/样式（S）］：

指定文字高度<2.5> ：350

指定文字的旋转角度<0> ：

完成一个文字的创建后进行复制粘贴，双击文字可以对文字进行编辑修改。非汉字的输入我们同样使用上述方法，需要将文字样式修改为非汉字，字高设置为 300，宽度设置为 0.7 即可。

图名某学校宿舍楼 1:100 的操作步骤如上。需要注意的是，“某学校宿舍楼”的文字字高如果为 700，“1：100”数字要比汉字小 1 号或者 2 号。下划线使用多段线设置合适线宽即可。

任务小结

本任务按照抄绘平面图步骤进行演示，首先需要掌握平面图的制图规范，在规定的范围内取值都是正确的。软件的操作介绍统一使用快捷命令的方式，软件的操作方法不止一种，可以根据自己的作图习惯操作。抄绘图纸首先要抄绘图纸尺寸，根据尺寸确定轴网间距，对空间进行分割，轴网绘制完成后绘制轴号，绘制墙体，开门窗洞口，绘制楼梯、文字等，由外向内，由整体到局部再到细节。

任务拓展

(1)新建文件：启动 CAD 绘图软件，自行完成新建后按要求进行绘制。

(2)绘图要求：

①抄绘图 8-88 所示的学校宿舍楼平面图中的所有内容。

②图中未明确标注的尺寸根据住宅建筑构造常见形式自行决定。

③绘图比例 1∶1，出图比例 1∶100。

(3)文件保存要求：将文件命名为“学校宿舍楼”保存至电脑，保存格式为.dwg。

(4)虚拟打印：将绘制完成的“学校宿舍楼”布置在 A2 图框布局中，布局设置与 8.1 节要求保持一致，将“学校宿舍楼”打印输出为 PDF 格式。

(5)文件保存要求：将 PDF 文件命名为“学校宿舍楼”保存至电脑。

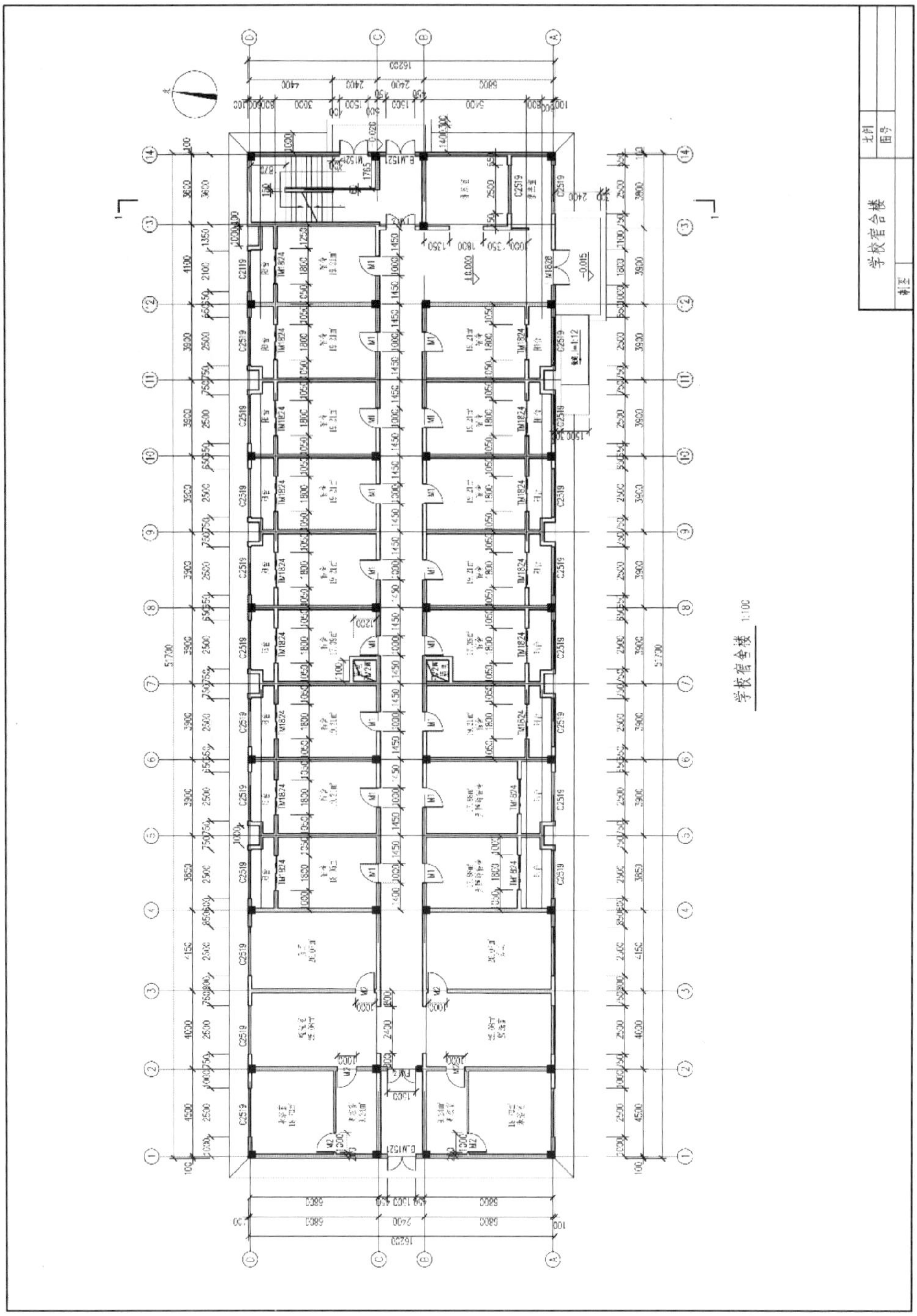

图 8-88　学校宿舍楼平面图